教育部高等学校电子信息类专业教学指导委员会规划教材

高等学校电子信息类专业系列教材·新形态教材

嵌入式数据库设计与应用

王 剑 主编 刘 鹏 孙庆生 副主编

U0252528

清华大学出版社

北京

内 容 简 介

本书阐述了嵌入式数据库的原理、设计方法和应用案例。本书共 8 章，首先介绍嵌入式数据库的理论基础知识和关键技术；然后介绍主流嵌入式数据库；在此基础上，对 SQLite 数据库做了详细的分析和介绍，并对在不同环境下（如 Linux、Android、iOS、Qt）和边缘计算等场景下的应用做了阐述；最后介绍 4 个经典的嵌入式数据库应用项目实例。本书提供了工程文件及源代码、教学课件、习题答案、教学大纲、微课视频等丰富的教学资源。

本书既可以作为高等学校计算机、电子、电信类专业相关课程的教材，也可以作为从事嵌入式技术开发的相关工程技术人员的参考用书。

图书在版编目（CIP）数据

嵌入式数据库设计与应用：微课视频版/王剑主编．—北京：清华大学出版社，2021.8
高等学校电子信息类专业系列教材　新形态教材
ISBN 978-7-302-57976-2

Ⅰ．①嵌…　Ⅱ．①王…　Ⅲ．①数据库系统—高等学校—教材　Ⅳ．①TP311.13

中国版本图书馆 CIP 数据核字(2021)第 065460 号

责任编辑： 刘　星
封面设计： 刘　键
责任校对： 焦丽丽
责任印制： 沈　露

出版发行： 清华大学出版社
　　　　　　网　　　址：http://www.tup.com.cn，http://www.wqbook.com
　　　　　　地　　　址：北京清华大学学研大厦 A 座　　　　邮　　编：100084
　　　　　　社 总 机：010-62770175　　　　　　　　　　　邮　　购：010-83470235
　　　　　　投稿与读者服务：010-62776969，c-service@tup.tsinghua.edu.cn
　　　　　　质量反馈：010-62772015，zhiliang@tup.tsinghua.edu.cn
　　　　　　课件下载：http://www.tup.com.cn，010-83470236
印 装 者： 三河市龙大印装有限公司
经　　销： 全国新华书店
开　　本： 185mm×260mm　　**印　张：** 17.75　　　　　　　**字　　数：** 435 千字
版　　次： 2021 年 9 月第 1 版　　　　　　　　　　　　　　**印　　次：** 2021 年 9 月第 1 次印刷
印　　数： 1～1500
定　　价： 79.00 元

产品编号：088010-01

前言
PREFACE

随着嵌入式系统的发展及嵌入式实时操作系统的不断普及,嵌入式数据库系统已经广泛应用在各种网络设备、移动通信设备、掌上电脑、移动电话、便携式媒体播放机、数据采集与控制设备、数字家庭智能家电产品、医疗智能设备等。随着嵌入式的应用正在向分散化、小型化的方向延伸,越来越多的嵌入式设备需要小型的嵌入式数据库系统来组织、存储和管理本地数据。在技术和市场的双重作用下,优秀的嵌入式数据库管理系统软件无疑是推动全社会信息化的关键动力,它的研究与开发必将对国民经济的发展可以起到有效的推动作用,并能带动国内软件产业的发展。

从国外嵌入式课程建设来看,ACM(美国计算机协会)和 IEEE 已经将"嵌入式系统"体系课程作为本科生的专业基础课,而"嵌入式数据库"也是其中的一个重要组成部分。同时,美国卡内基-梅隆大学、加州大学伯克利分校等国外高校也在不断完善包括嵌入式数据库的嵌入式教育体系,欧洲联盟(简称欧盟)也推出了面向欧盟高校和企业的嵌入式研究计划,这些信息为编写"嵌入式数据库"教材提供了指导和参考。

本书特色

(1) 在参考 ACM 和 IEEE 联合制订的新版计算机学科的课程体系要求结合国内高校计算机学科课程大纲要求进行编写,参考资料具有良好的时效性和实用性。

(2) 理论联系实际,本书既有理论知识深入浅出的详细阐述,也有丰富的实例和源码分析。

(3) 本书对于新兴技术(如物联网、边缘计算等)领域与嵌入式数据库的结合有较好的阐述。

(4) 从编写小组自身从事的科研项目和实践活动出发,选择具有一定实用价值(包含交叉学科知识、反映嵌入式数据库技术应用)的 4 个中型项目实例进行讲述。这些实例不仅从理论上深化拓展嵌入式数据库的开发方法和理念,也从实践角度提出"碰到问题如何运用所学知识解决问题"的观点,促进学生学以致用思想的升华。

配套资源

- 工程文件及源代码、教学课件、习题答案、教学大纲等资源,扫描下方二维码或到清华大学出版社网站本书页面下载。
- 微课视频(34 个,共 260 分钟),扫描本书各章节中对应位置的二维码观看。

配套资源

本书内容

本书共 8 章。第 1 章介绍嵌入式数据库的基本概念、特点、分类、应用场景和发展趋势。第 2 章介绍嵌入式数据库的系统结构,对嵌入式实时数据库和嵌入式移动数据库做了详细阐述,并介绍了 3 种典型的主流嵌入式数据库产品。第 3 章介绍嵌入式数据库的关键技术,包括存储管理、访问算法、实时事务处理、并发控制、恢复与备份、XML 等。第 4 章介绍嵌入式数据库采用的安全机制。第 5 章介绍嵌入式数据库 SQLite 的基础知识。第 6 章介绍 SQLite 的原理和主要组成。第 7 章介绍 SQLite 在不同应用环境下的应用。第 8 章介绍了 4 个嵌入式数据库应用的实例。

本书编写过程中,王剑负责第 1 章、第 8 章的编写和全书的统稿工作,刘鹏负责第 2~4 章的编写工作,孙庆生负责第 5~7 章的编写工作,叶玲对本书进行了审校工作。同时本书的编写也得到王子瑜小朋友的鼓励和支持,在此表示衷心的感谢。

本书参考了国内外的许多最新的技术资料,书末有具体的参考文献,有兴趣的读者可以查阅相关信息。限于编者水平有限,错误或者不妥之处在所难免,敬请广大读者批评指正和提出宝贵意见,联系邮箱 workemail6@163.com。

王　剑

2021 年 1 月

C ONTENTS 目 录

## 第1章

绪　　论

进入 21 世纪,随着各种手持终端和移动设备的发展,嵌入式系统(Embedded System)的应用已从早期的科学研究、军事技术、工业控制和医疗设备等专业领域逐渐扩展到日常生活的各个领域。在涉及计算机应用的各行各业中,几乎 90% 左右的开发都涉及嵌入式系统的开发。嵌入式系统的应用,对社会的发展起到了很大的促进作用,也为人们的日常生活带来了极大便利。

随着微电子技术和存储技术的不断发展,嵌入式系统的内存和各种永久存储介质容量都在不断增加。这也就意味着嵌入式系统内数据处理量会不断增加,那么大量的数据如何处理的问题变得非常现实。人们不得不将原本在企业级运用的复杂的数据库处理技术引入到嵌入式系统当中。应用于嵌入式系统的数据库技术也就应运而生。

本章首先对嵌入式系统的定义、特点与组成作简要阐述;然后介绍数据库的基础知识;在此基础上,对嵌入式数据库的定义、特点、分类做了介绍;最后阐述嵌入式数据库的应用领域和发展趋势。

1.1　嵌入式系统概述

1.1.1　嵌入式系统的定义与特点

嵌入式系统诞生于微型机时代,其本质是将一个计算机嵌入到一个对象体系中,这是理解嵌入式系统的基本出发点。目前,国际国内对嵌入式系统的定义有很多。例如,国际电气和电子工程师协会(Institute of Electrical and Electronics Engineers,IEEE)对嵌入式系统的定义为:嵌入式系统是用来控制、监视或者辅助机器、设备或装置运行的装置。而国内普遍认同的嵌入式系统定义是:嵌入式系统是以应用为中心、以计算机技术为基础,软、硬件可裁剪,适应于应用系统对功能、可靠性、成本、体积、功耗等方面有特殊要求的专用计算机系统。

嵌入式系统与对象系统密切相关,其主要技术发展方向是满足嵌入式应用要求,不断扩展对象系统要求的外围电路(如 ADC、DAC、PWM、日历时钟、电源监测、程序运行监测电路等),形成满足对象系统要求的应用系统。嵌入式系统作为一个专用计算机系统,要不断向计算机应用系统发展。因此,可以把定义中的专用计算机系统引申成满足对象系统要求的计算机应用系统。

视频讲解

视频讲解

嵌入式系统的特点是由定义中的三个基本要素衍生出来的,不同的嵌入式系统其特点会有所差异。

与"嵌入性"相关的特点:由于是嵌入到对象系统中,因此必须满足对象系统的环境要求,如物理环境(小型)、电气/气氛环境(可靠)、成本(价廉)等要求。

与"专用性"相关的特点:软、硬件的裁剪性;满足对象要求的最小软、硬件配置等。

与"计算机系统"相关的特点:嵌入式系统必须是能满足对象系统控制要求的计算机系统。与上两个特点相呼应,这样的计算机必须配置有与对象系统相适应的接口电路。

需要注意的是:在理解嵌入式系统定义时,不要与嵌入式设备相混淆。嵌入式设备是指内部有嵌入式系统的产品、设备,如内含单片机的家用电器、仪器仪表、工控单元、机器人、手机、PDA 等。

视频讲解

1.1.2 典型的嵌入式系统组成

典型的嵌入式系统组成结构如图 1-1 所示,自底向上由嵌入式硬件层、硬件抽象层、操作系统层以及应用软件层组成。嵌入式硬件层是嵌入式系统的底层实体设备,主要包括嵌

图 1-1 典型的嵌入式系统
组成结构

入式微处理器、外围电路和外部设备。这里的外围电路主要指与嵌入式微处理器有较紧密关系的设备,如时钟、复位电路、电源以及存储器(NAND Flash、NOR Flash、SDRAM 等)等。在工程设计上往往将处理器和外围电路设计成核心板的形式,通过扩展接口与系统其他硬件部分相连接。外部设备形式多种多样,如 USB、液晶显示器、键盘、触摸屏等设备及其接口电路都属于外部设备。外部设备及其接口在工程实践中通常设计成系统板(扩展板)的形式与核心板相连,向核心板提供如电源供应、接口功能扩展、外部设备使用等功能。该层次中最重要的部件是嵌入式微处理器。主流的嵌入式微处理器体系有 ARM、MIPS、PowerPC、SH、X86 等。通常所说的 ARM 微处理器,其实是采用 ARM 知识产权(IP)核的微处理器。由该类微处理器为核心所构成的嵌入式系统已遍及工业控制、通信系统、网络系统、无线系统和消费类电子产品等各领域产品市场,ARM 微处理器约占据了 32 位 RISC 微处理器 75% 以上的市场份额。

硬件抽象层是设备制造商完成的与操作系统适配结合的硬件设备抽象层。该层包括引导程序 BootLoader、驱动程序、配置文件等组成部分。硬件抽象层最常见的表现形式是板级支持包 BSP(Board Support Package)。板级支持包是一个包括启动程序、硬件抽象层程序、标准开发板和相关硬件设备驱动程序的软件包,由一些源码和二进制文件组成。对于嵌入式系统来说,它不像 PC 那样具有广泛使用的各种工业标准,各种嵌入式系统的不同应用需求决定了它必须选用各自定制的硬件环境,这种多变的硬件环境决定了无法完全由操作系统来实现上层软件与底层硬件之间的无关性。而板级支持包的主要功能就在于配置系统硬件使其工作在正常状态,并且完成硬件与软件之间的数据交互,为操作系统及上层应用程序提供一个与硬件无关的软件平台。板级支持包对于用户(开发者)是开放的,用户可以根据不同的硬件需求对其做改动或二次开发。

操作系统是嵌入式系统的重要组成部分,提供了进程管理、内存管理、文件管理、图形界

面程序、网络管理等重要系统功能。与通用计算机相比,嵌入式系统具有明显的硬件局限性,这也要求嵌入式操作系统具有编码体积小、面向应用、可裁剪和易移植、实时性强、可靠性高和特定性强等特点。嵌入式操作系统与嵌入式应用软件常组合起来对目标对象进行作用。

应用软件层是嵌入式系统的最顶层,开发者开发的众多嵌入式应用软件构成了目前数量庞大的应用市场。这里以苹果的 app store 为例,目前的应用程序数量已经高达百万级别。应用软件层一般作用在操作系统层之上,但是针对某些运算频率较低、实时性不高、所需硬件资源较少、处理任务较为简单的对象(如某些单片机运用)时可以不依赖于嵌入式操作系统,这个时候该应用软件往往通过一个无限循环结合中断调用来实现特定功能。

嵌入式数据库管理系统(嵌入式数据库系统的核心)往往作为嵌入式操作系统与应用软件的中间件使用,这里对嵌入式操作系统作简要阐述。

1.1.3　嵌入式操作系统

视频讲解

嵌入式操作系统是一种支持嵌入式系统应用的操作系统软件,它是嵌入式系统的极为重要的组成部分,通常包括与硬件相关的底层驱动软件、系统内核、设备驱动接口、通信协议、图形用户界面及标准化浏览器等。与通用操作系统相比较,嵌入式操作系统在系统实时高效性、硬件的相关依赖性、软件固化以及应用的专用性等方面有突出的特点。

视频讲解

嵌入式系统的应用有高、低端应用两种模式。低端应用以单片机或专用计算机为核心所构成的可编程控制器的形式存在,一般没有操作系统的支持,具有监控、伺服、设备指示等功能,带有明显的电子系统设计特点。这种系统大部分应用于各类工业控制和飞机、导弹等武器装备中,通过汇编语言或 C 语言程序对系统进行直接控制,运行结束后清除内存。这种应用模式的主要特点是:系统结构和功能相对单一、处理效率较低、存储容量较小、几乎没有软件的用户接口,比较适合于各类专用领域中。

视频讲解

高端应用以嵌入式 CPU 和嵌入式操作系统及各应用软件所构成的专用计算机系统的形式存在。其主要特点是:硬件出现了不带内部存储器和接口电路的高可靠、低功耗嵌入式 CPU,如 Power PC、ARM 等;软件由嵌入式操作系统和应用程序构成。嵌入式操作系统通常包括与硬件相关的底层驱动软件、系统内核、设备驱动接口、通信协议、图形界面和标准化浏览器等,能运行于各种不同类型的微处理器上,具有编码体积小、面向应用、可裁剪和移植、实时性强、可靠性高、专用性强等特点,并具有大量的应用程序接口(API)。

视频讲解

就整体而言,嵌入式操作系统通常体积庞大、功能十分完备。但具体到实际应用中,其常由用户根据系统的实际需求而定制,体积小巧、功能专一,这是嵌入式操作系统最大的特点。

常见的嵌入式操作系统有嵌入式 Linux、Windows CE、Symbian、Android、μC/OS-II、VxWorks 等。

1. 嵌入式 Linux

Linux 操作系统诞生于 1991 年 10 月 5 日,是一套免费使用和自由传播的类 UNIX 操作系统,是一个基于 POSIX 和 UNIX 的多用户、多任务、支持多线程和多 CPU 的操作系统,支持 32 位和 64 位硬件。Linux 继承了 UNIX 以网络为核心的设计思想,是一个性能稳定的多用户网络操作系统。Linux 存在着许多不同的版本,但它们都使用了 Linux 内核。

严格来讲,Linux 这个词本身只表示 Linux 内核,但实际上人们已经习惯了用 Linux 来代表整个基于 Linux 内核,并且使用 GNU 工程各种工具和数据库的操作系统。

嵌入式 Linux(Embedded Linux)是指对标准 Linux 经过小型化裁剪处理之后,能够固化在容量只有几 M 甚至几十 K 字节的存储器或者单片机中,适合于特定嵌入式应用场合的专用 Linux 操作系统。嵌入式 Linux 的开发和研究是操作系统领域中的一个热点,目前已经开发成功的嵌入式操作系统中,大约有一半使用的是 Linux。Linux 对嵌入式系统的支持极佳,主要是由于 Linux 具有相当多的优点。例如,Linux 内核具有很好的高效和稳定性,设计精巧,可靠性有保证,具有可动态模块加载机制,易剪裁,移植性好;Linux 支持多种体系结构,如 x86、ARM、MIPS 等,目前已经成功移植到数十种硬件平台上,几乎能够运行在所有流行的 CPU 上,而且有着非常丰富的驱动程序资源;Linux 系统开放源码,适合自由传播与开发,对于嵌入式系统十分适合,而且 Linux 的软件资源十分丰富,每一种通用程序在 Linux 上几乎都可以找到,并且数量还在不断增加;Linux 具有完整的、良好的开发和调试工具,为开发者提供了一套完整的工具链(Tool Chain),它利用 GNU 的 GCC 做编译器,用 gdb、kgdb 等作调试工具,能够很方便地实现从操作系统内核到用户态应用软件各个级别的调试。具体到处理器如 ARM,选择基于 ARM 的 Linux,可以得到更多的开发源代码的应用,可以利用 ARM 处理器的高性能开发出更广阔的网络和无线应用,ARM 的 Jazelle 技术带来 Linux 平台下 Java 程序更好的性能表现。ARM 公司的系列开发工具和开发板,以及各种开发论坛的可利用信息可以使产品上市时间更快。

与桌面 Linux 众多的发行版本一样,嵌入式 Linux 也有各种版本。有些是免费软件,有些是付费的。每个嵌入式 Linux 版本都有自己的特点,下面介绍一些常见的嵌入式 Linux 版本。

RT-Linux(Real-Time Linux)是美国墨西哥理工学院开发的嵌入式 Linux 操作系统。它的最大特点就是具有很好的实时性,已经被广泛应用在航空航天、科学仪器、图像处理等众多领域。RT-Linux 的设计十分精妙,它并没有为了突出实时操作系统的特性而重写 Linux 内核,而是把标准的 Linux 内核作为实时核心的一个进程,同用户的实时进程一起调度。这样对 Linux 内核的改动就比较小,而且充分利用了 Linux 的资源。

μCLinux(micro-Control-Linux)继承了标准 Linux 的优良特性,是一个代码紧凑、高度优化的嵌入式 Linux。μCLinux 是 Lineo 公司的产品,是开放源码的嵌入式 Linux 的典范之作。编译后目标文件可控制在几百 KB 数量级,并已经被成功地移植到很多平台上。μCLinux 是专门针对没有 MMU 的处理器而设计的,即 μCLinux 无法使用处理器的虚拟内存管理技术。μCLinux 采用实存储器管理策略,通过地址总线对物理内存进行直接访问。

红旗嵌入式 Linux 是北京中科红旗软件技术有限公司的产品,是国内做得较好的一款嵌入式操作系统。该款嵌入式操作系统重点支持 p-Java。系统目标一方面是小型化,另一方面是能重用 Linux 的驱动和其他模块。红旗嵌入式 Linux 的主要特点:精简内核,适用于多种常见的嵌入式 CPU;提供完善的嵌入式 GUI 和嵌入式 X-Windows;提供嵌入式浏览器、邮件程序和多媒体播放程序;提供完善的开发工具和平台。

2. Windows CE

Windows CE 是微软开发的一个开放的、可升级的 32 位嵌入式操作系统,是基于掌上型计算机类的电子设备的,它是精简的 Windows 95。Windows CE 的图形用户界面相当出色。Windows CE具有模块化、结构化、基于Win32应用程序接口以及与处理器无关等特点。Windows CE不仅继承了传统的Windows图形界面，还可以在Windows CE平台上使用Windows 95/98上的编程工具(如Visual Basic、Visual C++等)，使绝大多数的应用软件只需简单的修改和移植就可以在Windows CE平台上继续使用。

它拥有多线程、多任务、确定性的实时、完全抢先式优先级的操作系统环境，专门面向只有有限资源的嵌入式硬件系统。同时，开发人员可以根据特定硬件系统对Windows CE操作系统进行裁剪、定制，所以目前Windows CE被广泛用于各种嵌入式智能设备的开发。

Windows CE被设计成为一种高度模块化的操作系统，每一模块都提供特定的功能。这些模块中的一部分被划分成组件，系统设计者可以根据设备的性质只选择那些必要的模块或模块中的组件包含进操作系统映像，使Windows CE变得非常紧凑(只占不到200KB的RAM)，从而只占用运行设备所需的最小的ROM、RAM以及其他硬件资源。

Windows CE被分成不同的模块，其中最主要的模块有内核模块(Kernel)、对象存储模块、图形窗口事件子系统(GWES)模块以及通信(Communication)模块。一个最小的Windows CE系统至少由内核和对象存储模块组成。

Platform Builder(PB)是微软公司提供给Windows CE开发人员进行基于Windows CE平台下嵌入式操作系统定制的集成开发环境。它提供了所有进行设计、创建、编译、测试和调试Windows CE操作系统平台的工具。它运行在桌面Windows下，开发人员可以通过交互式的环境来设计和定制内核、选择系统特性，然后进行编译和调试。该工具能够根据用户的需求，选择构建具有不同内核功能的CE系统。同时，它也是一个集成的编译环境，可以为所有CE支持的CPU目标代码编译C/C++程序。一旦成功地编译了一个Windows CE系统，就会得到一个名为nk.bin的映像文件。将该文件下载到目标板中，就能够运行Windows CE了。

3. Symbian

Symbian是一个实时性、多任务的纯32位操作系统，具有功耗低、内存占用少等特点，在有限的机身内存和运行内存情况下，非常适合手机等移动设备使用，经过不断完善，可以支持GPRS、蓝牙、SyncML、NFC以及3G技术。它包含联合的数据库、使用者界面架构和公共工具的参考实现，它的前身是Psion的EPOC。最重要的，它是一个标准化的开放式平台，任何人都可以为支持Symbian的设备开发软件。与微软产品不同的是，Symbian将移动设备的通用技术，也就是操作系统的内核，与图形用户界面技术分开，能很好地适应不同方式输入的平台，也使厂商可以为自己的产品制作更加友好的操作界面，符合个性化的潮流，这也是用户能见到不同样子的Symbian系统的主要原因。基于这个平台开发的Java程序在互联网上盛行，用户可以通过安装软件，扩展手机功能。

Symbian系统是塞班公司为手机而设计的操作系统。2008年12月2日，塞班公司被诺基亚收购。2011年12月21日，诺基亚官方宣布放弃塞班品牌。由于缺乏新技术支持，塞班的市场份额日益萎缩。截至2012年2月，塞班系统的全球市场占有量仅为3%。2012年5月27日，诺基亚彻底放弃开发塞班系统，但是服务将一直持续到2016年。2013年1月24日晚间，诺基亚宣布，今后将不再发布塞班系统的手机，意味着塞班这个智能手机操作系统，在应用了长达14年之后，终于迎来了谢幕。2014年1月1日，诺基亚正式停止了Nokia Store应用商店内对塞班应用的更新，也禁止开发人员发布新应用。

4. Android

Android 是一种基于 Linux 的自由及开放源代码的操作系统,主要应用于移动设备中,如智能手机和平板计算机,由 Google 公司和开放手机联盟领导及开发。Android 操作系统最初由 Andy Rubin 开发,主要支持手机。2005 年 8 月由 Google 收购注资。2007 年 11 月,Google 与 84 家硬件制造商、软件开发商及电信营运商组建开放手机联盟共同研发改良 Android 系统。随后 Google 以 Apache 开源许可证的授权方式,发布了 Android 的源代码。2013 年 9 月 24 日 Google 开发的操作系统 Android 迎来了 5 岁生日,全世界采用这款系统的设备数量已经达到 10 亿台。

Android 的系统架构分为四层,从高层到低层分别是应用程序层、应用程序框架层、系统运行库层和 Linux 内核层。Android 运行于 Linux 内核之上,但并不是 GNU/Linux。因为在一般 GNU/Linux 里支持的功能,Android 大都没有支持,包括 Cairo、X11、Alsa、FFmpeg、GTK、Pango 及 Glibc 等都被移除了。Android 又以 Bionic 取代 Glibc,以 Skia 取代 Cairo,再以 opencore 取代 FFmpeg 等等。Android 为了达到商业应用,必须移除被 GNU GPL 授权证所约束的部分,如 Android 将驱动程序移到用户空间,使得 Linux 驱动与 Linux 内核彻底分开。Android 具有丰富的开发组件,其中最主要的四大组件分别是:活动——用于表现功能;服务——后台运行服务,不提供界面呈现;广播接收器——用于接收广播;内容提供商——支持在多个应用中存储和读取数据,相当于数据库。

在优势方面,首先 Android 平台具有开放性,开发的平台允许任何移动终端厂商加入 Android 联盟中;其次 Android 平台具有丰富的硬件支持,提供了一个十分宽泛、自由的开发环境;最后由于 Google 的支持,使得 Android 平台对于互联网 Google 应用具有很好的对接。

5. μC/OS-Ⅱ

μC/OS-Ⅱ 操作系统是一个可裁剪的、抢占式实时多任务内核,具有高度可移植性。特别适用于微处理器和微控制器,是与很多商业操作系统性能相当的实时操作系统。μC/OS-Ⅱ 是一个免费的、源代码公开的实时嵌入式内核,其内核提供了实时系统所需要的一些基本功能。其中,包含全部功能的核心部分代码占用 8.3KB,全部的源代码约 5500 行,非常适合初学者进行学习分析。而且由于 μC/OS-Ⅱ 是可裁剪的,所以用户系统中实际的代码最少可达 2.7KB。由于 μC/OS-Ⅱ 的开放源代码特性,还使用户可针对自己的硬件优化代码,获得更好的性能。μC/OS-Ⅱ 是在 PC 上开发的,C 编辑器使用的是 Borland C/C++ 3.1 版。

6. VxWorks

VxWorks 操作系统是美国 WindRiver 公司于 1983 年设计开发的一种嵌入式实时操作系统(RTOS),是嵌入式开发环境的重要组成部分。良好的持续发展能力、高性能的内核以及友好的用户开发环境,使其在嵌入式实时操作系统领域占据一席之地。它以其良好的可靠性和卓越的实时性被广泛地应用在通信、军事、航空、航天等高精尖技术及实时性要求极高的领域中,VxWorks 是目前嵌入式系统领域中使用最广泛、市场占有率最高的实时系统。VxWorks 具有高度可靠性、高实时性、可裁剪性好等十分有利于嵌入式开发的特点。

嵌入式系统可应用在工业控制、交通管理、信息家电、家庭智能管理系统、物联网、电子商务、环境监测和机器人等众多方面,如目前在绝大部分的无线设备中(如手机等)都采用了嵌入式技术。在 PDA 一类的设备中,嵌入式微处理器针对视频流进行了优化,从而得以在数字音频播放器、数字机顶盒和游戏机等领域广泛应用。在汽车领域中,包含驾驶、安全和车载娱乐等各种功能在内的车载设备,可用多个嵌入式微处理器将其功能统一实现。在工业和服务领域中,大量嵌入式技术也已经应用于工业控制、数控机床、智能工具、工业机器人、服务机器人等各个行业。这些技术的应用,正逐渐改变传统的工业生产和服务方式。

1.2　数据库系统概述

1.2.1　数据库系统的定义和基本概念

视频讲解

1. 数据库系统的定义

数据库系统是信息管理系统的核心与基础,现今数据库技术的应用已经遍布各个领域,是计算机应用最广泛的技术之一,也是 21 世纪信息化社会的核心技术之一。

数据库技术就是数据管理的技术,它研究的是如何科学地组织、存储和管理数据,以及如何高效地获取和处理数据。

数据库系统是指带有数据库,并利用数据库技术进行数据处理和管理的计算机系统。

2. 数据库基本概念

1) 数据(Data)

数据是数据库中存储的基本对象。早期的计算机系统主要运用在科学计算领域,它所处理的数据基本都是数值型数据,因此人们简单地认为数据就是数字。但现代计算机系统的应用十分广泛,所能够处理的数据也不仅仅只是数字这一种最简单的形式。文本、图形、图像、音频、视频、档案记录、商品的销售情况、货物的运输情况等,这些都是数据,所以可以将数据定义为描述事物的符号记录。描述事物的符号可以是数字,也可以是文字、图形、图像、声音、音频等多种形式,它们经过数字化处理后保存在计算机中。

数据的表现形式并不一定能够完全表达其内容,需要经过解释才能够表示其含义。比如数字 30,它可以代表某个商品的价格,也可以表示某个人的年龄,还可能是某一门课程的成绩。因此数据和对数据的解释是不可分的,数据的解释就是对数据含义的说明,数据的含义称为数据的语义。

日常生活中,人们可以直接用自然语言的形式来描述事物。例如,描述校内一个学生的基本信息:张三,男,就读于计算机科学学院,2018 年入学。计算机中则把学生的相关信息按照一定的结构组织在一起,形成一个记录:(张三,男,计算机科学学院,2018),这个记录就是描述学生的数据。记录是计算机中表示和存储数据的一种格式或方法。

2) 数据库(Data Base,DB)

早期人们把数据存放在文件柜中,以人工的方式对数据进行处理和管理。随着社会信息化的发展,人们对数据的需求越来越多,数据量也越来越大,现在人们可以借助计算机和数据库技术来科学地保存、处理、管理大量的复杂数据,以更方便、更好地保存的数据资源。

数据库就是存放数据的仓库,它是统一管理的相关数据的集合。这些数据按一定的格式存放在计算机存储设备(如磁盘)中。

严格地讲,数据库是长期存储在计算机中的、有组织的、可共享的大量数据的集合。数据库中的数据按一定的数据模型组织、描述和存储,具有较小的数据冗余、较高的数据独立性和易扩展性,并可为多种用户共享。

概括起来,数据库数据具有永久存储、有组织和可共享三个基本特点。

3) 数据库管理系统(Data Base Management System,DBMS)

在了解数据和数据库的基本概念之后,下一个需要了解的就是如何科学有效地组织和存储数据,如何从大量的数据中快速地获得所需的数据以及如何对数据进行维护,这些都是数据库管理系统要完成的任务。

图 1-2   数据库管理系统在计算
机软件系统中的位置

数据库管理系统是一个专门用于实现对数据进行管理和维护的系统软件。数据库管理系统位于用户应用程序与操作系统软件之间,如图 1-2 所示。

4) 数据库管理员(Data Base Administrator,DBA)

数据库管理员是对数据库进行规划、设计、协调、维护和管理的工作人员,其主要职责是决定数据库的结构和信息内容,决定数据库的存储结构和存储策略,定义数据库的安全性要求和完整性约束条件,以及监控数据库的使用与运行。

5) 数据库应用程序

数据库应用程序是使用数据库语言开发的,能够满足数据处理需求的应用程序。

6) 用户

用户可以通过数据库管理系统或者通过数据库应用程序来操纵数据库。

视频讲解

1.2.2   数据库系统的组成

数据库系统一般是由硬件、软件和人员等部分组成,如图 1-3 所示。

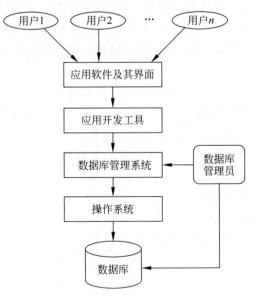

图 1-3   数据库系统组成

1．计算机硬件

由于数据库系统中存储的数据量一般都比较大，而且数据库管理系统由于丰富的功能而使得自身的规模也很大，所以整个数据库系统对硬件资源的要求很高。

计算机系统的硬件配置必须满足整个数据库系统运行的要求：要有足够的内存来存放操作系统、数据库管理系统、数据缓冲区和应用程序等；要有足够大的硬盘空间存放数据库；要有足够的存放备份数据的磁盘或光盘。

2．软件

数据库系统的软件包括以下几种。

（1）数据库。数据库中的数据是按照一定的数学模型组织、描述和存储，长期存储在计算机内按规定格式有组织、可共享的数据集合。

（2）数据库管理系统。数据库管理系统是整个数据库系统的核心，是建立、使用和维护数据库的系统软件。

（3）支持数据库管理系统运行的操作系统。数据库管理系统中的很多底层操作是靠操作系统来完成的，数据库中的安全控制等功能也是与操作系统共同实现的，因此数据库管理系统要与操作系统协同工作来完成很多功能。不同的数据库管理系统需要的操作系统平台不尽相同，如 SQL Server 只能在 Windows 平台上运行，而 MySQL 则有支持 Windows 平台和 Linux 平台的不同版本。

（4）具有数据库访问接口的高级语言及其编程环境，以便于开发应用程序。

（5）以数据库管理系统为核心的实用工具。这些实用工具一般是数据库厂商提供的随数据库管理系统软件一起发行的应用程序。

3．人员

数据库系统中包含的人员主要有以下几种。

1）数据库管理员

负责维护整个系统的正常运行，负责保证数据库的安全和可靠。

数据库管理员的职责包括：决定数据库中的信息内容和结构；决定数据库的存储结构和存取策略；定义数据库的安全性和完整性约束；监控数据库的使用和运行；数据库的性能改进、重组和重构，以提高系统的性能。

2）系统分析人员

主要负责应用系统的需求分析和规范说明，这些人员要与最终用户以及数据库管理员配合，以确定系统的软、硬件配置，并参与数据库系统的概要设计。

3）数据库设计人员

主要负责确定数据库中的数据，设计数据库结构及各级模式等，参与用户需求调查和系统分析。在很多情况下，数据库设计员由数据库管理员担任。

4）应用程序编程人员

负责设计和编写访问数据库的应用程序，并对程序进行调试和安装。

5）最终用户

最终用户是数据库应用程序的使用者，他们通过应用程序提供的操作界面操作数据库中的数据。

视频讲解

1.2.3　数据库管理系统

1. 数据库管理系统的主要功能

数据库管理系统是一个非常复杂的大型系统软件,主要功能包括如下几个方面。

1) 数据库的建立与维护功能

包括创建数据库及对数据库空间的维护,初始数据的输入、转换,数据库的备份与恢复功能,数据库的重组织功能,数据库的性能监视、分析、调整功能等。这些功能一般是通过数据库管理系统中提供的一些实用程序或管理工具实现的。

2) 数据定义功能

通过数据库管理系统提供的数据定义语言(Data Definition Language,DDL)定义数据库中的对象,如表、视图、存储过程等。

3) 数据组织、存储和管理功能

为提高数据的存取效率,数据库管理系统需要对数据进行分类组织、存储和管理,这些数据包括数据字典、用户数据和存取路径数据等。数据库管理系统要确定这些数据的存储结构、存取方法以及存储位置,以及如何实现数据之间的联系。确定数据的组织和存储的主要目的是提高存储空间利用率和存取效率。一般的数据库管理系统都会根据数据的具体组织和存储方式提供多种数据存取方法,如索引查找、Hash 查找、顺序查找等。

4) 数据操纵功能

通过数据库管理系统提供的数据操作语言(Data Manipulation Language,DML)实现对数据库数据的查询、插入、删除和更改等操作。

5) 事务的管理和运行功能

数据库中的数据是共享的,可供多个用户同时使用。为保证数据能够安全、完整、可靠地运行,数据库管理系统提供了事务管理的功能。这些功能保证数据能够并发使用并且不会相互干扰,而且在发生故障时(包括硬件故障和操作故障等)能够对数据库进行正确的恢复。

6) 其他功能

其他功能包括数据库管理系统与其他软件系统的网络通信功能,不同数据库管理系统之间的数据转换功能,异构数据库之间的互访和互操作功能等。

2. 数据库管理系统的组成

数据库管理系统(DBMS)由查询处理器和存储管理器两大部分组成。其中,查询处理器主要有 4 个部分:DDL 编译器、DML 编译器、嵌入式 DML 的预编译器及查询运行核心程序;存储管理器有 4 个部分:授权和完整性管理器、事务管理器、文件管理器及缓冲区管理器。

1.3　嵌入式数据库系统的定义和特点

1.3.1　嵌入式数据库系统的定义

视频讲解

嵌入式数据库是指存储在嵌入式系统中的、有组织的、统一管理的相关数据的集合。它具有如下特征。

(1) 数据按照一定的数据模型进行组织、描述和存储。

(2) 数据可以被多个用户和应用程序共享。

(3) 数据冗余度较小,数据的独立性较高。

(4) 它是针对明确的应用目标而被创建和加载的。

(5) 易扩展。

(6) 由嵌入式数据库管理系统统一进行管理。

嵌入式数据库管理系统(Embedded Data Base Management System,EDBMS)是可以独立运行于嵌入式系统中的数据库管理系统,是位于用户和嵌入式操作系统之间的数据管理软件,它支持移动计算或某种特定模式的计算。通常与嵌入式操作系统和嵌入式应用程序集成在一起,为用户和应用程序提供访问嵌入式数据库的方法。

嵌入式数据库系统是实现有组织地、动态地存储大量关联数据并方便用户访问的,由嵌入式软件、硬件以及数据资源组成的系统,即它是采用嵌入式数据库技术的嵌入式系统,其核心是嵌入式数据库管理系统。由于目前嵌入式数据库常和移动计算相结合,因此有些资料也把嵌入式数据库称为嵌入式移动数据库。本书把嵌入式移动数据库作为嵌入式数据库的一种分类。

需要说明的是,在不引起混淆的情况下,通常把数据库系统简称为数据库。

嵌入式数据库技术是应嵌入式系统中数据管理任务的需要而产生的。随着嵌入式系统的广泛应用和不断普及,嵌入式环境中的数据管理问题已经成为系统设计和开发中的重要环节,构建嵌入式数据库系统已经成为嵌入式开发中必须解决的问题。

数据库技术总是与计算环境的某个特定的发展阶段相适应,新的计算环境促成新的数据库技术的形成和发展。纵观计算环境的发展历史,计算环境先后经历了集中式计算环境、分布式计算环境、网络计算环境以及目前受到广泛关注和研究的移动计算环境和普遍化计算环境等多种计算模式。在分布式计算的基础上,计算环境进一步扩展为包含各种移动设备、具有无线通信能力的服务网络,这便构成了移动计算环境。

随着计算环境的发展,数据库系统的发展也经历了集中式数据库系统、分布式数据库系统、多层结构数据库系统的发展过程,直至发展为现在的嵌入式数据库系统。当前,采用标准的关系数据模型和数据同步与复制技术的嵌入式数据库系统已成为了数据库领域的新焦点。

由于应用环境的特殊限制,从嵌入式系统的特点可以看出,作为嵌入式系统中一个软件中间件的嵌入式数据库管理系统,也必然受到嵌入式系统速度、资源以及应用等各方面因素的制约。当然,嵌入式数据库管理系统本质上是由通用数据库管理系统发展而来,它也可以是层次、网状或是关系型的数据库,甚至也可以是面向对象式的,但是,嵌入式数据库管理系统和通用型数据库管理系统在运行环境、应用领域等许多方面都是不一样的,所以,不能简单地把嵌入式数据库管理系统看成是通用数据库管理系统在嵌入式设备上的缩微版。相对普通数据库管理系统或者传统型企业数据库而言,嵌入式数据库管理系统有其自身的特点。

1.3.2 嵌入式数据库系统的特点

嵌入式数据库系统的设计目的,是在最小的干涉和最小的系统影响下进行数据的存储和恢复。嵌入式数据库系统,首先必须具备嵌入性。其次,为了适应嵌入式系统易移植的特点,嵌入式数据库系统还应该具备移植性。再者,考虑到用户数据安全可能会因为种种原因受到威胁的问题,嵌入式数据库系统也应该具备安全性。由于在实际应用中常常需要嵌入式数据库系统对外部环境做出实时反应,这就要求嵌入式数据库系统应该具有良好的实时性,同时还要保证数据库系统具有较高的成功率从而具备较高的可靠性。除此之外,嵌入式数据库还应该具备一定的主动性,能捕获特殊事件并做出相应反应。这使得嵌入式数据库集成了实时数据库系统、内存数据库系统和主动数据库系统的处理技术。归纳起来,嵌入式数据库系统具备如下主要特点。

1) 嵌入性

嵌入性是嵌入式数据库系统最基本的特性。嵌入式数据库不仅可以嵌入到其他的软件中,也可以嵌入到其他的硬件设备中。只有具备了嵌入性的数据库系统才能够第一时间得到系统的资源,对系统的请求在第一时间内做出适当的响应。例如,加拿大的 Empress 公司的 Empress 嵌入式数据库以组件的形式发布给用户,用户只需要像调用自定义函数那样调用相应的函数就可以实现创建表、插入、删除数据等常用数据库操作。用户在发布自己的产品时,可以将数据库编译到产品内,变成自己产品的一部分。对终端用户来说是透明的,他们在使用时感觉不到数据库的存在,不需要安装和配置数据库,也不用特意去维护数据库。

2) 移植性

移植性在嵌入式场合显得尤为重要。由于嵌入式系统的应用领域非常广泛,所采用的嵌入式操作系统和软硬件环境也各不相同,为了能适应各种差异性,嵌入式数据库管理系统和嵌入式数据库必须具有一定的可移植性,供用户根据需要选择合适的系统和环境。

3) 安全性

许多应用领域中的嵌入式设备是系统中数据管理和处理的关键设备,因此嵌入式设备上的数据库系统对存取权限的控制比较严格。同时,某些数据的个人隐私性很高,因此在防止碰撞、磁场干扰、遗失、盗窃等对个人数据安全构成威胁的情况下需要为用户数据提供充分的安全性保证。

4) 实时性

由于嵌入式数据库在很多情况下用于实时领域,要求能够第一时间得到系统资源,对系统的请求在第一时间内做出响应,即具有实时性,所以有时也称为嵌入式实时数据库。但值得注意的是,并不是具有嵌入性就一定具有实时性,要想使嵌入式数据库具有很好的实时性,必须做很多额外的工作。例如,Empress 嵌入式实时数据库将嵌入性和高速数据引擎、定时功能以及防断片处理等措施整合在一起,来保证最基本的实时性。当应用系统对实时性要求较高时,除了软件的实时性外,还需要有硬件的实时性。这就需要根据具体情况制定切实可行的解决方案,不能一概而论。

5) 可靠性

正如嵌入式数据库系统安全性中提到的那样,嵌入式设备是系统中数据管理和处理的关键设备,许多嵌入式设备具有较高的移动性、便携性和非固定的工作环境,而且无法得到信息技术支持人员的现场技术支持,因此嵌入式数据库系统必须具备高度的可靠性。

6）主动性

传统的数据库系统是"被动的"，因为仅当用户或者应用程序控制使用它时，它才会对现存信息做出相应的处理和响应。而"主动的"数据库系统能够主动监视当前信息，推断当前尚不存在的、未来的状态的出现。一旦这些状态出现，系统将会启动相应的活动以响应该状态。

当然，嵌入式数据库也必须具备企业级数据库所具有的一些共性。例如，数据库一致性，通过事务、锁功能和数据同步等多种技术保证数据库内各个表之间的数据一致性；多线程支持，现代嵌入式系统代码量增大，功能日益复杂，所以必须支持多线程；SQL 和 C/C++ 接口的支持，因为 SQL 已经成为数据库领域事实上的标准，C/C++ 接口是嵌入式环境中用得最多的标准。由于嵌入式数据库的应用环境多变，所以嵌入式数据库要支持更多种数据类型，或能够根据应用需求自动扩展所能处理的数据类型，如多媒体数据类型和空间数据类型等。

1.3.3 嵌入式数据库的分类

嵌入式数据库的分类方法很多，根据其嵌入的对象不同分为面向软件的嵌入式数据库、面向设备的嵌入式数据库、内存数据库等。

面向软件的嵌入式数据库是将数据库作为组件嵌入到其他的软件系统中，一般用在对数据库的安全性、稳定性和速度要求比较高的系统中。这种结构的数据库对系统资源消耗较低，使用户不用花费额外的开销去维护数据库，用户甚至感觉不到数据的存在。

面向设备的嵌入式数据库是将关系型数据库嵌入到设备中，作为设备数据处理的核心组件。这种场合要求数据库有很高的实时性和稳定性，一般运行在实时性非常高的操作系统当中。

内存数据库直接在内存上运行，数据处理更加高速，不过安全性能比较低，需要采取额外的手段来进行安全性的保障。

嵌入式数据库的分类也可以根据其应用的不同分为普通嵌入式数据库、嵌入式移动数据库、小型 Client/Server 架构数据库等。

嵌入式移动数据库支持移动计算或某种特定的计算模式，它通常与操作系统以及具体应用集成在一起，运行在智能型嵌入式设备或移动设备上。

小型 Client/Server 架构数据库其实是企业级数据库的一个缩小版，裁剪缩小以后的数据库可以在一些实时性要求不高的设备上运行。它只和操作系统有关，一般只支持一些常见的移动操作系统，如 Linux 等。

1.4 嵌入式数据库的发展趋势

嵌入式数据库技术涉及数据库、分布式计算、普适计算以及移动通信等多个学科领域，已经成为数据库系统的一个新的研究方向。近年来，嵌入式数据库的研究取得了不少进展，以下几个趋势值得关注。

（1）智能化和主动化。以往的嵌入式数据库往往是以存储为目的的被动型的数据库，只能被动地接受操作系统和应用程序的调用来执行相应的动作。而能够根据数据库中存储的情况和自身特点，适当地做出优化来满足不同条件下的应用需求的智能化、主动型嵌入式数据库是以后研究的热点。

（2）多媒体。随着高档电子消费品日益受到人们的青睐，能够对视频、音频、文字、图像进行存储和快速检索的嵌入式数据库会有更大的市场，并成为人们研究的热点。

（3）时空数据库。导航设备、水文、地质、地形地貌的相关电子产品的快速发展，迫切需要能够同时处理时间和空间的数据库问世。

（4）嵌入式移动数据库在商务、经济领域有着广阔的应用前景。在物流的运输、储存保管、配送等几个重要环节中，移动计算有着广阔的应用前景。

当然，除了上述介绍的嵌入式数据库的发展方向以外，还有很多的方向，如最近盛行的云嵌入式数据库等，这里不再逐一论述。

嵌入式数据库具体技术的改进和升级可以从以下几点寻找突破点。

（1）数据库内核。由于嵌入式系统可用资源的受限性，嵌入式数据库内核的大小也是一个关键的问题，那种以牺牲数据库的功能来换取较小的内核的做法显然是与发展趋势相背离的。

（2）数据库的可靠性。嵌入式数据库的应用越来越广泛，也越来越复杂，其功能已经从传统的添加、删除等操作向对声音、视频、三维或多维数据、智能控制等方向发展，因此可靠性的提高也是至关重要的一环。

（3）数据库的可移植性。尽管目前的嵌入式数据库产品可以支持多种不同的操作系统，但在嵌入式系统开发过程中，开发人员还要充分考虑硬件平台、操作系统平台以及它们的接口定义，如果有能适用于绝大多数的操作系统平台，对硬件平台和操作系统平台透明的嵌入式数据库，势必可以大大地提高开发效率，降低开发成本。

1.5　嵌入式数据库系统的应用

从计算机技术及其应用发展的历史来看，计算机技术，尤其是数据库技术发展的原动力主要来自两个方面，即不断发展扩大的应用需求和其他支撑技术的发展。嵌入式数据库系统的研究领域在继续深入发展的同时，其应用领域也在不断地扩大和深化，现今已经进入了实用化和产品化的阶段。

目前，基于嵌入式数据库系统的应用主要分为两大类，即水平应用和垂直应用。所谓水平应用，是指应用方案能够应用于多种不同行业，所需要的只是极少的定制工作。而垂直应用，则是指针对特定行业的应用，其数据处理具有独特性。水平应用在不同领域的应用中，应用核心不需要修改，只需要对应用前端或者后端进行适当的定制即可。此类应用主要包括数据库信息存取应用、场地内或场地间的移动应用、现场审计和检查应用以及基于全球定位系统(GPS)和地理信息系统(GLS)的应用。

与水平应用相比，垂直应用具有明显的行业特殊性，不同应用领域的应用之间存在较大的差异。嵌入式数据库的应用体系如图1-4所示。

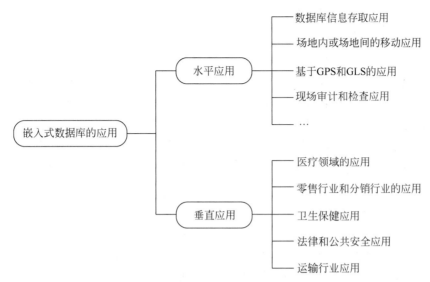

图 1-4 嵌入式数据库的应用体系

下面介绍几个嵌入式数据库的应用实例。

1. 汽车碰撞测试装置

嵌入式数据库经常在汽车碰撞测试装置中使用。汽车碰撞测试是检验汽车安全性能的一种有效手段。在测试中,让汽车高速碰撞某个物体,然后收集嵌入在车体中各个部位的各种感应器所发出的数据,再对这些数据进行分析,这需要在碰撞的瞬间大量地收集和保存数据。这时,如何能尽快地保存数据是一个问题。为了解决这个问题,在汽车碰撞测试装置中使用了嵌入式数据库,取得了非常好的实际效果。

2. 发电机监视装置

在美国大型发电厂的发电机监视装置中使用了嵌入式数据库。发电厂的发电机是非常重要的生产设备,所以要严格管理以防发电机停机。发电机的监控装置通过收集发电机的各种数据进行监视。

这种需要实时监控的场合,在数据库中预先录入了监视数据用的程序模块。当某数据进入"异常值""异常范围""警戒范围"的时候,这些程序模块会检测出这些数据,然后自动报警,同时通知监视中心有异常情况。这种数据收集也可用于发电机系统的模拟试验。

3. 监视引擎

在美国的大型飞机制造厂,为了收集引擎的测试数据和飞机内部机械的数据,在飞机上也装载了嵌入式数据库。在美国的大型汽车制造厂的引擎废气排放测试装置中,也嵌入了数据库,废气排放测试的结果全部保存于数据库,以后的其他测试、分析以及模拟试验等环节就能有效利用这些数据。2008 年奥运会所使用的环保巴士内也使用了嵌入式数据库。

在这个领域利用嵌入式数据库时,会有一些常见的典型问题,如往数据库写入数据的速度和性能等问题。一方面要求内存消耗量足够少,一方面又需要对大量的数据进行运算,所以必须同时满足两个相反的要求。再者,在发电机监视装置的例子中,数据监视模块必须要嵌入到数据库中(在实际的嵌入式数据库中,这些监视模块主要是通过用户自定义的函数来实现数据的收集、监视和报警等)。

4. 宇宙航空和机器人

现在,嵌入式数据库在宇宙航空和机器人等方面有很多实际应用。例如,木星探查伽利略计划,卫星观测系统,地上测定、命令处理系统,卫星控制系统,天气预报的发布系统,战争模拟游戏等。除此以外,还有许多其他的宇宙航空项目和机器人项目中使用了嵌入式数据库。嵌入式数据库在宇宙航空以及机器人的应用程序中起着核心的作用。在数据库中保存着全部的程序、指令、可执行的模块,并将这些制作成基于知识(knowledge based)或者基于规则(rule ibased)的系统。可执行模块将根据传感器的信息执行各种动作或命令。将来,保存于数据库中的执行模块很可能实现自动执行的功能。

5. 地理信息系统

地理信息包括的范围很广,国外一些国家的地理信息系统已经发展了很多年,国内这几年也逐渐加大对地理信息系统方面的投入。嵌入式数据库 Empress 在地理信息系统方面的应用非常广泛,如空间数据分析系统、卫星天气数据、龙卷风和飓风监控及预测、大气研究监测装置、天气数据监测、相关卫星气象和海洋数据的采集装置、导航系统等,几乎涉及地理信息的所有方面。

1.6　小结

由于嵌入式系统中数据的种类以及数据处理的方法与传统的 PC 相比有一定的共性,同时它也具备了自己的特殊规律,这使得嵌入式数据库并不能像企业级数据库那样可以只通过简单的解决方案就能解决所有的问题,它与企业级数据库之间存在着很大的差异。其具体表现为传统的大型通用关系型数据库产品虽然非常优秀且成熟,但是由于它们依赖于高性能的主机、运行速度慢、资源开销庞大,所以并不适用于嵌入式系统。而在嵌入式数据库系统中,计算资源的有限性、计算平台的移动性、系统的高伸缩性、电源能力的有限性等因素都对嵌入式数据库的性能提出了相当高的要求。正是由于二者差异性,使得嵌入式数据库的合理运用面临着很大的挑战。

数据库技术是随着计算环境的发展而不断进步的。随着移动计算时代的到来,嵌入式操作系统对数据库系统的需求为数据库技术开辟了新的发展空间。嵌入式数据库技术目前已经从研究领域逐步走向广泛的应用领域。随着智能移动终端以及系统的应用和 5G 技术的普及,人们对移动数据实时处理和管理的要求也在不断提高,嵌入式数据库越来越体现出其优越性,从而被学界和业界所重视。

习题

1. 什么是嵌入式数据库? 其与传统数据库相比有何特点?
2. 请找出生活中的嵌入式数据库应用的例子。
3. 嵌入式数据库与嵌入式操作系统的关系是什么?
4. 嵌入式数据库有哪些分类?
5. 嵌入式移动数据库有哪些特点?

第2章

嵌入式数据库的系统结构

本章首先介绍嵌入式数据库的总体系统结构,由于应用目标的多样性以及嵌入式系统的差异性,导致了嵌入式数据库在不同分支领域或者强调某个应用目标(如实时性、移动计算等)的情况下具有不同的结构特征,本章介绍嵌入式实时数据库和嵌入式移动数据库的结构、特征和应用。本章还介绍嵌入式数据库的发展现状,重点介绍具有代表性的 3 个嵌入式数据库。

2.1 嵌入式数据库的系统结构概述

视频讲解

嵌入式数据库通常与操作系统和具体应用集成在一起,而嵌入式操作系统种类繁多、系统特点不一,从而导致嵌入式数据库系统的应用环境也复杂多样。因此,嵌入式数据库没有一个比较固定的模式,其结构和采用的技术也因为不同的需求而多种多样。总的来说,嵌入式数据库的系统结构可以分为外部接口和内部处理两大模块,如图 2-1 所示。

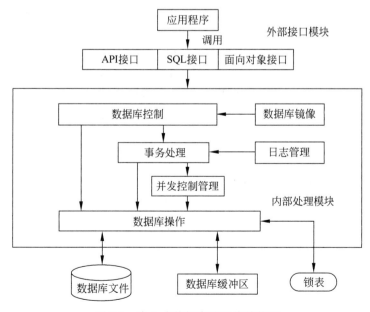

图 2-1 嵌入式数据库的系统结构图

内部处理模块：这部分是整个系统的核心，控制和协调各程序的活动，如图 2-1 所示，其中主要的模块有日志管理、事务处理、并发控制管理等。日志管理主要负责日志文件的初始化、修改以及更新等功能；事务处理与并发控制管理是保障系统在多用户环境下能够正确地访问与操作数据，以保证数据的完整性与一致性。

外部接口模块：这部分主要是一个查询处理器，直接与数据库管理人员交互，负责接收用户的数据与操作命令，并将其转发给下层处理单元进行处理，同时接收下层处理单元返回的数据结果与状态信息并显示给上层用户。数据库系统在这一层为用户提供管理数据库的途径，包括可供直接调用的内部 API 接口函数、SQL 接口函数以及面向对象的接口函数。嵌入式数据库一般都提供了直接访问的 API 接口，这种方式访问速度快，适合嵌入式系统的要求。对于 SQL 接口函数，其实现原理和传统数据库类似，但是考虑到嵌入式数据库的特殊性，需要采用一些手段来提高数据库访问的速度，如参数化查询等。有些嵌入式数据库还提供了面向对象的接口函数，具体提供什么种类的接口要由该嵌入式数据库面向的应用环境决定。

由于嵌入式系统的种类繁多、系统特点不一，系统设计目标也紧紧围绕应用为中心，这就使得图 2-1 显示的嵌入式数据库的系统结构只是总体上描述了嵌入式数据库的情况。对于不同的细化应用目标的嵌入式数据库，其系统结构会针对特定目标作针对性的设计。下面举两个典型例子——嵌入式实时数据库和嵌入式移动数据库。本章首先介绍嵌入式实时数据库。嵌入式数据库中大部分是实时数据库，但是并非所有的实时数据库都可以不加改造地应用到一个嵌入式系统中。

2.2　嵌入式实时数据库

在现实世界中，有许多应用包含对数据的"定时"存取和对"短暂有效"数据的存取，如电话交换、电力或数据网络管理、空中交通管制、雷达跟踪、工厂生产过程控制、证券交易等。这些应用，一方面需要维护大量共享数据和控制知识，另一方面其应用活动有很强的时间性，要求在一确定的时刻或一定的时间期限内，从外部环境采集数据、按彼此间的联系存取并对数据进行处理，再及时做出响应。同时，它们所处理的数据往往是"短暂"的，即只在一定的时间范围内有效，过时则无意义，所以这种应用同时需要数据库技术和实时数据处理技术。

因此，实时数据库就是其数据和事务都有显式的定时限制的数据库，系统的正确性不仅依赖于事务的逻辑结果，还依赖于该逻辑产生的时间。近几年来，实时数据库系统已经发展为现代数据库研究的主要方向之一，受到了数据库界和实时系统界的极大关注。然而，实时数据库并非数据库和实时系统两者的简单结合，它需要对一系列的概念、理论、技术、方法和机制进行研究开发，如数据模型及其语言，数据库的结构和组织；事务的模型与特性，尤其是截止时间及其软硬性；事务的优先级分派、调度和并发控制协议与算法；数据和事务特性的语义及其与一致性、正确性的关系；查询/事务处理算法与优化；I/O 调度、恢复、通信的协议与算法等。

2.2.1 嵌入式实时数据库的特点与组成

视频讲解

除了具备传统数据库功能外,一个嵌入式实时数据库管理系统还具有以下特点。

(1) 数据库状态的确定性,即尽可能地确定数据操作的时间和数据库存储空间的占用情况等。

(2) 事务和数据都具有时限性,即确保事务的执行时间和数据的实时性,使其在数据失效前,尤其是在执行的截止期前得到满足。

(3) 高效的实时压缩算法,即用较小的可接收的存储空间保存大量实时数据,因为当前的大型流程工业每时每刻都在产生着成千上万的数据。

(4) 系统的可定制性,即系统选择的技术路线要面向具体的行业应用。

嵌入式实时数据库上从本质上说是一个"内存数据库",是一个由应用程序管理的内存缓冲池,它在系统中的作用就是一个供多个实时任务共同使用的共享数据区。这种数据库实际上是一个嵌入在用户应用软件中的与应用程序不可分割的部分。一个完整的嵌入式实时数据库系统除了包括内存数据库外,还应当含有历史数据库和数据库管理系统(DBMS)以及提供给用户的接口函数,整个数据库可由 DBMS 完成对数据库的具体配置及各种操作。所以,总体上来说嵌入式实时数据库系统是指可在嵌入式设备中独立运行的一种数据库系统,用以处理大量的、时效性强且有严格时序的数据,它以高可靠、高时效性和高信息吞吐量为目标,其数据的正确性不仅依赖于逻辑结果,而且依赖于逻辑结果产生的时间。嵌入式实时数据库需要针对不同的应用需求和应用特点,对实时数据模型、实时事务调度与资源管理策略、实时数据查询、实时数据通信等大量问题做深入的研究和设计。

从程序的角度出发,嵌入式实时数据库系统通常由三部分组成:语言编译处理程序、系统运行控制程序和服务性程序。

1) 语言编译处理程序

语言编译处理程序主要包括:数据库各级模式的语言处理程序,作用是将各级源模式编译成各级目标模式;数据库操作语言的编译处理程序,将数据库操纵语句转换成可执行的程序;查询语言解释程序,处理终端查询语句,并决定其操作的过程。

2) 系统运行控制程序

系统运行控制程序主要包括:系统总控程序是嵌入式实时数据库运行程序的核心,控制和协调各程序的活动;并发控制程序,协调各个应用程序对数据库的操作,确保数据库数据的一致性;时限调动程序,确保紧急事务的及时完成;完整性、安全性控制程序,根据完整性约束条件,决定是否执行对数据库的操作,并实现对数据库的安全保密控制;数据库存取和更新程序,实施对数据的检查、插入、修改、删除等;存储管理程序,根据数据的性质决定检索算法。

3) 服务性程序

服务性程序主要包括:错误恢复程序,由于硬软件的失败引起数据库的破坏,利用恢复程序数据库恢复到正确状态;工作日志程序,负责记载对数据库的每一笔更新操作,记录更新前的数据和更新后的数据;性能监测程序,监测操作执行时间和控件使用情况,对数据库再组织提供依据;数据库再组织程序,实现对数据库的重组;转存、编辑、输出程序,用于转存数据库的部分或全部数据,编辑数据,按规定格式输出所选的数据。

嵌入式实时数据库系统结构如图 2-2 所示。

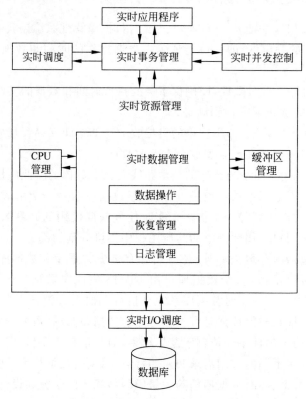

图 2-2　嵌入式实时数据库系统结构

各部件功能分析如下。

实时应用：指具有定时限制的数据库应用,是实时事务产生的来源。

实时事务管理：管理实时事务的生存期,包括产生、执行和结束。

实时并发控制：实现识时的并发控制策略。

实时调度：实现识时的优先级调度策略。

实时资源管理：包括 CPU 管理、缓冲区管理、实时数据管理,实时数据管理又包括数据操作、存储和恢复管理等。

实时 I/O 调度：实现显式定时限制的磁盘调度算法。

随着通信技术和互联网的发展,网络设备的处理能力越来越强,各种数据处理要求也越来越高,嵌入式实时数据库在一些企业内部互联网装置、网络传输的分布式管理装置、语音邮件追踪系统、VoIP 交换机、路由器、基站控制器等系统中都有应用。这里给出一个嵌入式实时数据库的应用模型给读者参考,如图 2-3 所示。

2.2.2　常见嵌入式实时数据库产品

随着嵌入式实时数据库技术的不断发展,各大公司也相继开发出自己的嵌入式实时数据库产品。目前活跃在商业和研究领域的嵌入式实时数据库各自都具有不同的特点,以下简单介绍几种比较常见的商业产品。

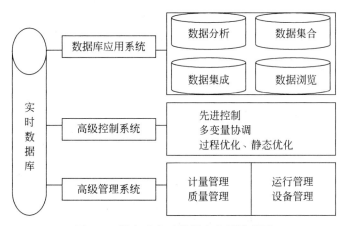

图 2-3 嵌入式实时数据库应用模型图

PervasiveSQL：由 Pervasive 公司开发。这个数据库有 3 个不同的嵌入式数据库版本，分别用于智能卡、移动系统、嵌入式系统。这 3 个版本相互结合，同时也能够与该公司的其他非嵌入式数据库相结合。该公司的系统较为接近嵌入式数据库的要求，占用存储器容量小是该数据库的一个特色。

Polyhedra：由 Polyhedra 公司开发。该数据库的特点是满足部分实时性，是内存数据库，支持主动行为。

Velocis：由 Mbrane 公司开发。主要用于网络商业和 Web 应用，也有一部分支持嵌入式操作系统。

RDM：由 Mbrane 公司开发。RDM 号称实时数据库，其实现原理与 Polyhedra 不同，它没有采用 Client/Server 模式。

Times Ten：由 Times Ten 公司开发，是一个关系型数据库，与 Polyhedra 相同，它也是内存实时数据库。

Berkeley DB：1996 年起由 Sleepycat 公司提供商业支持，是开放源码的。后来该公司于 2006 年 2 月被 Oracle 公司收购，Berkeley DB 也成为 Oracle 公司的产品，是 Oracle 公司开源项目的重要组成部分。Berkeley DB 与应用程序运行在同一内存地址空间，省却了远程通信和进程间通信，大幅降低了通信开销；同时 Berkeley DB 使用简单的函数调用接口来完成所有的数据库操作，避免了对 SQL 语句解析所需的开销，因此效率非常高。

SQLite：由 D. Richard Hipp 用 C 语言开发的、强有力的开源嵌入式关系数据库引擎。虽然从严格意义上讲，SQLite 并不算是实时数据库，但因其出色的实时性和健壮性，很多开发人员也非常钟情于将 SQLite 应用于许多实时性要求不是特别高的系统中。

2.2.3 提高嵌入式数据库实时性的方法

1. 主动数据库技术

当人们在享受数据库技术带来的便利的同时，也感受到了传统的数据库只能提供"被动服务"的局限性，实际应用呼唤数据库的主动性，其包括如下功能。

视频讲解

1) 实时监控功能

在仓库管理、设备运行、武器系统控制和生产过程中,通常需要各种实时监控功能,包括状态监控、性能监控、功能监控、安全监控和故障监控。这些实时监控要求系统能发出预报或报警信息并能主动地做出必要的反应。

2) 异常情况的主动处理和恢复

当应用软件运行过程中产生异常情况时,理想的系统不仅有报警功能,而且应有主动处理乃至自动恢复的能力,以使系统具有一定的容错功能。

3) 协同工作或协同解决问题

多部门合作解决问题涉及通信与同步功能都属于这类问题。在这种情况下需要通信的双方在适当的时机或适当的条件下各部分之间互相通信进行协调,从而要求通信双方主动地检测某些事件的发生,并适时地向对方发出相应的信息。

4) 方便而灵活的人机交互接口

在软件系统中要实现友好的人机界面,也要求应用系统具备某种主动发现外部设备发来的中断信号的能力。

5) 自适应和学习功能

应用系统能根据周围环境的变化(如"事件"或"状态"的变化)主动地做出反应,这在军事上有着重要的意义。例如,带自动跟踪系统的精确制导导弹,能根据地形、天气、目标运动状态和对方侦察设备的改变做出适当的调整,因此系统需要具备良好的自适应能力和学习功能。

6) 演绎推理功能

它使应用系统能根据当时具体发生的事件,自主地做一些演绎推理,从而自动采取相应的措施。

上述的各种需求促使大量的研究机构投入到主动数据库技术的研究中,在该领域中几个较有影响力的项目如下。

(1) Hi PAC 是威斯康星大学为一个面向对象数据库而开发的,具有"事件-条件-动作规则"和时间约束处理功能。

(2) ETM 是德国卡什鲁研究所在一个面向对象数据库 CADOODBMS 中为了完整性控制而设计的一个"事件-动作触发器"。

(3) Postgres 是加州大学伯克利分校在一个关系型数据库管理系统的基础上扩充"条件-动作库"后形成的系统。

(4) Alert 是 IBM 公司设计的,可把一个被动的数据库管理系统变换为一个主动数据库管理系统的一种分层的体系结构,Starburst 就是在该体系结构上扩充而形成的一个系统。主动数据库是相对于传统的数据库的被动而言的,主动数据库的最大特点是具有提供主动服务能力的功能,能够根据数据库当前的状态主动适时地做出某些反应,执行某种操作,向用户提交某种信息。这种主动能力借助于主动机制来实现。主动机制一般采用触发器机制。一般一个触发器可以定义为一个对偶:

```
Trigger::=(<Situation>,<Action>)
Situation::=(<Event>,<Status>)
```

Event 是事件,包括对象时间(Insert,Update,Delete 等)、事务事件(Commit,Begin,End,Abort)、外部事件(传感信号等)、系统控制事件(有关缓冲区管理、日志记录重整等)和时间事件。

Status 是事件成立时的状态,通常是一个条件或限制,当一个事件发生,且相应条件成立时将触发某活动 Action。

Action 可以是触发事务的一部分、子事务或另外一个独立的事务。

该对偶的含义为:当事件发生时,如果条件成立,则执行活动。事件是系统行为的瞬时发生,条件通常认为是关于数据库状态的谓词,但一般而言,条件可以很复杂,不仅涉及数据库的状态还可涉及状态间的变迁、趋势和经历,还可以包含外部情况的谓词项,如当前日期、时间等。活动是一个操作的集合,当相应的条件为真时,活动就执行。主动触发机制的执行模型如图 2-4 所示。

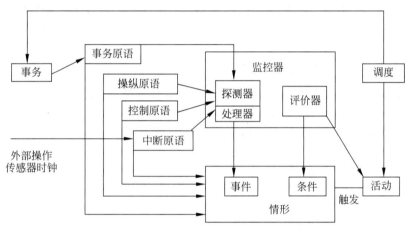

图 2-4　主动触发机制执行模型

2. 内存数据库技术

传统的数据库管理系统是把所有数据都放在磁盘上进行管理,所以称作磁盘数据库(Disk-Resident Database,DRDB)。磁盘数据库需要通过频繁地访问磁盘来进行数据的操作,对磁盘读写数据的操作,一方面要进行磁头的机械移动,另一方面受到系统调用时间的影响,当数据量很大、操作频繁且复杂时,就会暴露出很多问题。

近年来,内存容量不断提高,价格不断下跌,操作系统已经可以支持更大的地址空间,同时对数据库系统实时响应能力要求日益提高,充分利用内存技术提升数据库性能成为一个热点。

针对数据库系统中由于磁盘数据 I/O 而带来的事务处理的不确定性,在数据库技术中,目前主要有两种方法来解决此类问题。一种是在传统的数据库中,增大缓冲池,将一个事务所涉及的数据都放在缓冲池中,组织成相应的数据结构来进行查询和更新处理,也就是常说的共享内存技术,这种方法优化的主要目标是最小化磁盘访问。另外一种解决方法就是内存数据库技术(Main Memory Database,MMDB)也叫主存数据库。内存数据库的本质特征就是其主拷贝或"工作版本"常驻内存,而不是取决于内存的大小、存取数据所需 I/O 次数的多少、数据何时及怎样才能留驻内存等这些具体的实现技术。

为此,对内存数据库给出的定义如下。

定义 2.1 设有数据库系统 DBS,DB 为 DBS 中的数据,DBM(t)为在时刻 t,DB 在内存的数据集,DBM(t)⊆DB,TS 为 DBS 中所有可能的事务构成的集合。AT(t)为在时刻 t 处于活动状态的事务集,AT(t)⊆TS。Dt(t)为事务 T 在时刻 t 所操作的数据集,Dt(t)⊆DB,若在任意时刻 t,均有:

$$\forall T \in AT(t) \quad Dt(T) \subseteq DBM(t)$$

成立,则称 DBS 为一个内存数据库系统,简称 MMDBS;DB 为一个内存数据库,简称 MMDB。

按此定义内存数据库就是指数据库的"工作版本"(当然也可以是整个数据库)常驻内存,任何一个事务在执行过程中没有内外存间的数据 I/O。显然,它需要一定的内存量,至少要能容纳一个事务所要求的数据集,但并不一定要求整个数据都必须常驻内存。活动事务的执行从开始到提交,均不与外存打交道,当事务提交时数据库的"外存版本"可以不必立即反映出事务提交后的结果,并且当系统出现故障时应首先恢复在内存中的数据库主拷贝。

内存数据库系统带来的优越性不仅在于对内存读写比对磁盘读写快,更重要的是,从根本上抛弃了磁盘数据管理的许多传统方式,基于全部数据都在内存中管理进行了新的体系结构的设计,并且在数据缓存、快速算法、并行操作方面也进行了相应的改进,从而使数据处理速度比传统数据库的数据处理速度快很多,一般都在 10 倍以上,理想情况甚至可以达到 1000 倍。

典型的内存数据库主要有 SQLite、Altibase、Oracle 内存数据库系列 Berkeley DB 和 TimesTen、eXtremeDB 和 H2 Database。

目前,内存数据库系统已经广泛应用于航空、军事、电信、电力、工业控制等众多领域,而这些领域大部分是分布式的,因而分布式内存数据库系统成为新的研究与开发热点。

2.3 嵌入式移动数据库

随着信息时代的不断发展,嵌入式操作系统对移动数据库系统的需求为数据库技术开辟了新的发展空间。移动计算是一种新型的技术,它使得计算机或其他信息设备在没有与固定的物理连接设备相连的情况下能够传输数据。移动计算的作用在于:将有用、准确、及时的信息与中央信息系统相互作用,分担中央信息系统的计算压力,使有用、准确、及时的信息能提供给在任何时间、任何地点需要它的任何用户。移动数据库是支持移动计算环境的分布式数据库。由于移动数据库系统通常应用在诸如掌上计算机、PDA、车载设备、移动电话等嵌入式设备中,因此,它又被称为嵌入式移动数据库系统。移动计算环境比传统的计算环境更为复杂和灵活。移动技术的发展必将对嵌入式移动数据库的发展起到强大的推动作用,同时嵌入式移动数据库的发展也能促进移动计算的广泛应用。

2.3.1 嵌入式移动数据库的系统结构

移动计算的网络环境具有鲜明的特点:移动性、断接性、带宽多样性、可伸缩性、弱可靠性、网络通信的非对称性、电源能力的局限性等。移动环境中的分布式数据库就是移动数据

视频讲解

库。它是传统分布式数据库系统的扩展,可以看作客户与固定服务器节点动态连接的分布式系统。

在此背景下,嵌入式移动数据库基于系统功能、特点和需求,一般采用三层体系结构,如图 2-5 所示。在这三个层次中,位于最上层的是移动终端的嵌入式数据库,它具有易用性和便携性,但数据容量最小,该层的嵌入式数据库属于终端的数据库,可以根据特定目标用图 2-1 或者图 2-2 所示的嵌入式数据库系统结构设计;而位于最底层的是服务器端后台数据库,它的数据容量大且安全性好、可靠性高,但只能存放于台式机或服务器上,难以满足移动计算的需求,该层数据库属于服务器数据库;中间层的数据同步模块具有双向数据交换能力,通过数据同步使得嵌入式数据库和后台数据库中的数据保持同步一致。

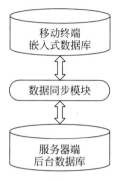

图 2-5 嵌入式移动数据库
层次图

通过这三层的相互配合,系统兼得了嵌入式数据库和海量数据库的特点,用户既用到了嵌入式数据库“无所不在”的计算能力,又避免了其容量小、功能不完备所带来的不便。
这种三层体系结构在当前的几种网络环境下主流嵌入式数据库系统中也得到了普遍使用。

将该结构细化后可以得到如图 2-6 所示的嵌入式移动数据库系统结构图。

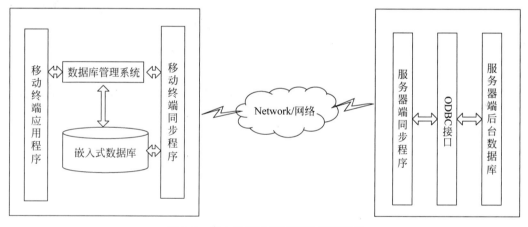

图 2-6 嵌入式移动数据库系统结构图

从图 2-6 中可以看出,嵌入式移动数据库系统的软件可大致分为服务器端软件及移动终端软件两部分。

在移动终端一方,由嵌入式应用程序的界面控制部分等待终端用户的输入。当用户输入一条数据请求时,它首先分析数据请求的合法性,若合法,则响应请求,然后再分析该数据请求是否能够在本地终端嵌入式数据库中得到满足,若能够借助本地终端嵌入式数据库实现数据请求,则将数据请求交给终端嵌入式数据库管理系统。如果终端嵌入式数据库不能满足用户需求,系统将自动地数据请求交给终端同步程序。终端同步程序接到请求后,将与服务器端同步程序建立连接,将用户请求传送到服务器端。在服务器端一方,服务器端同步程序的监听线程监视串口状态,发现来自终端的数据请求便将该请求交给服务器端同步程序的主线程。主线程接到数据请求后,将其交给 ODBC(Open Database Connectivity,开放数据互联)接口(或者是其他支持接口)模块进行处理。ODBC 接口接到来自服务器端同步程序的数据请求后,解析数据请求访问 ODBC(或者是其他支持数据源)主数据源,得到处理结果,并将该处理结果交给服务器端同步程序,再通过终端同步程序将处理结果返回给嵌入式应用程序。

由于嵌入式系统的存储量有限,因此在终端嵌入式数据库中不能存储大量的数据,同时,由于嵌入式系统处理器的主频较低,运行速度较慢,以及网络速度的原因,系统也不可能将每次的用户请求都提交到服务器端后台数据库处理数据,因此这就要求将大多数的数据处理放在终端数据库系统中处理,而为了保证终端嵌入式数据库数据的有效性和实时性,必须保证嵌入式数据库和服务器端数据库的数据同步复制。当终端数据库发生更新时,立即将更新的请求发送给终端同步程序,由终端同步程序和服务器端同步程序建立连接,再由服务器端同步程序将该请求交给服务器端数据库实现后台数据库的更新。

当服务器端数据库发生数据更新后,首先会分析更新数据与哪一个终端嵌入式数据库相关,然后通过服务器端同步程序与该终端同步程序建立连接,将数据更新的信息发送给终端同步程序实现终端嵌入式数据库的更新。

2.3.2　嵌入式移动数据库的主要特点

视频讲解

由于移动数据库在移动计算的环境下应用在嵌入式操作系统之上,所以它具有微小内核结构、对标准 SQL 的支持、事务管理功能、完善的数据同步机制、支持多种连接协议、完备的数据库管理功能和支持多种嵌入式操作系统的特点和功能需求。

详细说来,嵌入式移动数据库管理系统的主要特点如下。

1) 微小内核结构

考虑到嵌入式设备的资源有限,嵌入式移动数据库管理系统应采用微型化技术实现,在满足应用的前提下紧缩其系统结构,以满足嵌入式应用的需求。

2) 对标准 SQL 的支持

嵌入式移动数据库管理系统应能提供对标准 SQL 的支持。支持 SQL92 标准的子集,支持数据查询(连接查询、子查询、排序、分组等)、插入、更新、删除多种标准的 SQL 语句,充分满足嵌入式应用开发的需求。

3) 事务管理功能

嵌入式移动数据库管理系统应具有事务处理功能,自动维护事务的完整性、原子性等特性;支持实体完整性和引用完整性。

4) 完善的数据同步机制

数据同步是嵌入式数据库最重要的特点。通过数据复制,可以将嵌入式数据库或主数据库的变化情况应用到对方,以保证数据的一致性。

5) 支持多种连接协议

嵌入式移动数据库管理系统应支持多种通信连接协议。可以通过串行通信、TCP/IP、红外传输、蓝牙等多种连接方式实现与嵌入式设备和数据库服务器的连接。

6) 完备的嵌入式数据库的管理功能

嵌入式移动数据库管理系统应具有自动恢复功能,基本无须人工干预就可以进行嵌入式数据库管理并能够提供数据的备份和恢复,保证用户数据的安全可靠。

7) 支持多种嵌入式操作系统

嵌入式移动数据库管理系统应能支持多种目前流行的嵌入式操作系统,这样才能使嵌入式移动数据库管理系统不受移动终端的限制。

另外,一种理想的状态是用户只用一台移动终端(如手机)就能对与他相关的所有移动数据库进行数据操作和管理,这就要求前端系统具有通用性,而且要求移动数据库的接口有统一、规范的标准。前端管理系统在进行数据处理时自动生成统一的事务处理命令,提交当前所连接的数据服务器执行。这样就有效地增强了移动数据库的通用性,扩大了嵌入式移动数据库的应用前景。

总之,在嵌入式移动数据库管理系统中还需要考虑诸多传统计算环境下不需要考虑的问题,如对断接操作的支持、对跨区长事务的支持、对位置相关查询的支持、对查询优化的特殊考虑以及对提高有限资源的利用率和对系统效率的考虑等。为了有效地解决上述问题,诸如复制与缓存技术、移动事务处理、数据广播技术、移动查询处理与查询优化、位置相关的数据处理及查询技术、移动信息发布技术、移动 Agent 等技术仍在不断的发展和完善,这些技术会进一步促进移动数据库技术的发展。

2.3.3 嵌入式移动数据库在应用中的关键问题

移动数据库在实际应用中必须解决好数据的一致性(复制性)、高效的事务处理、数据的安全性等问题。

1. 数据的一致性问题

移动数据库的一个显著特点是移动终端之间以及与服务器之间的连接是一种弱连接,即低带宽、长延时、不稳定和经常性的断开。为了支持用户在弱环境下对数据库的操作,现在普遍采用乐观复制方法(Optimistic Replication)允许用户对本地缓存上的数据副本进行操作。待网络重新连接后再与数据库服务器或其他终端交换数据修改信息,并通过冲突检测和协调来恢复数据的一致性。

2. 高效的事务处理问题

移动事务处理要解决在移动环境中频繁的、可预见的拆连情况下的事务处理。为了保证活动事务的顺利完成,必须设计和实现新的事务管理策略和算法。

(1) 根据网络连接情况来确定事务处理的优先级,网络连接速度高的事务请求优先处理。

(2) 根据操作时间来确定事务是否迁移,即长时间的事务操作将全部迁移到服务器上执行,无须保证网络的一直畅通。

(3) 根据数据量的大小来确定事务是上载执行还是下载数据副本执行后上载。

(4) 事务处理过程中,网络断接处理时采用服务器发现机制还是采用客户端声明机制。

(5) 事务移动(如位置相关查询)过程中的用户位置属性的实时更新。

(6) 完善的日志记录策略。

3. 数据的安全性问题

嵌入式数据库具有严格的存取权限控制。同时,许多嵌入式设备具有较高的移动性、便携性和非固定的工作环境,也带来潜在的不安全因素。同时某些数据的个人隐私性又很高,因此在防止碰撞、磁场干扰、遗失、盗窃、病毒侵入等对个人数据安全的威胁上需要提供充分的安全性保证。保证数据安全的主要措施是：第一，对移动终端进行认证，防止非法终端的欺骗性接入；第二，对无线通信进行加密，防止数据信息泄露；第三，对下载的数据副本加密存储，以防止移动终端物理丢失后的数据泄密。

2.3.4　嵌入式移动数据库系统 Oracle Lite

Oracle 公司推出的嵌入式移动数据库系统 Oracle Lite 10g 是一个可扩展的移动解决方案，为移动和嵌入式环境应用的开发、部署和管理提供了强有力的支持。Oracle Lite 10g 为本地数据库与中心数据库的数据交换提供可靠和安全的运行环境，它在无须用户干预的情况下可以和中心数据库进行自动数据同步，这种数据同步是双向的，数据同步可以在企业数据库或者移动设备上发起。Oracle Lite 10g 同时提供各种集中式管理工具，实现应用程序、设备和用户的管理。Oracle Lite 10g 由移动服务器(Mobile Server)、移动关系数据库(Database Lite)和开发工具三部分组成。

(1) 移动服务器：移动服务器提供数据同步机制，同时为应用程序、用户和设备提供可扩展的部署和管理环境。

(2) 移动关系数据库：移动关系数据库 Database Lite 是客户端轻量级数据库，支持 Windows 32-bit、Windows Mobile、Linux 等多种平台。Database Lite 数据库不是一个小型的 Oracle 数据库，而是专门应用于嵌入式设备的、提供安全的关系数据库存储、自管理和自调整的数据库。

(3) 开发工具：开发工具为移动应用提供快速、简单的开发环境。

1. 系统部署体系结构

Oracle Lite 移动应用系统包括移动客户端、移动服务器端和移动服务器数据仓库，系统部署体系结构如图 2-7 所示。

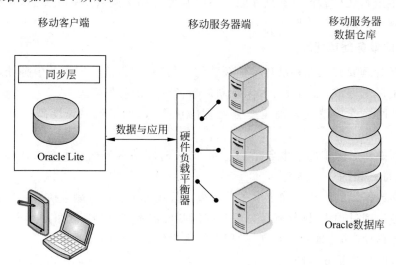

图 2-7　嵌入式移动数据库 Oracle Lite 系统部署体系结构

要提供移动应用的解决方案，往往一个移动数据库是不够的，还需要和同步服务器同步，用中心数据库存储系统的数据才能够完成应用系统的要求。Oracle Lite 移动应用系统的功能模块分解交互图如图 2-8 所示。

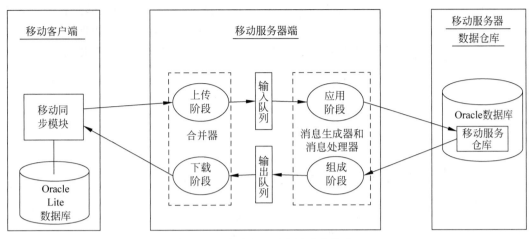

图 2-8　移动应用系统的功能模块

Oracle Lite 的移动客户端包括 Oracle Lite 数据库、同步代理程序、设备代理程序和更新工具。同步代理程序为应用程序和数据同步提供支持,设备代理允许管理员通过命令来远程管理设备,更新工具支持新版本程序下载。

移动服务器作为中间层,为 Oracle Lite 的移动客户端和后台数据库同步提供运行环境,同时提供应用程序、用户和设备全生命周期的部署和管理。移动服务器数据仓库以数据库表、视图等形式存在于 Oracle 数据库中。

2. 数据同步的调度

Oracle Lite 数据库中的数据是 Oracle 数据库的数据子集,这个子集在移动设备中以"快照"形式存在。当用户在离线状态下对 Oracle Lite 数据库中的数据进行更新后,"快照"通过日志文件来保存更新痕迹。

移动服务器作为 Oracle Lite 数据库和 Oracle 数据库的应用中间件,负责完成数据同步。所有对 Oracle Lite 数据库的更新通过移动服务器提交到后台服务器,同时 Oracle Lite 数据库也下载更新。数据同步执行时不需要独占数据库锁,保证了客户端应用程序在持续访问本地数据库的情况下,同时进行数据同步。

数据同步有以下 3 种调度方式。

(1) 在移动客户端执行名为 mSync 的程序。

(2) 在移动客户端调用同步 API。

(3) 预定义规则,当规则被触发时自动执行预定义规则,包括面向数据的规则和面向平台的规则。例如,当客户端或者服务器的数据更新超过预定义的值,或者当客户端移动设备的电量低于预定义的等级。

数据同步过程如下。

Oracle Lite 的数据同步过程采用异步的数据同步机制,通过移动服务器中的队列来收集和下载数据更新。数据同步过程如图 2-9 所示。

移动服务器中后台运行的 MGP(Message Generator and Processor)进程异步地采集所有 Oracle Lite 的移动客户端的更新数据并提交到后台数据库的基表中,然后对数据进行合并,根据客户端的订阅情况,下载到每个客户端。

MGP 进程同时管理两个队列,即 IN 队列和 OUT 队列,同步过程分两步进行。将客户端 Oracle Lite 数据库中更新的数据放入 IN 队列,同时从 OUT 队列取得数据,更新客户端 Oracle Lite 数据库。将 IN 队列中的内容提交到 Oracle 数据库中的基表,对更新进行合并,将基表中的更新数据放入客户端 OUT 队列。

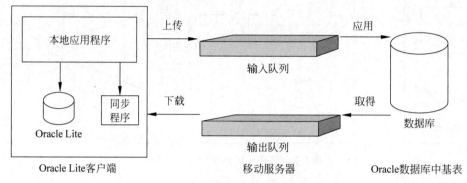

图 2-9   Oracle Lite 数据同步过程

3. 移动管理器

Oracle Lite 提供基于 Web 界面的移动管理器(Mobile Manager),用于对移动应用程序、设备、用户和移动服务器进行统一管理。通过移动管理器,管理员能够查看、监控和管理各移动客户端。移动管理器支持应用程序管理、用户管理、系统管理、同步管理和设备管理。

1) 应用程序管理

应用程序管理采用打包向导工具,将应用程序打包并发布到移动服务器数据仓库。移动管理器允许从移动服务器仓库上传、删除应用程序以及修改应用程序属性;为应用程序分配组和用户,通过设置参数来指定数据子集。

2) 用户管理

用户管理定义新用户和组,为组和用户建立角色,控制应用程序的访问权限。

3) 系统管理

系统管理对所有移动服务器进行管理,包括活动用户同步会话的详细信息,动态设置跟踪属性;允许管理员指定过滤条件,指定日志文件和跟踪文件的大小;通过管理界面动态设置配置文件 webtogo.ora 中的参数。

4) 同步管理

同步管理对用户同步结果提供详细的监控,如启动和结束时间、上传和下载持续时间、记录总数等;监控和管理同步服务和性能,跟踪同步历史,浏览同步信息,监控 MGP 的性能等。

5) 设备管理

设备管理对设备进行配置以及远程管理这些设备上的数据和应用程序。支持远程检查客户端设备硬件和操作系统;远程查询和修改应用程序配置参数;客户端数据库信息恢复、验证以及和后台数据库同步;客户端设备锁定、应用程序删除、数据删除等。

4. 移动开发套件

移动开发套件(Mobile Development Kit,MDK)为开发移动应用程序提供快速开发和部署支持。移动开发套件提供 JDBC、ODBC、ADO. NET 等 Oracle Lite 数据库访问接口；支持同步 API；支持 Java、C/C++和. NET 语言；支持 Oracle JDeveloper 10g,Eclipse,Intellij、Microsoft Visual Studio. NET、Sybase Powerbuilder 等开发环境。

5. 应用程序开发模型

开发者可以使用 Java,. NET 或者 C/C++语言建立本地传统的、离线的应用程序,应用程序开发模型如图 2-10 所示。Oracle Lite 同时还提供 OC4J Servlet 容器作为本地的应用程序服务器,使用 Applets 或者 Java Servlet/JSP,支持开发无网络连接条件的基于 Web 的应用程序。

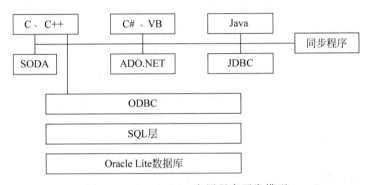

图 2-10 Oracle Lite 应用程序开发模型

6. 移动数据库工作台

移动数据库工作台是一个图形用户界面工具,该工具使用一系列预先定义的步骤,在开发人员编写应用程序代码之前,指导开发人员来指定发布项,共享队列、存储过程或者触发器,以及用于在客户端数据库执行的数据定义语言。

7. 打包向导

打包向导是一个图形用户界面工具,为开发人员建立、编辑和发布新的移动应用到移动服务器中提供支持。开发人员使用打包向导来指定应用程序元数据(如在 mobile server 上的名称、位置等),包含应用程序的文件集、应用程序使用的发布模式等。

8. 移动数据仓库诊断工具

移动数据库诊断工具(Mobile Server Repository Diagnostic Tool,MSRDT)用于验证移动数据仓库的完整性,MSRDT 通过在移动数据库上执行一致性检查并提供详细的潜在问题报告,以便管理员能够发现存在的问题并更正。

2.3.5 嵌入式移动数据库的应用前景

嵌入式移动数据库具有良好的应用前景,具体如下。

1. 嵌入式移动数据库有助于物流的信息化

物流的信息化在未来的国际物流发展中将发挥日益重要的作用,因为及时准确的信息有利于协调生产、销售、运输、存储等业务的展开,有利于降低库存,节约在途资金等。在运输方面,利用移动计算机与 GPS/GIS 车辆信息系统相连,使得整个运输车队的运行受到中央调度系统的控制。在存储环节,带有嵌入式移动数据库的手持计算机输入的信息通过无线通信网络写入中央数据库,大大提高了工作效率和信息的时效性,有利于物流优化控制。在配送环节,输入手持计算机的数据通过无线网络传入中央数据库。因此,在投递的同时,用户即可根据单号查询物品投递的情况。

2. 嵌入式移动数据库为移动银行铺平了道路

在我国,移动、联通以及电信通信用户是最具消费潜力的群体,随着各通信系统手机业务的开展,移动银行业务已经展示出强大的市场潜力。移动银行可以使客户在异地对自己的账务进行实时查询、交易,方便、省时,降低成本,同时安全可靠、机动灵活。客户可以在任何时间、任何地点进行交易,节约了去银行的时间以及支付时付款刷卡的麻烦,随时享受银行服务。

3. 嵌入式移动数据库有助于提高实地调查、工作的效率

煤气、水电、奥运会、世博会等公用事业检查员查验数据就是一个很好的应用实例,目前一般的检查员仍然是将检验的数据记录在纸上。如果利用移动计算机记录和传输数据,遇到纠纷时还可以实时地查询历史记录,这将使我国公用事业单位的收费工作大大改善。同时移动数据库技术还在日常的零售业、制造业、金融业、医疗卫生、美容、旅游以及其他不同消费领域展现了广阔的应用前景。

2.4 典型嵌入式数据库介绍

目前,嵌入式数据库已经在移动计算平台、家庭信息环境、电子商务平台等众多领域取得了广泛的应用。基于这样的事实,各国研究机构和数据库厂商纷纷展开了对嵌入式数据库的研究、开发。目前主要的嵌入式数据库有数十种之多,如 Oracle 公司的 Berkeley DB,Elevate 公司的 ElevateDB 和 Empress 嵌入式数据库,Mcobject 公司的 Firebird 嵌入式服务器版和 SQLite,Microsoft 公司的 SQL Server Compact 等。国内的嵌入式数据库产品也层出不穷,如人大金仓公司的"小金仓"(KingBase lite),北大推出了 ECOBASE,东软集团推出了 OpenBASE Lite 等嵌入式数据库产品,推动了我国在嵌入式数据库领域的发展。在这里对主流的嵌入式数据库产品做了一个分类,见表 2-1～表 2-3。

表 2-1 关系型嵌入式数据库产品

提供厂商	产品	特点
Empress	EmpressRDBMS	运行在大多数的嵌入式操作系统上,支持 SQL 和可编程接口
Microsoft	MSDE	一个向上兼容微软 SQL 的数据库引擎,具有有限的并发处理能力
Polyhedra	Polyhedra	支持 SQL 的客户端数据库引擎,运行在大多数的桌面、服务器和嵌入式系统平台
Sybase	SQL Anywhere	支持具有特定查询功能的 SQL 数据库引擎,主要强调与 Sybase 的企业级数据库的同步

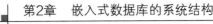

续表

提供厂商	产　品	特　点
Solid	Solid Embedded	提供对大多数服务器、嵌入式系统的数据库管理功能,具有 ODBC、JDBC 接口
开源	SQLite	支持绝大多数标准的 SQL92 语句,采用单文件存放数据库,速度优于 MySQL

表 2-2　面向对象型数据库

提供厂商	产　品	特　点
Objectivity	Objectivity DB	支持 C++、Java,支持桌面和服务器操作系统,但是目前不支持嵌入式系统且处理模型较复杂
Persistence	Power Tier	提供对大多数数据库的接口,支持 Java Beans 和 C++
POET Software	POET Object	提供 C++和 Java 编程接口和对象一致性存储机制

表 2-3　嵌入式链接库

提供厂商	产　品	特　点
Centura Software	RDM、DB. linux	开放源代码,RDM 链接库和应用程序一同编译,支持主流的嵌入式操作系统
Free Software Foundation	Gdbm	开放源代码,提供对数据记录的简单 API 操作,不支持并发的读写访问控制
Sleepycat Software	Berkeley DB	提供简单的可编程接口,可以按应用需求对数据库进行配置,运行在桌面、服务器和嵌入式操作系统上

以上这些嵌入式数据库系统在功能和性能上具有一定的共性,如对资源要求较低,占有内存空间较小;支持 C 编程接口和标准 SQL 子集的开发接口;支持 ODBC 或 JDBC,能与支持其标准的任意数据库交换数据;不同程度的支持实时性,这些数据库结合各自的应用环境和软硬件平台,采用了各种机制来保证数据库的实时性,其数据库实时性的设计和实现各有特色。

但这些嵌入式数据库系统由于应用目的不同,因此所采用的技术手段也不尽相同。数据模型上,有的采用关系模型,有的采用对象关系模型,也有的采用非关系模型(如 Berkeley DB)。内存分配上,有的强调节约内存空间适用于低内存的嵌入式系统,有的则强调大容量的数据处理能力和跨平台能力。这些数据库所采用的体系结构也不尽相同,有 Client/Server 架构的,也有以内联库形式提供数据库功能的。它们各自的索引结构、并发控制以及提供给外部的数据库接口也不一样。

由此可见,嵌入式数据库没有统一的技术平台,而是依据不同的应用特点,采用不同的实现技术来满足特定的需求。因此,对嵌入式数据库技术的研究最好将其放在特定的应用背景中。鉴于嵌入式领域的特性,对嵌入式数据库产品还很难形成统一的标准。在众多的数据库中,如何选择适用于嵌入式系统的数据库呢?只有通过认真分析目标系统的需求和比较各个嵌入式数据库的性能和特点,才能找到最能满足要求的嵌入式数据库。

这里从嵌入式系统开发环境的角度讨论决定其对数据库需求的要素,具体如下。

1) 体积较小

嵌入式系统对于数据的存储与程序的运行一般都有较强的空间限制,所以适用于嵌入式系统使用的数据库首先应该有一个适当的体积。

2) 功能齐备

嵌入式开发中有很多应用,用户需求决定了开发中需要有一个大小适中且功能齐备的数据库来实现对数据的管理。对开发人员来说,要求采用的数据库技术提供完备开发的文档而且易于开发。

3) 代码开源

作为产品的开发,开源的代码不仅可以减少产品的生产成本,更重要的是为产品的维护、完善和稳定运行都提供了最为彻底的解决手段。

4) 性能可靠

可靠性是嵌入式数据库的重要特点。对嵌入式数据库的操作、系统的大小和性能都应该可以预知,这样才能保证嵌入式系统在无人值守的情况下可以正常长时间地稳定运行。

本节介绍 3 种市场上典型的嵌入式数据库,它们分别是 Berkeley DB、OpenBASE Lite 和 Firebird 嵌入式服务器版。有关 SQLite 将在第 5 章中详细介绍,本节不再赘述。

2.4.1 Berkeley DB

视频讲解

Berkeley DB(BDB)最初开发的目的是以新的 Hash 访问算法来代替旧的 hsearch 函数和大量的 dbm 实现(如 AT&T 的 dbm,Berkeley 的 ndbm,GNU 项目的 gdbm)。Berkeley DB 的第一个发行版于 1991 年出现,当时还包含了 B+树数据访问算法。1992 年,BSD UNIX 第 4.4 发行版中包含了 DB1.85 版,基本上认为这是 DB 的第一个正式版。1996 年中期,Sleepycat 软件公司成立,提供对 DB 的商业支持。在这以后,BDB 得到了广泛的应用,当前版本是 18.1.32。

Berkeley DB 是由美国 Sleepycat Software 公司(已被 Oracle 收购)开发的一套开放源码的嵌入式数据库的程序库,它为应用程序提供可伸缩的、高性能的、有事务保护功能的数据管理服务。Berkeley DB 为数据的存取和管理提供了一组简洁的函数调用 API 接口。

1. BDB 的设计思想

BDB 的设计思想是简单、小巧、可靠、高性能。如果说一些主流数据库系统是大而全的话,那么 BDB 就可称为小而精。BDB 提供了一系列应用程序接口,调用本身很简单,应用程序和 BDB 所提供的库在一起编译成为可执行程序。这种方式从两方面极大提高了 BDB 的效率。第一,BDB 库和应用程序运行在同一个地址空间,没有客户端程序和数据库服务器之间昂贵的网络通信开销,也没有本地主机进程之间的通信;第二,不需要对 SQL 代码解码,对数据的访问直截了当。

BDB 对需要管理的数据看法很简单。BDB 数据库包含若干条记录,每一条记录都由关键字和数据(KEY/VALUE)构成。数据可以是简单的数据类型,也可以是复杂的数据类型,如 C 语言中的结构体。BDB 对数据类型不做任何解释,完全由程序员自行处理,典型的 C 语言指针的“自由”风格。如果把记录看成一个有 n 个字段的表,那么第 1 个字段为表的主键,第 2~n 个字段对应了其他数据。BDB 应用程序通常使用多个 BDB 数据库,从某种意义上看,也就是关系数据库中的多个表。BDB 库非常紧凑,不超过 500KB,但可以管理大约 256TB 的数据量。

BDB 的设计充分体现了 UNIX 的基于工具的哲学,即若干简单工具的组合可以实现强大的功能。BDB 的每一个基础功能模块都被设计为独立的,即意味着其使用领域并不局限于 DB 本身。例如,锁子系统可以用于非 BDB 应用程序的通用操作,内存池子系统可以用于在内存中基于页面的文件缓冲。

BDB 是一个经典的 C-library 模式的工具包(toolkit),为程序员提供广泛丰富的函数集,是为应用程序开发者提供工业级强度的数据库服务而设计的。其主要特点如下。

(1) 嵌入式(Embedded):它直接链接到应用程序中,与应用程序运行于同样的地址空间中,因此,无论在网络上不同计算机之间还是在同一台计算机的不同进程之间,数据库操作并不要求进程间通信。BDB 是嵌入式数据库系统,而不是常见的关系/对象型数据库,对 SQL 语言不支持,也不提供数据库常见的高级功能,如存储过程、触发器等。

(2) Berkeley DB 为多种编程语言提供了 API 接口,其中包括 C、C++、Java、Perl、Tcl、Python 和 PHP,所有的数据库操作都在程序库内部发生。多个进程,或者同一进程的多个线程可同时使用数据库,就像各自单独使用一样,底层的服务如加锁、事务日志、共享缓冲区管理、内存管理等都由程序库透明地执行。提供 DB XML 接口,通过它可以实现对 XML 数据存储的支持。

(3) 轻便灵活(Portable):它可以运行于几乎所有的 UNIX 和 Linux 系统及其变种系统、Windows 操作系统以及多种嵌入式实时操作系统之下。它在 32 位和 64 位系统上均可运行,已经被很多高端的因特网服务器、台式机、掌上计算机、机顶盒、网络交换机以及其他应用领域所采用。Berkeley DB 被链接到应用程序中,终端用户一般根本感觉不到存在。

(4) 可伸缩(Scalable):这一点表现在很多方面。Database library 本身是很精简的(少于 300KB 的文本空间),但它能够管理规模高达 256TB 的数据库。它支持高并发,成千上万个用户可同时操纵同一个数据库。Berkeley DB 能以足够小的空间占用量运行于有严格约束的嵌入式系统,也可以在高端服务器上耗用若干 GB 的内存和若干 TB 的磁盘空间。

Berkeley DB 在嵌入式应用中比关系数据库和面向对象数据库要好,有以下两点原因。

(1) 因为数据库程序库和应用程序在相同的地址空间中运行,所以数据库操作不需要进程间的通信。在一台机器的不同进程间或在网络中不同机器间进行进程通信所花费的开销,要远远大于函数调用的开销。

(2) 因为 Berkeley DB 对所有操作都使用一组 API 接口,因此不需要对某种查询语言进行解析,也不用生成执行计划,大大提高了运行效率。

2. 应用领域

Berkeley DB 是一种在特定的数据管理应用程序中广泛使用的数据库系统,在世界范围内有超过两亿的用户支持。许多世界知名的厂商,如 Amazon、AOL、British Telecom、Cisco Systems、EMC、Ericsson、Google、Hitachi、HP、Motorola、RSA Security、Sun Microsystems、TIBCO 以及 Veritas 都依赖于 BDB 为它们的许多关键性应用提供快速的、弹性的、可靠的,并且高性价比的数据管理。

3. 系统结构

Berkeley DB 的系统结构非常简单,如图 2-11 所示。当应用通过访问方法访问环境(即数据库)中的某个数据库(即表)时,访问方法会在共享缓冲池中创建该数据库的一个映射,以加快存取速度。当数据库过大而无法全部被缓存时,就缓冲最近使用的文件页。

事实上 Berkeley DB 可以进一步分为 5 个主要的子系统,如图 2-12 所示。

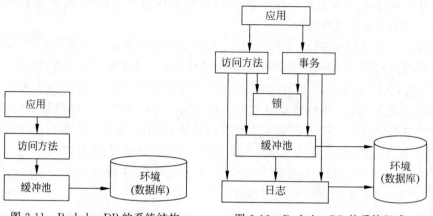

图 2-11　Berkeley DB 的系统结构　　　图 2-12　Berkeley DB 的系统组成

Berkeley DB 由 5 个主要的子系统构成,包括数据存取子系统(访问方法)、内存池管理子系统(缓冲池)、事务子系统、锁子系统以及日志子系统。其中,数据存取子系统是 Berkeley DB 数据库进程包的内部核心组件,而其他子系统都存在于 Berkeley DB 数据库进程包的外部。每个子系统支持不同的应用级别。

1) 数据存取子系统(Access Methods)

数据存取子系统也叫访问方法。数据存取子系统为创建和访问数据库文件提供了多种支持。Berkeley DB 提供了以下 4 种文件存储方法:哈希文件、B 树、定长记录(队列)和变长记录(基于记录号的简单存储方式)。应用程序可以从中选择最适合的文件组织结构。程序员创建表时可以使用任意一种结构,并且可以在同一个应用程序中对不同存储类型的文件进行混合操作。

在没有事务管理的情况下,该子系统中的模块可单独使用,为应用程序提供快速高效的数据存取服务。数据存取子系统适用于不需事务只需快速格式文件访问的应用。

2) 内存池管理子系统(Memory Pool)

内存池管理子系统也叫缓冲池。内存池管理子系统对 Berkeley DB 所使用的共享缓冲区进行有效的管理。它允许同时访问数据库的多个进程或者进程的多个线程共享一个高速缓存,负责将修改后的页写回文件和为新调入的页分配内存空间。它也可以独立于 Berkeley DB 系统之外,单独被应用程序使用,为自己的文件和页分配内存空间。内存池管理子系统适用于需要灵活的、面向页的、缓冲的共享文件访问的应用。

3) 事务子系统(Transaction)

事务子系统为 Berkeley DB 提供事务管理功能。它允许把一组对数据库的修改看作一个原子单位,这组操作要么全做,要么全不做。在默认的情况下,系统将提供严格的 ACID 事务属性,但是应用程序可以选择不使用系统所做的隔离保证。该子系统使用两段锁技术和先写日志策略来保证数据库数据的正确性和一致性。它也可以被应用程序单独使用来对其自身的数据更新进行事务保护。事务子系统适用于需要事务保证数据的修改的应用。

4）锁子系统(Lock)

锁子系统为 Berkeley DB 提供锁机制,为系统提供多用户读取和单用户修改同一对象的共享控制。数据存取子系统可利用该子系统获得对页或记录的读写权限;事务子系统利用锁机制来实现多个事务的并发控制。该子系统也可被应用程序单独采用。锁子系统适用于一个灵活的、快速的、可设置的锁管理器。

5）日志子系统(Log)

日志子系统采用的是先写日志的策略,用于支持事务子系统进行数据恢复,保证数据一致性。它不大可能被应用程序单独使用,只能作为事务子系统的调用模块。

以上 5 部分构成了整个 Berkeley DB 数据库系统。

在这个模型中,应用程序直接调用数据存取子系统和事务管理子系统,进而这两个系统再调用更下层的内存管理子系统、锁子系统和日志子系统。

由于几个子系统相对比较独立,所以应用程序在开始的时候可以指定哪些数据管理服务将被使用,可以全部使用,也可以只用其中的一部分。例如,如果一个应用程序需要支持多用户并发操作,但不需要进行事务管理,那它就可以只用锁子系统而不用事务子系统。有些应用程序可能需要快速的、单用户、没有事务管理功能的 B 树存储结构,那么应用程序可以使锁子系统和事务子系统失效,这样就会减少开销。

4. 存储功能概述

Berkeley DB 所管理数据的逻辑组织单位是若干个独立或有一定关系的数据库(database),每个数据库由若干记录组成,这些记录全都被表示成(key,value)的形式。如果把一组相关的(key,value)对也看作一个表的话,那么每一个数据库只允许存放一个 table,这一点不同于一般的关系数据库。实际上,在 Berkeley DB 中所提到的"数据库",相当于一般关系数据库系统中的表;而"key/data"对相当于关系数据库系统中的行(rows);Berkeley DB 不提供关系数据库中列直接访问的功能,而是在"key/data"对中的 data 项中通过实际应用来封装字段(列)。

在物理组织上,每一个数据库在创建的时候可以由应用程序根据其数据特点来选择一种合适的存储结构。一个物理的文件中可以只存放一个单独的数据库,也可以存放若干相关或不相关的数据库,而且这些数据库可以分别采用除队列之外任意不同的组织方式,以队列组织的数据库只能单独存放于一个文件,不能同其他存储类型混合存放。

一个文件除了受最大文件长度和存储空间的约束之外,理论上可以存储任意多个数据库。因此系统定位一个数据库通常需要两个参数——"文件名"和"数据库名",这也是 Berkeley DB 不同于一般关系数据库的地方。

Berkeley DB 存储系统为应用程序提供了一系列的接口函数,用于对数据库的管理和操作。其中包括:

(1) 数据库的创建、打开、关闭、删除、重命名等,以及对数据的检索和增删改操作。

(2) 提供一些附加的功能,如读取数据库状态信息、读取所在文件的信息、读取所在数据库环境的信息、清空数据库的内容、数据库的同步备份、版本升级、提示出错信息等。

(3) 系统还提供了游标机制,用于存取和访问成组的数据,以及对两个或多个相关数据库进行关联和等值连接操作。

(4) 系统还给出了一些接口函数用于对存取策略进行优化配置,如应用程序可以自己设置 B 树的排序比较函数、每页中存放 key 的最少数目,哈希桶的填充因子、哈希函数、哈希表最大长度,队列的最大长度,数据库存放的字节顺序,底层存储页的大小,内存分配函数,高速缓存的大小,定长记录的大小和填充位,变长记录所用的分隔符等。

5. 核心数据结构

Berkeley DB 包括的核心数据结构如下所示。

数据库句柄结构 DB:包含若干描述数据库属性的参数,如数据库访问方法类型、逻辑页面大小、数据库名称等;同时,DB 结构中包含大量的数据库处理函数指针,大多数形式为(* dosomething)(DB * ,arg1,arg2,…)。其中,重要的有 open、close、put、get 等函数。

数据库记录结构 DBT:DB 中的记录由关键字和数据构成,关键字和数据都用结构 DBT 表示。实际上完全可以把关键字看成特殊的数据。结构中最重要的两个字段是 void * data 和 u_int32_t size,分别对应数据本身和数据的长度。

数据库游标结构 DBC:游标(cursor)是数据库应用中常见的概念,其本质是一个关于特定记录的遍历器。注意到 DB 支持多重记录(duplicate records),即多条记录有相同关键字,在对多重记录的处理中,使用游标是最容易的方式。

数据库环境句柄结构 DB_ENV:环境在 DB 中属于高级特性,本质上看,环境是多个数据库的包装器。当一个或多个数据库在环境中打开后,环境可以为这些数据库提供多种子系统服务,如多线/进程处理支持、事务处理支持、高性能支持、日志恢复支持等。

DB 中核心数据结构在使用前都要初始化,随后可以调用结构中的函数(指针)完成各种操作,最后必须关闭数据结构。从设计思想的层面上看,这种设计方法是利用面向过程语言实现面向对象编程的一个典范。

6. Berkeley DB 的安装与测试

从图 2-13 所示的官方网站 https://www.oracle.com/database/technologies/related/berkeleydb-downloads.html 上可以下载不同环境下的 Berkeley DB 版本,需要 Oracle 账号,当前版本是 18.1.32 版本。

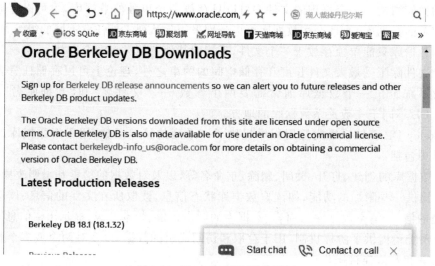

图 2-13　Berkeley DB 下载页面

解压到工作目录,进入该目录,依次执行下列 3 条命令即可。

```
../dist/configure
make
make install
```

执行 make uninstall,则可卸载已安装的 DB 软件。

接下来编写测试程序。测试程序的基本操作包括以下部分。

(1) 打开数据库。

(2) 向数据库写入数据。

(3) 根据 Key 值读取某个数据。

(4) 读取全量数据列表。

(5) 根据 Key 值删除某个数据。

(6) 关闭数据库。

测试程序:

```java
[java] view plaincopy
package com.ljh.test;
import static org.junit.Assert.*;
import org.junit.Before;
import org.junit.Test;
public class BerkeleyDBUtilTest {
private BerkeleyDBUtil dbUtil = null;
@Before
public void setup() {
dbUtil = new BerkeleyDBUtil("D:/tmp");
}
@Test
public void testWriteToDatabase() {
for (int i = 0; i < 10; i++){
dbUtil.writeToDatabase(i + "", "学生" + i, true);
}
}
@Test
public void testReadFromDatabase() {
String value = dbUtil.readFromDatabase("2");
assertEquals(value, "学生 2");
}
@Test
public void testGetEveryItem() {
int size = dbUtil.getEveryItem().size();
assertEquals(size, 10);
}
@Test
public void testDeleteFromDatabase() {
dbUtil.deleteFromDatabase("4");
assertEquals(9, dbUtil.getEveryItem().size());
}
```

```
public void cleanup() {
dbUtil.closeDB();
}
}
```

7. BDB 常用函数使用范例

本节通过一个实例介绍 BDB 常用函数。

```
# include < db.h >
# include < stdio.h >
# include < stdlib.h >
# include < pthread.h >
/* DB 的函数执行完成后,返回 0 代表成功,否则失败 */
void print_error(int ret)
{
    if(ret != 0)
        printf("ERROR: %s\n",db_strerror(ret));
}
/* 数据结构 DBT 在使用前,应首先初始化,否则编译可通过但运行时报参数错误 */
void init_DBT(DBT * key, DBT * data)
{
    memset(key, 0, sizeof(DBT));
    memset(data, 0, sizeof(DBT));
}
void main(void)
{
    DB * dbp;
    DBT key, data;
    u_int32_t flags;
    int ret;
    char * fruit = "apple";
    int number = 15;
    typedef struct customer
    {
        int c_id;
        char name[10];
        char address[20];
        int age;
    } CUSTOMER;
    CUSTOMER cust;
    int key_cust_c_id = 1;
    cust.c_id = 1;
    strncpy(cust.name, "javer", 9);
    strncpy(cust.address, "chengdu", 19);
    cust.age = 32;
    /* 首先创建数据库句柄 */
    ret = db_create(&dbp, NULL, 0);
    print_error(ret);
    /* 创建数据库标志 */
    flags = DB_CREATE;
    /* 创建一个名为 single.db 的数据库,使用 B+ 树访问算法,本段代码演示对简单数据类型的
处理 */
```

```
    ret = dbp->open(dbp, NULL, "single.db", NULL, DB_BTREE, flags, 0);
    print_error(ret);
    init_DBT(&key, &data);
        /* 分别对关键字和数据赋值和规定长度 */
    key.data = fruit;
    key.size = strlen(fruit) + 1;
    data.data = &number;
    data.size = sizeof(int);
    /* 把记录写入数据库中,不允许覆盖与关键字相同的记录 */
    ret = dbp->put(dbp, NULL, &key, &data,DB_NOOVERWRITE);
    print_error(ret);
    /* 手动把缓存中的数据刷新到硬盘文件中,实际上在关闭数据库时,数据会被自动刷新 */
dbp->sync();
    init_DBT(&key, &data);
    key.data = fruit;
    key.size = strlen(fruit) + 1;
        /* 从数据库中查询关键字为 apple 的记录 */
    ret = dbp->get(dbp, NULL, &key, &data, 0);
    print_error(ret);
    /* 特别要注意数据结构 DBT 的字段 data 为 void * 型,所以在对 data 赋值和取值时,要做必要
的类型转换 */
    printf("The number = %d\n", *(int *)(data.data));
        if(dbp != NULL)
            dbp->close(dbp, 0);
    ret = db_create(&dbp, NULL, 0);
    print_error(ret);
    flags = DB_CREATE;
    /* 创建一个名为 complex.db 的数据库,使用 Hash 访问算法,本段代码演示对复杂数据结构的
处理 */
    ret = dbp->open(dbp, NULL, "complex.db", NULL, DB_HASH, flags, 0);
    print_error(ret);
    init_DBT(&key, &data);
    key.size = sizeof(int);
    key.data = &(cust.c_id);
    data.size = sizeof(CUSTOMER);
    data.data = &cust;
    ret = dbp->put(dbp, NULL, &key, &data,DB_NOOVERWRITE);
    print_error(ret);
    memset(&cust, 0, sizeof(CUSTOMER));
    key.size = sizeof(int);
    key.data = &key_cust_c_id;
    data.data = &cust;
    data.ulen = sizeof(CUSTOMER);
    data.flags = DB_DBT_USERMEM;
    dbp->get(dbp, NULL, &key, &data, 0);
    print_error(ret);
    printf("c_id = %d name = %s address = %s age = %d\n",
        cust.c_id, cust.name, cust.address, cust.age);
    if(dbp != NULL)
            dbp->close(dbp, 0);
}
```

2.4.2　OpenBASE Lite

OpenBASE Lite 是一款由我国东软集团有限公司研发的专门为运行在嵌入式设备上的应用而设计的安全可靠、无须管理的嵌入式关系型数据库管理系统。它提供了丰富的 SQL 语法、灵活标准的接口和组件,使开发人员在开发嵌入式软件时,可以面对熟悉的开发环境。

OpenBASE Lite 是一个典型的轻量级数据库,定制的数据库引擎所占用的系统资源可在 250～600KB 之间伸缩,可支持多种桌面操作系统、主流嵌入式系统平台及不同的处理器。作为一款功能全面的关系型数据库系统,OpenBASE Lite 通过支持标准的 SQL 语法、完整的事务特性、灵活的备份/恢复机制等功能,能够在嵌入式环境下沿用关系数据库的经验来继续进行应用的开发。OpenBASE Lite 提供了开放的标准化开发接口 JDBC、ODBC、ADO. NET,便于开发人员访问嵌入式设备上的数据。OpenBASE Lite 支持零管理,自调优机制,并提供了图形化管理工具,使得管理变得十分方便。OpenBASE Lite 提供了内存数据库运行模式,提供高速的数据访问与更新能力。

1. OpenBASE Lite 的特点

1) 完善的数据管理功能

OpenBASE Lite 嵌入式数据库具有完善的数据管理功能,提供对 SQL92 标准子集的支持;提供对标准数据类型以及 BLOB/CLOB 类型的支持;支持数据库完整性控制;具有完整的数据管理能力,可以处理 GB 级的数据量;提供对空间数据的管理能力。

2) 广泛的平台通用性

OpenBASE Lite 嵌入式数据库可运行于 Windows 2000/2003/XP/Vista/7、Windows Mobile 5&6、Windows CE、Linux、Embedded Linux、VxWorks、Symbian、Android 等多种操作系统平台。

3) 微小的核心内核

OpenBASE Lite 嵌入式数据库具有微内核特性,可根据需求定制和裁剪,内核大小在 250～600KB 之间伸缩。

4) 零配置

在 OpenBASE Lite 嵌入式数据库的使用过程中无须对数据库进行配置,在移动终端应用中实现了"零管理"。

5) 出色的处理性能

OpenBASE Lite 嵌入式数据库可以作为内存数据库进行使用,实现了高速的数据访问与更新,单条数据处理时间不超过 $15\mu s$;在并发处理性能上,提供库级锁与表级锁并发访问控制,提高了进程与多线程对数据库并发访问的处理性能。

6) 充分的安全保障

OpenBASE Lite 嵌入式数据库支持用户身份认证以及数据库对象的自主访问控制,可以有效防止用户数据的非法访问;支持 128 位 AES 存储加密,以保证数据库文件的安全性。

7) 快速的故障恢复

OpenBASE Lite 嵌入式数据库提供了日志和故障恢复机制,有效地保障了事务的

ACID(Atomic,Consistent,Isolated,and Durable)特性,另外还提供了数据库的联机热备与主从复制功能,使用户可以简单快速地提高应用系统的可靠性。

8) 标准的访问接口

OpenBASE Lite 嵌入式数据库为嵌入式应用的开发提供了 CAPI 接口以及 JDBC/ODBC/ADO. NET 三种标准访问接口。

9) 丰富的实用工具

OpenBASE Lite 嵌入式数据库提供了丰富的实用工具进行数据库管理,包括数据库图形管理工具、建库工具、查询工具、备份恢复工具、导入导出工具及数据库加解密工具等。

10) 可靠的数据同步

OpenBASE Lite 嵌入式数据库提供了数据同步功能的客户端同步组件,使集中存放的企业数据可以随时随地可见,可帮助移动用户与企业数据库进行可靠和安全的数据交换。

2. OpenBASE Lite 体系结构

OpenBASE Lite 嵌入式数据库引擎与传统的通用数据库不同,不是以独立的进程服务形式提供给应用程序,而是以动态库的形式嵌入应用程序中,这种方式可以在资源较少的情况下提供更好的访问性能。OpenBASE Lite 的体系结构如图 2-14 所示。

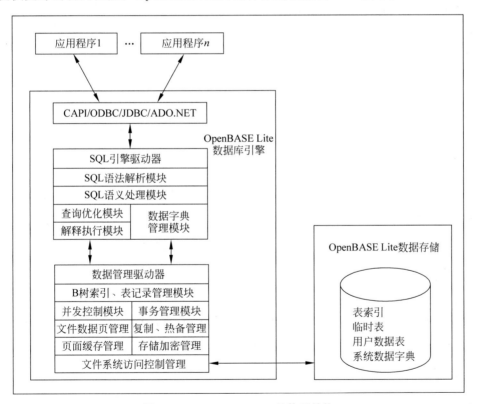

图 2-14　OpenBASE Lite 的体系结构

OpenBASE Lite 嵌入式数据库引擎总体结构主要由 SQL 引擎驱动器和数据管理驱动器两部分组成,它们相互协作共同完成 SQL 语句的编译和执行、数据访问、数据管理等功能。此外,OpenBASE Lite 嵌入式数据库提供动态 SQL 语句的支持及标准的访问接口,如

ODBC、JDBC 和 ADO. NET 等。

SQL 引擎驱动器主要完成对 SQL 语句的编译并选择最优的执行计划以及对执行计划的解释执行。SQL 引擎驱动器包含 SQL 语法解析、SQL 语义处理、查询优化、解释执行和数据字典管理等模块。

数据管理驱动器包括 B 树索引与表记录管理、事务并发控制、事务管理、文件数据页管理、复制与设备管理、数据页面缓存管理、数据存储加密管理和文件系统访问控制管理等模块。

OpenBASE Lite 嵌入式数据库数据存储以单个库文件形式进行管理,数据库文件可以在不同的操作系统平台下使用而无须转换。数据库文件内部采用表数据页和索引数据页两种存储结构进行组织。用户定义的临时表和系统中的临时表(用于排序、分组等操作)以临时数据库文件形式进行管理。

3. OpenBASE Lite 主要功能

1) 标准 SQL 语法

OpenBASE Lite 支持 SQL92 标准的大部分内容,用户可以动态地创建表、视图、索引、触发器等数据库对象。它支持大多数常用 SQL 数据类型,举例如下。

精确类型:INTEGER、DECIMAL。

浮点类型:FLOAT、REAL、DOUBLE PRECISION。

字符串类型:CHAR、VARCHAR、TEXT。

日期时间类型:DATE、TIME、TIMESTAMP。

大对象类型:BLOB、CLOB 等。

支持各种复杂的查询语句,如 GROUP BY、ORDER BY、LIMIT,以及多表连接查询等,举例如下。

分组与排序查询:

```
SELECT... FROM ... WHERE ... GROUP BY ... ORDER BY ... LIMIT ...
```

连接与子查询:

```
SELECT... FROM ... JION ... ON ... WHERE ... IN ... (SELECT ...FROM ...)
```

此外,OpenBASE Lite 内置了大量函数,举例如下。

数值函数:ABS、RANDOM、ROUND 等。

字符函数:LENGTH、SUBSTR、TRIM、UPPER、LOWER 等。

时间函数:DATE、TIME、DATETIME、JULIANDAY、STRFTIME 等。

聚集函数:MAX、MIN、SUM、COUNT、AVG 等。

2) 数据字典与完整性控制

OpenBASE Lite 嵌入式数据库的数据字典包含了数据库中所有的模式信息,数据字典由 syscolumns、sysindexes、systables、systriggers、sysusers 和 sysviews 系统表组成,这些系统表描述了数据库的表、列、索引、触发器等信息。建立数据库时会自动创建这些系统表,用户通过 SQL 查询命令可以访问这些数据。

OpenBASE Lite 嵌入式数据库的数据完整性控制通过定义各种数据完整性约束和数

据库触发器来实施。OpenBASE Lite 支持如下完整性约束。

NOT NULL：非空约束。

UNIQUE：唯一性约束。

PRIMARY KEY：主键约束。

FOREIGN KEY：外键约束，进行参照完整性的自动维护，系统可以进行各种更新与删除操作的级联和禁止。

CHECK：限制输入到一个字段或多个字段中的可能值，从而保证嵌入式数据库中数据的域完整性。

DEFAULT：定义字段的默认值。

3）OpenBASE Lite 触发器

OpenBASE Lite 触发器的语义和语法兼容了 SQL 标准，并参考了其他主流数据库的实现。在数据完整性控制上，触发器有自己的特点，如可以实现更加复杂的级联更改；可以实现比 CHECK 约束定义的限制更为复杂的其他限制；可以评估数据修改前后表的状态，并根据该差异采取措施等。

4）安全保障

由于嵌入式设备自身的特点会给嵌入式数据库带来潜在的不安全因素。同时某些数据的个体隐私性又很高，因此对个体数据安全的威胁上需要提供充分的安全性保证。OpenBASE Lite 提供了三种安全控制措施来确保安全存储数据：数据存储加密、用户身份认证、自主访问控制。

数据存储加密。OpenBASE Lite 提供了高级加密标准（AES）对数据库进行加密。当数据存储到数据库，可以保证其他人不能读取数据库内容。一旦加密，存储在数据库文件中的数据不能通过查看文件的方式读取。OpenBASE Lite 用户可以使用数据库管理工具中的加密功能对指定库进行加密。

用户身份认证。OpenBASE Lite 提供了用户名/密码的方式进行身份的鉴别与认证，以防止非法用户的侵入。在 OpenBASE Lite 中，可以使用 CREAET USER 语句为应用创建多个用户，每个用户拥有自己的密码。

自主访问控制。OpenBASE Lite 采用授权机制实现访问控制。对于获得数据库访问权的用户可根据预先定义好的用户权限进行访问控制，保证用户只能访问其有权访问的数据。默认情况下，用户可以访问自己创建的数据库对象。用户可将某种操作权限授予其他用户，使其拥有对某数据对象操作的权限。例如，用户可将表的 SELECT 权限授予 pcb 用户，也可把对表的 UPDATE 权限从 pcb 用户那里收回。因此，授权可控制用户执行 SELECT、UPDATE 等数据库操作。

5）快捷的嵌入式应用开发

在 OpenBASE Lite 中，用户可以基于 C/C++、C#、Java 等编程语言构建传统的、本地的、独立的离线应用。OpenBASE Lite 数据库的接口如图 2-15 所示。

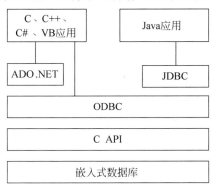

图 2-15　OpenBASE Lite 数据库的接口

另外,通过对目前常用的开发工具的支持,如 Eclipse、Microsoft Visual Studio、Borland Delphi 等,开发人员可以利用已有的开发经验进行快捷的嵌入式应用的开发。

6)数据同步

OpenBASE Lite 嵌入式数据库提供了数据同步功能的客户端同步组件。该组件是一个可选的数据库服务组件,可通过 OpenBASE Mini 提供的数据同步解决方案,把嵌入式数据库中的数据同步到企业数据库中,也能把企业数据库的更改同步到嵌入式数据库中。

如图 2-16 所示,OpenBASE Mini 由同步服务 OpenBASE Mini SyncServer 和嵌入式数据库 OpenBASE Lite 两个部分组成。同步服务是一个中间件服务器,基于订阅/发布模型,充当移动客户端与主数据库之间数据同步的桥梁,有效地协助完成两者之间的数据同步。它提供了有效的冲突解决方案,在同步过程中能够根据解决方案自动探测冲突并加以解决。

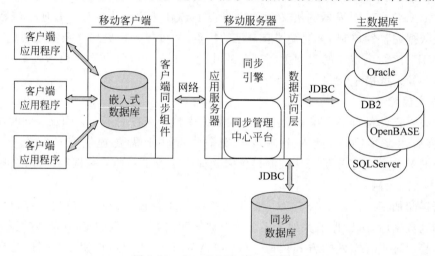

图 2-16   OpenBASE Mini 的同步

2.4.3   Firebird 嵌入式服务器版

Firebird 是一个跨平台的关系数据库系统,目前能够运行在 Windows、Linux、Android、MAC 和各种 UNIX 操作系统上。它既能作为多用户环境下的数据库服务器运行,也能提供嵌入式数据库的实现。

Firebird 源自 Borland 公司的开源版数据库 Interbase 6.0,是一个完全非商业化的产品,用 C 和 C++开发。由于与 Interbase 的血缘关系,大部分 Interbase 的开发工具可以直接应用到 Firebird 开发中。

Firebird 是一个真正的关系数据库,支持存储过程、视图、触发器、事务等大型关系数据库的所有特性。Firebird 支持 SQL92 的绝大部分命令,并且支持大部分 SQL99 命令。Firebird 2.0 版本对 SQL99 的支持更完整。Firebird 源码基于成熟的商业数据库 Interbase,有良好的稳定性,与 Interbase 有良好的兼容性。Firebird 发布简易,安装文件容量很小,且高度可定制,客户端的分发也很简单,只需一个 DLL 文件。Firebird 具有嵌入式服务器版本,不用安装,直接运行,是基于单机开发的首选。Firebird 对开发环境支持良好,Delphi、C++Builder 不用通过 ODBC 连接,就可以直接用原生开发接口开发基于 Firebird 的程序。

Firebird 有三种运行模式,如图 2-17 所示。

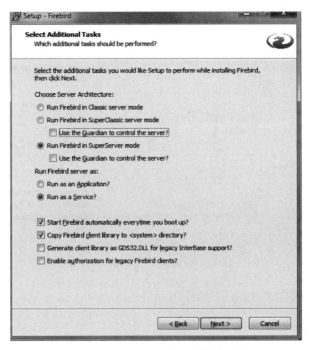

图 2-17　Firebird 三种运行模式选择

经典模式(又名 MultiCard)包括一个监听过程,它为每个客户端连接产生一个额外的过程。它使用锁定机制,允许与数据库文件共享连接。

超经典(Threaded Shared)是一个单一的服务器进程。客户端连接由单独的线程处理,每个线程都有自己的数据库页面缓存。其他进程(如嵌入式服务器)可能会同时打开同一个数据库(因此是共享的)。

超服务器(Threaded Dedicated)也是一个具有处理客户端连接的线程的单个服务器进程。有一个单一的、通用的数据库页面缓存。服务器需要独占访问它的每个数据库文件(因此是专用的)。

在 Windows 平台下,Firebird 提供了嵌入式版本。在这种方式下,一个客户端和一个服务器包含于一个 DLL 文件中,可以方便地用于数据库的开发。图 2-18 显示了 Firebird 嵌入式服务器版的下载页面。

Firebird 的嵌入式服务器版有如下特色。

(1) 数据库文件与 Firebird 网络版本完全兼容,差别仅在于连接方式不同,可以实现零成本迁移。

(2) 数据库文件仅受操作系统的限制,且支持将一个数据库分割成不同文件,突破了操作系统最大文件的限制,提高了 IO 吞吐量。

(3) 完全支持 SQL92 标准,支持大部分 SQL99 标准功能。

(4) 丰富的开发工具支持,绝大部分基于 Interbase 的组件,可以直接应用于 Firebird。

(5) 支持事务、存储过程、触发器等关系数据库的所有特性。

(6) 支持自己编写扩展函数(UDF)。

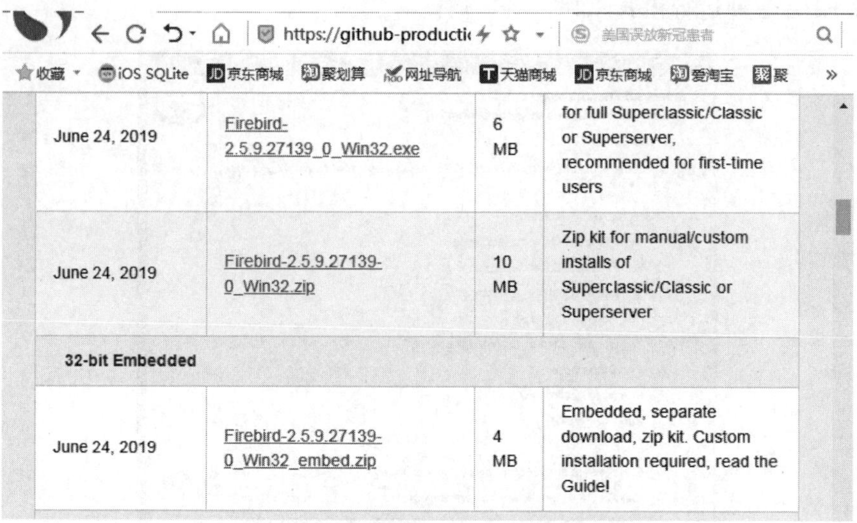

https://github-producti
收藏
iOS SQLite
京东商城
聚划算
网址导航
天猫商城
京东商城
爱淘宝
聚
June 24, 2019
Firebird-2.5.9.27139_0_Win32.exe
6 MB
for full Superclassic/Classic or Superserver, recommended for first-time users
June 24, 2019
Firebird-2.5.9.27139-0_Win32.zip
10 MB
Zip kit for manual/custom installs of Superclassic/Classic or Superserver
32-bit Embedded
June 24, 2019
Firebird-2.5.9.27139-0_Win32_embed.zip
4 MB
Embedded, separate download, zip kit. Custom installation required, read the Guide!

图 2-18　Firebird 嵌入式服务器版的下载页面

2.5　小结

对于嵌入式数据库系统来说，不同的嵌入式应用系统具有不同的或自身的特点，对于不同系统的数据管理的目标也是不同的。随着移动计算技术的兴起，嵌入式数据库有了更多的性能提升和结构优化的诉求目标。例如，在移动环境下对于它性能的度量标准是易于维护、健壮性、小巧性。在这三个标准中，易于维护和健壮性是关键，用户除了在处理速度上的要求外，他们需要相信存储在设备上的数据具有高度可靠性。易于维护性能够让嵌入式数据库正确地完成任务，而不必进行复杂的人工干预。反过来，这两个特点也促成了嵌入式数据库系统的另外一个特征——小巧性的形成。嵌入式数据库系统可以支持移动用户在多种网络条件下有效地访问所需数据，完成数据查询和事务处理；通过数据库的同步技术或者数据广播技术，即使在断接的情况下用户也可以继续访问所需数据，这使得嵌入式数据库系统具有高度的可用性；它还可以充分利用无线网络固有的广播能力，以较低的代价同时支持多移动用户对后台主数据源的访问，从而实现高度的可伸缩性，这是传统的客户/服务器或分布式数据库系统所难以比拟的。

本章介绍了几个典型的嵌入式数据库，这些数据库因涉及或者实现方式的不同，在系统结构中具有一定的差异，但是都具有嵌入式数据库系统的一般特性。限于篇幅，本章对其他用途广泛、功能强大的嵌入式数据库没有做一一介绍，有兴趣的读者可以查阅相关资料，进一步理解和实践。

习题

1. 简述嵌入式数据库的系统结构。
2. 查阅资料，了解更多关于 BDBDE 的知识。

3. 查阅资料，了解更多关于 OpenBASE Lite 的知识。

4. 嵌入式实时数据库的特点是什么？

5. 嵌入式移动数据库的主要特征是什么？

6. 查阅资料，了解更多关于 Firebird 的知识。

7. BDB 的主要组成部分有哪些？它的主要特点是什么？

8. 尝试编写 BDB 的测试程序。

9. 查阅资料，了解 BDB XML 相关知识。

第3章

嵌入式数据库系统的关键技术

嵌入式数据库涉及的理论和技术包含了计算机和嵌入式系统的最新成果。同时在嵌入式系统或移动设备中,其资源是很有限的。嵌入式数据库一般和应用系统紧密结合在一起,不同的嵌入式系统对嵌入式数据库的应用有不同的需求。比如,实时数据库和移动数据库既有功能上的重合点,也有自身特殊功能的需要。前者十分强调实时性的处理,后者特别重视移动环境下的数据处理。

本章对嵌入式数据库系统的各项关键技术做了较详细的介绍。本章首先介绍嵌入式数据库的总体结构,其次阐述嵌入式数据库的存储管理策略和访问算法,然后介绍实时事务处理技术和并发控制,接下来介绍嵌入式数据库的恢复与备份技术,并简要介绍嵌入式数据库系统的可定制技术,最后对嵌入式数据库的扩展性体现中的典型代表——XML技术做了阐述。

3.1 概述

嵌入式数据库不仅需要具有传统数据库普遍具备的关键技术,同时还必须完善解决下面不同于传统数据库的各项问题中的关键技术。综合来说,嵌入式数据库的关键技术如下。

1) 系统的高可靠性技术

在无人干预的条件下安全可靠地运行是嵌入式数据库系统的一大特性要求,这对系统的可靠性提出了很高的要求。目前嵌入式数据库研究的一个热点就是如何在有限资源的嵌入式系统中确保系统的高可靠性。

2) 系统整体的微型化和内存管理

有限的存储空间是各种嵌入式数据库系统在应用时都需要考虑的问题。因此,实现嵌入式系统的关键就是实现嵌入式数据库系统的微型化和合适的内存管理策略。

嵌入式数据库的微型化主要包括两个方面:数据库的微型化和数据库管理系统的微型化。数据库的微型化是指提高数据存储空间利用率,增加数据库的存储能力。其主要实现方法是对数据的压缩存储优化和关系模式的优化。实现微型化的主要途径之一就是依据系统的具体应用需求,选择系统必需的组件功能,为此系统的微型化是以放弃系统功能完备性为代价的。

嵌入式系统中内存是十分有限的,除了管理系统和数据库本身占用存储空间外,数据处理时也会引起内存的开销,即载入数据后,对更新数据、查询数据或对数据库表的修改和删除等操作都会造成内存资源消耗。因此,除了精简数据库的内部结构外,一种节省内存资源的重要途径就是选择一个合适的内存管理策略。

3) 数据同步/复制技术

嵌入式数据库中的数据通常只是某个数据源或后台主数据库的一个局部数据拷贝,用于满足人们在任意地点、任意时刻访问任意数据的需求。也就是说,为了使信息与嵌入式应用程序有机结合,需要从中心数据库下载数据及上传数据。在嵌入式移动数据库中这种信息双向共享主要是通过装载数据同步/复制技术实现的。

4) 事务处理及备份恢复

事务是程序并发控制的基本单位。一个程序可划分为多个事务。一个事务由一系列基本操作所组成。这些操作是一个不可分割的整体。嵌入式数据库系统在事务处理方面,应根据整个应用系统中嵌入式设备或移动计算环境下的设备的计算环境特征来进行事务处理控制。例如,嵌入式实时数据库和嵌入式移动数据库对事务的要求就有一定的差异。

事务处理之后,数据库要进行备份。与大型数据库管理系统相比,嵌入式数据库的备份和恢复不能简单以独立的服务或类似形式进行,而要按照某种特定简化方式完成。

5) 系统可移植性与多平台支持

嵌入式系统技术应用领域广泛,发展迅猛。同时,从嵌入式操作系统的种类繁多、系统特点多样和更新速度快来看,嵌入式数据库只有满足支持多平台的性能要求才能适应目前广阔的应用空间。嵌入式数据库具有良好的可移植性也是适应嵌入式设备的迅速更新的一个表现。

6) 数据安全性

安全性历来都是数据库研究领域的一个有待解决完善的问题。由于嵌入式设备具有自身体积的局限性、自由移动性、便携性等新特性,故其又出现了新的不安全性,设备中的数据大多关联到一些个人隐私性的数据,一旦被盗、丢失或者有不正常用户访问将带来严重后果。随着嵌入式系统对网络多终端的支持,系统数据的安全性也就变得日益重要。

7) 系统可定制能力

当数据系统和应用分离时,即使应用所需求的功能较少,但数据系统仍然包括了所有支持的功能模块,这造成了资源的浪费,对于资源有限的嵌入式系统来说是不合理的。系统可定制能力正好可以解决这个问题,它根据实际应用的需求定制数据库系统的功能,真正做到量体裁衣、物尽其用。

另外,在具体的嵌入式数据库中还有特定的关键技术。比如在嵌入式实时数据库中,高实时性就是必须要考虑的。随着嵌入式设备的移动,如果应用请求的处理时间过长,作业处理完成后可能得到无效的逻辑结果或有效性大大降低。因此,处理的及时性和正确性同等重要。又比如在嵌入式移动数据库中,移动数据广播技术和移动 Agent 技术也是关键技术。移动数据广播技术解决了嵌入式移动数据库系统在移动用户数目增多和上、下行链路之间的差异性问题,效果明显。而移动 Agent 技术所处的背景是移动计算环境下传统的C/S 计算模型已满足不了移动计算的日益需求,移动 Agent 作为一种灵活的技术创新,一种新的软件范型被广泛地应用到移动计算环境中。

嵌入式数据库的技术评价指标见表 3-1。

表 3-1 嵌入式数据库技术评测指标

特 征	子 特 征	度 量 元
实现技术测试	数据模型	支持数据类型
	存储方式	支持存储方式
	索引结构	支持索引结构
	数据库模式	关系型数据库
	SQL 支持	是否支持 SQL
嵌入式特性	精简性	空间占用大小(KB)
	可管理性	是否实现零管理
	数据容量	最大处理数据量大小
	移植性	支持平台数量或列举主要应用平台
	扩展性	是否支持 XML、API、Java 扩展等
基准性能	可预测性	数据操作时间和存储空间占用情况
	数据处理能力	增、删、改、查基本操作的实时性能
	并发能力	TPC-B Benchmark
	可靠性	错误处理能力
应用综合特性	系统配置	系统配置能力
	支持语言	支持语言或接口数量
	适用平台	支持平台数量
	易用性	难易程度
	使用场合	适用微型、小型、中型或大型系统
	成本	是否开源、免费

3.2 嵌入式数据库存储设备管理策略简介

嵌入式系统针对不同的应用场景会采用相应的存储设备和存储方式进行数据存储。比如针对高速数据处理采用内存进行存储,针对持久化存储采用闪存进行存储,针对大数据量低速存取采用磁盘进行存储,以及将存储设备组成 RAID 阵列进行存储等。这就要求嵌入式数据库能够适应不同的存储设备和方式,隐藏存储细节,并提供统一的数据存储和管理服务,使用户在开发数据库应用程序时能够聚焦于业务逻辑。

3.2.1 嵌入式系统的存储方式

视频讲解

嵌入式系统根据其设计用途和使用场景会采用以下几种存储方式。

(1) 全内存存储:用于对实时性、处理速度有着较高要求的临时数据处理的情况,如交易处理、火控解算等。由于内存相对其他存储器更加昂贵以及掉电后其保存的数据会丢失,这类应用通常具有对处理速度和实时性要求较高、数据量小、临时数据和中间结果较多等特点。

(2) 闪存(Flash)存储:对于嵌入式系统而言,闪存是最广泛使用的存储设备。相对于磁盘而言,首先,闪存体积小、重量轻,非常适合结构紧凑的嵌入式系统。其次,闪存是纯电子设备,没有机械组件,因此具有良好的抗震动性且运行噪声低,可以用于运行环境恶劣的嵌入式系统,如工业控制、航空航天等。最后,闪存的读写速度大大高于磁盘,其容量也在不断增大,以闪存为基础的固态硬盘的容量已经达到 1TB 以上。虽然闪存的单位存储价格仍然较为昂贵,但嵌入式系统处理的数据量通常较小,闪存器件的价格占比相对于整个系统而言还是较低的。

由于具有高可靠性、高存储密度、低价格、非易失、擦写方便等优点,Flash 存储器取代了传统的 EPROM 和 EEPROM,在嵌入式系统中得到了广泛的应用。Flash 存储器可以分为若干块,每块又由若干页组成,对 Flash 的擦除操作以块为单位进行,而读和写操作以页为单位进行。Flash 存储器在进行写入操作之前必须先擦除目标块。

根据所采用的制造技术不同,Flash 存储器主要分为 Nor Flash 和 Nand Flash 两种。Nor Flash 通常容量较小,其主要特点是程序代码可以直接在 Flash 内运行。Nor Flash 具有 RAM 接口,易于访问,缺点是擦除电路复杂,写速度和擦除速度都比较慢,最大擦写次数约 10 万次,典型大小为 128KB。Nand Flash 通常容量较大,具有很高的存储密度,从而降低了单位价格。Nand Flash 的块尺寸较小,典型大小为 8KB,擦除速度快,使用寿命也更长,最大擦写次数可以达到 100 万次,但是其访问接口是复杂的 I/O 口,并且坏块和位反转现象较多,对驱动程序的要求较高。由于 Nor Flash 和 Nand Flash 各具特色,因此它们的用途也各不相同,Nor Flash 一般用来存储体积较小的代码,而 Nand Flash 则用来存放大体积的数据。

在嵌入式系统中,Flash 上也可以运行传统的文件系统,如 ext2 等,但是这类文件系统没有考虑 Flash 存储器的物理特性和使用特点,如 Flash 存储器中各个块的最大擦除次数是有限的。

为了延长 Flash 存储器的整体寿命需要均匀地使用各个块,这就需要磨损均衡的功能;为了提高 Flash 存储器的利用率,还应该有对存储空间的碎片收集功能;在嵌入式系统中,要考虑出现系统意外掉电的情况,所以文件系统还应该有掉电保护的功能,保证系统在出现意外掉电时也不会丢失数据。因此在 Flash 存储设备上,目前主要采用了专门针对 Flash 存储器的要求而设计的 JFFS2(Journaling Flash File System Version 2)文件系统。

(3)磁盘存储:随着磁盘技术的进步,相对于之前的磁盘其体积已经大大缩小,价格也进一步降低,因此对于某些需要进行大数据量存储且对访问速度要求较低或者对价格较为敏感的嵌入式系统而言,有使用磁盘进行数据存储的需求,而且通常也不会将这类设备运用到强震动、强辐射、温度剧烈变化的恶劣环境中。

(4)存储器阵列存储:有些嵌入式系统对于数据存储的并行性或者可靠性有着很高的要求,因此还可能存在使用闪存或者磁盘搭建存储器阵列进行存储的情况。现实情况中,考虑到嵌入式设备的体积,存储器阵列通常使用 RAID0 或者 RAID1 的方式搭建。

RAID 是英文 Redundant Array of Independent Disks 的缩写,中文简称为独立磁盘冗余阵列。RAID 就是一种由多块硬盘构成的冗余阵列。虽然 RAID 包含多块硬盘,但是在操作系统下它是作为一个独立的大型存储设备出现。利用 RAID 技术于存储系统的好处主要有以下三种:通过把多个磁盘组织在一起作为一个逻辑卷提供磁盘跨越功能;通过把数据分成多个数据块(Block)并行写入/读出多个磁盘提高访问磁盘的速度;通过镜像或校验操作提供容错能力。

RAID0 又称为 Stripe 或 Striping,它代表了所有 RAID 级别中最高的存储性能。RAID0 提高存储性能的原理是把连续的数据分散到多个磁盘上存取,这样,当系统有数据请求时就可以被多个磁盘并行执行,每个磁盘执行属于它自己的那部分数据请求。这种数据上的并行操作可以充分利用总线的带宽,显著提高磁盘整体存取性能。

RAID1 是磁盘阵列中单位成本最高的,但提供了很高的数据安全性和可用性。当一个磁盘失效时,系统可以自动切换到镜像磁盘上读写,而不需要重组失效的数据。虽然 RAID1 的性能没有 RAID0 磁盘阵列那样好,但其数据读取速度较单一硬盘来得快,因为数据会从两块硬盘中较快的一块中读出。RAID1 磁盘阵列的写入速度通常较慢,因为数据要分别写入两块硬盘中并做比较。RAID1 磁盘阵列一般支持"热交换",也就是说阵列中硬盘的移除或替换可以在系统运行时进行,无须中断退出系统。

(5) 混合存储:在某些特殊应用场景下,嵌入式系统的应用程序还可能存在同时使用多种存储方式的情况。例如,同时在内存中以及闪存中创建不同的数据库,其中内存数据库保存缓存数据,闪存数据库保存备份数据。

3.2.2　嵌入式数据库存储设备管理策略

基于上述对嵌入式系统的存储方式的分析,为了实现嵌入式数据库对应用程序隐藏存储细节并提供统一的数据管理服务,嵌入式数据库通常采用以下策略对嵌入式设备的存储设备进行管理。

1. 对表或者数据类进行分类

对嵌入式数据库而言,嵌入式系统使用的各类存储设备均可以归结为非持久性存储和持久性存储两类。比如,内存存储属于非持久性存储,其他存储方式属于持久性存储。因此,在使用数据定义语言进行数据库模式设计时,应指定表或者数据类的存储方式,例如:

```
create transient table table1 {[fields]};
create persistent table table2 {[fields]};
```

其中,table1 即表 1 为非持久性表,在数据定义语言中用 transient 表示。table2 即表 2 为持久性表,在数据定义语言中用 persistent 表示。fields 表示表的各个数据项。嵌入式数据库在进行数据处理时,会检查数据所属的表或者数据类的存储属性,从而采用不同的方式进行存取。比如对表 1 中的数据,数据库会调用非持久性存储管理模块进行处理;对于表 2 中的数据,数据库会调用持久性存储管理模块进行处理。这样,嵌入式数据库就能方便地支持包括混合存储方式在内的各种存储方式。

2. 划分逻辑设备

嵌入式数据库根据存储设备的物理特性和访问方式可将其抽象为几种逻辑设备,并且在创建数据库时指定该数据库使用的逻辑设备及其用途,逻辑设备包括以下几种。

1) 普通内存设备

普通内存设备表示直接通过地址访问的非持久性存储空间,一般由应用程序事先指定给嵌入式数据库的一块内存空间。普通内存设备的属性包括:空间入口地址、空间大小等。

2) 共享内存设备

共享内存设备表示多个进程所共享的内存空间。嵌入式数据库的共享内存访问的实现方式根据其基于的操作系统不同而不同,但都是通过一个名称进行访问。共享内存设备的属性包括：空间名称、空间大小等。普通内存设备和共享内存设备为非持久性设备，这类设备嵌入式数据库可以直接通过地址或者名称访问，设备的空间大小决定了数据库的大小。

3）单文件设备

单文件设备表示一个数据文件，嵌入式数据库将使用该文件进行数据存储。文件保存在持久性存储设备上，嵌入式数据库通过文件系统进行创建、读写和删除操作。该文件的容量有限，当该文件被写满后，数据库就无法继续扩大。单文件设备的属性包括：文件名、文件路径、文件大小上限等。

4）普通多文件设备

普通多文件设备表示一组数据文件，嵌入式数据库将使用这一组文件进行数据存储。在这一组文件中，单个文件的容量有限，当第一个文件被写满后，会再创建一个新的数据文件继续写入。普通多文件设备的属性包括：文件组名、文件组路径、单个文件大小上限、数据库大小上限等。

5）RAID0 设备

RAID0 设备表示采用 RAID0 方式组织的多文件存储方式。根据 RAID0 的定义，嵌入式数据库将通过文件系统使用多个数据文件交替进行数据写入。应用程序通过 RAID0 设备的文件组路径可以将多个数据文件分别放置在不同的持久化存储设备上，从而获得 RAID0 带来的并行性提升效果。

6）RAID1 设备

RAID1 设备表示采用 RAID1 方式组织的多文件存储方式。根据 RAID1 的定义，嵌入式数据库将通过文件系统将同样的数据操作同时写入多个文件。应用程序可以通过 RAID1 设备的文件组路径将多个数据文件分别放置在不同的持久化存储设备上，进一步获得 RAID1 带来的冗余备份效果。

单文件设备、普通多文件设备、RAID0 设备和 RAID1 设备均为持久性存储设备，这类设备嵌入式数据库通过文件系统访问。

根据数据管理的要求，逻辑设备还应指定用途，包括：内存数据、内存缓存、数据文件以及日志文件。其中，非持久性设备可以指定为内存数据或者内存缓存，持久性设备可以指定为数据文件或者日志文件。逻辑设备的用途在创建数据库时指定，其中，创建内存数据库只需要指定一个用途为内存数据的非持久性设备。创建持久化存储数据库则需要指定一个用途为内存缓存的非持久性设备、一个用途为数据文件的持久性设备和一个用途为日志文件的持久性设备。

这样，嵌入式数据库将各类存储设备和方式转换为一种或多种逻辑设备的组合，并针对每种逻辑设备实现其存储管理模块，从而对各种物理存储设备的操作转换成对逻辑设备的操作。然后，每种存储管理模块对上层数据管理模块提供相同的访问接口，从而在嵌入式数据库内部实现了对存储细节的隐藏。

3. 采用统一的数据库创建和操作接口

为了向应用程序隐藏存储细节，嵌入式数据库应向应用程序提供统一的数据库创建接口，各种存储设备上的数据库均通过该接口创建，例如：

```
Database_open(dbname,dev,n_dev);
```

其中,dbname 参数表示数据库名,dev 参数为该数据库使用的逻辑设备配置信息,n_dev 表示用到的逻辑设备的数量。例如,当创建一个不需要多进程共享的内存数据库时,dev 中应配置一个用途为内存数据的普通内存设备,设备数量参数 n_dev 为 1。当创建一个在闪存上的一个文件中保存数据的持久性数据库时,dev 中应配置一个用途为内存缓存的普通内存设备、一个用途为数据文件的单文件设备和一个用途为日志文件的单文件设备,设备数量参数 n_dev 为 3。

统一数据操作接口根据实际情况可采用导航式 API 或者 SQL 语言,应用程序不需要了解存储细节,可直接通过数据操作接口进行操作,嵌入式数据库根据数据库对应的逻辑设备去调用逻辑设备管理接口,进而实现在存储器上的数据存取。

3.3　嵌入式数据库访问算法

数据库访问算法是一个数据库产品的核心,掌握数据库的访问算法原理,也就掌握了这个数据库的精髓。由于嵌入式数据库的种类繁多,关系型数据库和非关系型数据库等均得到广泛应用,因此很难有一种完全覆盖所有嵌入式数据库的访问算法。本节主要介绍 4 种代表性的嵌入式数据库访问算法——B 树、Hash、Queue、Recno 算法。Berkeley DB 数据库对前 4 种算法有良好的支持,SQLite 数据库则采用了存储表数据用 B+树,存储表索引用 B-树。

3.3.1　数据的存储组织

存储组织包括数据表示和存储空间管理两个方面。数据表示是数据库中应用数据的物理存储的表现方式,它受到数据库系统所采取的存储模型的制约。存储空间管理是对存储设备可用存储空间的应用组织策略(3.2 节已经介绍),它的目标有两个:高效利用存储空间和为快速的数据存取提供便利。

在关系型数据库管理系统中,数据字典、索引、应用数据是存储的主要内容。

1. 数据字典

对关系数据的描述存储在数据库的数据字典中。与数据本身相比,数据字典的特点是数据量比较小,使用的频率高,因为任何数据库操作都要参照数据字典的内容。数据字典在网状、层次数据库中常常用一个特殊的文件来组织。所有关于数据的描述信息存放在一个文件中。关系数据库中数据字典的组织通常与数据本身的组织相同。数据字典按照不同的内容在逻辑上组织为若干张表,在物理上就对应若干文件而不是一个文件。由于每个文件中存放数据量不大,所以可简单地用顺序文件来组织。

嵌入式数据库常用系统表来组织数据字典。所谓系统表就是由数据库系统自动建立的表,在数据库装入的时候建立并被初始化。

2. 索引

索引是关系数据库的存取路径。在网状和层次数据库中,存取路径是用数据之间的联系来表示的,因此索引已与数据结合并固定下来。

关系数据库中,存取路径和数据是分离的,对用户是隐蔽的。存取路径可以动态建立、删除。存取路径的物理组织通常采用 B 树类文件结构和 Hash 文件结构。在一个关系上可以建立若干个索引。有的系统支持组合属性索引,即在两个或两个以上属性上建立索引。索引可以由用户用 CREATE INDEX 语句建立,用 DELETE INDEX 语句删除。

在执行查询时,嵌入式数据库管理系统查询优化模块也会根据优化策略自动地建立索引,以提高查询效率。由此可见,关系数据库中存取路径的建立是十分灵活的。

在嵌入式数据库中,工作版本常驻主存,数据的文件形式组织不是重点,但在主存中,仍然需要构建快速的存取路径才能取得高的存取效率;而且,在数据从外存调入主存时,文件型索引将加快这一过程。

3. 应用数据

关于数据自身的组织,嵌入式数据库管理系统可以根据数据和处理的要求自己设计文件结构,也可以从操作系统提供的文件结构中选择合适的加以实现。目前,操作系统(包括嵌入式操作系统)提供的常用文件结构有顺序文件、索引文件、索引顺序文件、Hash 文件和 B 树类文件等。

数据库中数据组织与数据之间的联系是紧密结合的。在数据的组织和存储中必须直接或间接、显式或隐含地体现数据之间的联系,这是数据库物理组织中主要考虑和设计的内容。

在网状和层次数据库中,常用邻接法和链接法实现数据之间的联系。对应到物理组织方式中,就是要在操作系统已有的文件结构上实现数据库的存储组织和存取方法。例如 IMS 数据库中,操作系统提供的低级的存取方法有 SAM、ISAM、VSAM、OSAM。IMS 数据库管理系统在此基础上设计了 HSAM、HISAM、HDAM、HIDAM 四种数据库的存储组织和相应的存取方法。其中,HSAM 层次顺序存取方法按照片段值的层次序列码的次序顺序存放各片段值。而层次序列码正体现了数据之间的父子和兄弟联系,这是一种典型的按物理邻接方式实现数据之间联系的方法。在这种存储方法中,整个数据库中不同片段型的数据均存储在一个 SAM 文件中。网状数据库中最常用的组织策略是:各记录型分别用某种文件结构组织,记录型之间的联系——SET 用指引元方式实现。即在每个记录型中,增加数据库管理系统控制和维护的系统数据项——指引元,它和用户数据项并存于同一个记录中。

关系数据库中实现了数据表示的单一性。实体及实体之间的联系都用一种数据结构——"表"来表示。在数据库的物理组织中,每一个表通常对应一种文件结构,因此数据和数据之间的联系两者组织方式相同。

在嵌入式数据库中,数据将分为"永久版本"和"临时版本"。数据库在运行的大部分时间里都只关心临时版本,只在系统空闲或显式要求的情况下才将临时版本中的数据更新到永久版本中。这是一种乐观的持久化策略。因此,对嵌入式数据库来说,首先关注的是数据在主存中的高效的存取,其次才会考虑数据的文件组织形式,尽可能地提高数据在内外存之间的调入、调出效率。

3.3.2 B 树访问算法

1. B—树和 B+树的定义

定义 3.1 一棵 m 阶的 B—树,或为空树,或为满足下列特性的 m 叉树:

树中每个节点至多有 m 棵子树;

若根节点不是叶子节点,则至少有两棵子树;

除根之外的所有非终端节点至少有 $\lceil m/2 \rceil$ 棵子树;

所有的非终端节点中包含下列信息数据 $(n, A_0, K_1, A_1, K_2, \cdots, K_n, A_n)$,其中: $K_i (i=1, \cdots, n)$ 为关键字,且 $K_i < K_{i+1} (i=1, \cdots, n-1)$; $A_i (i=0, \cdots, n)$ 为指向子树根节点的指针,且指针 A_{i-1} 所指子树中所有节点的关键字均小于 $K_i (i=1, \cdots, n)$, A_n 所指子树中所有节点的关键字均大于 K_n, $n (\lceil m/2 \rceil - 1 \leq n \leq m-1)$ 为关键字的个数(或 $n+1$ 为子树个数)。

所有的叶子节点都出现在同一层次上,并且不带信息(可以看作是外部节点或查找失败的节点,实际上这些节点不存在,指向这些节点的指针为空)。

定义 3.2　B+树是应文件系统所需而出现的一种 B-树的变形树。一棵 B+树和 m 阶的 B-树的差异在于:

有 n 棵子树的节点中含有 n 个关键字;

所有的叶子节点中包含了全部关键字的信息,以及指向含这些关键字记录的指针,且叶子节点本身依关键字的大小自小而大顺序链接;

所有的非终端节点可以看成是索引部分,节点中仅含有其子树(根节点)中的最大(或最小)关键字。

2. B-树的查找过程

由 B-树的定义可知,在 B-树上进行查找的过程和二叉排序树的查找类似。例如,在图 3-1 所示的一棵 B-树上查找关键字 47 的过程如下:从根开始,根据根节点指针 t 找到 $*a$ 节点,因为节点中只有一个关键字,且查找值 47>关键字 35,则若存在必在指针 A_1 所指的子树内,顺指针查找到 $*c$ 节点,该节点有两个关键字 43 和 78,又 43<47<78,则存在必在 A_1 所指子树中。顺指针找到 $*g$ 节点,在此节点中顺序查找到关键字 47,查找成功。

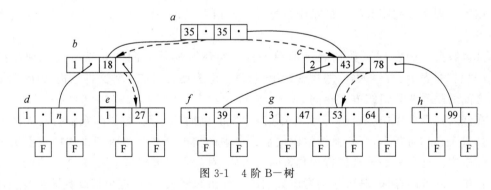

图 3-1　4 阶 B-树

查找不成功的过程也类似。例如,在同一树中查找 23,从根开始,23<35,则顺指针 A_0 找到 $*b$ 节点,又 $*b$ 中只有一个关键字 18 且 23>18,顺指针 A_1 找到 $*e$ 节点。同理因为 23<27,顺指针 A_0 向下查找,因为此时指针所指为叶节点,说明 B-树中不存在关键字 23,查找失败并终止。

3. B-树查找分析

从以上查找算法中可以看出,在 B-树中进行查找包含以下两种基本操作。

（1）在 B－树中查找节点。

（2）在节点中查找关键字。

由于 B－树通常存储在磁盘上,则前一查找操作是在磁盘上进行,后一查找操作是在内存中进行,即在磁盘上找到指针 p 所指节点后,先将节点中的信息读入内存,然后再利用顺序查找或折半查找查询等于 K 的关键字。显然,在磁盘上进行一次查找比在内存中进行一次查找的时间消耗多得多,因此,在磁盘上进行查找的次数,即待查找关键字所在节点在 B－树上的层次树,是决定 B－树查找效率的首要因素。

现在考虑最坏的情况,即待查找节点可能出现在 B－树上的最大层次数。也就是含 N 个关键字的 m 阶 B－树的最大深度。以一棵 3 阶的 B－树为例,按 B－树的定义,3 阶的 B－树上所有非终端节点至多可有两个关键字,至少有一个关键字。因此,若关键字个数≤2 时,树的深度为 2（即叶子节点层次为 2）；若关键字个数≤6 时,树的深度不超过 3。反之,B－树的深度为 4,则关键字的个数必须≥7,此时,每个节点都含有可能的关键字的最小数目。

下面讨论深度为 $l+1$ 的 m 阶 B－树所具有的最少节点数。根据 B－树的定义,第一层至少有 1 个节点；第二层至少有 2 个节点；因除根之外的每个非终端节点至少有（$\lceil m/2 \rceil$）棵子树,则第三层至少有 2（$\lceil m/2 \rceil$）个节点,…,以此类推,第 $l+1$ 层至少有 2（$\lceil m/2 \rceil$）$^{l-1}$ 个节点。而 $l+1$ 层的节点为叶子节点。若 m 阶 B－树中具有 N 个关键字,则叶子节点即查找不成功的节点为 $N+1$,由此有：$N+1 \geq 2（\lceil m/2 \rceil）^{l-1}$。

4．B－树的插入和删除

B－树的生成是从空树开始,逐个插入关键字而得。但由于 B－树节点中的关键字个数必须≥$\lceil m/2 \rceil-1$,因此,每次插入一个关键字不是在树中添加一个叶子节点,而是首先在最底层的某个非终端节点中添加一个关键字,若该节点的关键字个数不超过 $m-1$,则插入完成,否则要产生节点的"分裂"。一般情况下,节点可如下实现分裂。假设 $*p$ 节点中已有 $m-1$ 个关键字,当插入一个关键字之后,节点中含有信息为：$(m,A_0,K_1,A_1,K_2,\cdots,K_m,A_m)$,其中 $K_i < K_{i+1}$,$(1 \leq i < m)$,此时可将 $*p'$ 节点中包含信息 $(m-\lceil m/2 \rceil,A_{\lceil m/2 \rceil},K_{\lceil m/2 \rceil+1},A_{\lceil m/2 \rceil+1},\cdots,K_m,A_m)$,与关键字 $K_{\lceil m/2 \rceil+1}$ 和指针 $*p'$ 一起插入到 $*p$ 的双亲节点中。

反之,若在 B－树上删除一个关键字,则首先应找到该关键字所在节点,并从中删除之,若该节点为最下层的非终端节点,且其中的关键字数目不少于 $\lceil m/2 \rceil$,则删除完成,否则要进行"合并"节点的操作。假若所删除关键字为非终端节点中的 K_i,则可以用指针 A_i 所指子树中的最小关键字 Y 代替 K_i,然后在相应的节点中删去 Y。

如果删除的节点为最下层的非终端节点中的关键字,则需分以下三种情况讨论。

（1）被删关键字所在节点中的关键字数目不小于 $\lceil m/2 \rceil$,则只需从该节点中删去该关键字 K_i 和相应指针 A_i,树的其他部分不变。

（2）被删关键字所在节点中的关键字数目等于 $\lceil m/2 \rceil-1$,而与该节点相邻的右兄弟（或左兄弟）节点中的关键字数目大于 $\lceil m/2 \rceil-1$,则需将其兄弟节点中的最小（或最大）的关键字上移到双亲节点中,而将双亲节点中小于（或大于）且紧靠该上移关键字的关键字下移到被删关键字所在节点中。

（3）被删关键字所在节点和其相邻的兄弟节点中的关键字数目均等于 $\lceil m/2 \rceil-1$。假设该节点有右兄弟,且其右兄弟节点地址由双亲节点中的指针 A_i 所指,则在删去关键字之后,它所在节点中剩余的关键字和指针,加上双亲节点中的关键字 K_i 一起,合并到 A_i 所指兄弟节点中(若没有右兄弟,则合并到左兄弟节点中)。

B+树上的随机查找、插入和删除过程与B-树类似,只是在查找时,若非终端节点上的关键字等于给定值,并不终止,而是继续向下直到叶节点。因此,无论查找成功与否,B+树上的每次查找都是走了一条从根到叶节点的路径。

5. Berkeley DB 的 B 树访问方式

Berkeley DB 的 B 树访问方式采用 B+树的结构,关键字有序存储,并且其结构能随数据的插入和删除进行动态调整。不同于一般的 B+树方式,为了代码的简单,Berkeley DB 没有实现对关键字的前缀码压缩。B 树算法支持高效的数据查询、插入、删除等操作。关键字可以为任意的数据结构。使用这种方式在树中查找、插入和删除的时间复杂度为 $O(\log_b N)$,其中 b 为每个页面保存的键(Key)的数量。B 树访问方式是 Berkeley DB 中最常用的一种数据访问方式。

B 树访问方式将键/值对(Key/Value pairs)记录保存为叶节点页面(leaf pages),把键/子树页地址对(Key/Child page address)保存为内部节点。键(Key)在树中是有序存储,排序方式是由数据库创建时指定的比较函数决定。树的叶节点级页面带有指向兄弟节点页面的指针,这样可以简化遍历操作的复杂度。B 树访问方式支持精确查找和范围查找(大于等于指定键值的范围),还支持插入、删除和遍历所有记录的功能。

当树中所有页面已经填满时,再向数据库中插入新记录就会导致节点页面分裂,这会使得半数左右的键被转移到同级的新页面中。目前大多数的 B+树算法都会在节点分裂后产生这种仅利用了半页空间的现象,而这通常会降低系统性能(因为在插入节点和节点分裂后依然需要保持 B+树的有序性和其他特性)。为了解决这个问题,Berkeley DB 记录了插入的顺序,并且采用非均衡的分裂节点页面的做法来保持页面的高填充率。

删除节点时,空页面会被接合到分裂前的单页上去。这种访问方式并不对其他页面做平衡处理(尽管在 B+树节点插入和删除时会由于节点的分裂和合并而需要对树中其他节点子树做调整来保证树的平衡),也不在页面间移动键来保持树的平衡。尽管这个做法可能会增加节点的搜索时间,但是保持树的完好平衡会增大代码量和复杂程度,从而降低数据库更新效率和可能导致更多的死锁。

同样为了简化操作,Berkeley DB 的 B+树访问方式不对内部节点或叶子节点的键做预比较。Berkeley DB 的 B 树查找函数为 __ bam_search()。

函数原型:

```
int __ bam_search __ P(DBC * dbc,        //数据库游标
db_pgno_t root_pgno,                      //根页面号
const DBT * key,                          //键对象
u_int32_t flags,                          //查找参数
int slevel,                               //查找所在层
db_recno_t * recnop,                      //逻辑记录号指针
int * exactp);
```

3.3.3　Hash 访问算法

1. 哈希(Hash)函数和哈希表及相关定义

定义 3.3　在查找时往往希望不经过任何比较,一次存取便能得到所查记录,那就必须在记录的存储位置和它的关键字之间建立一个确定的对应关系 f,使每个关键字和结构中一个唯一的存储位置相对应。因而在查找时,只要根据这个对应关系 f 就能找到给定值 K 的映像 $f(K)$。若结构中存在关键字和 K 相等的记录,则必定在 $f(K)$ 的存储位置上,因此,进行比较便可直接取得所查记录。这个对应关系 f 则称为哈希(Hash)函数,按照这个思想建立的表就是哈希表。

哈希函数是一个映像,因此哈希函数的设定很灵活,只要使得由任何关键字所得的哈希函数数值都落在表长允许范围之内即可;对不同的关键字可能得到同一哈希地址,即 $\mathrm{key1} \neq \mathrm{key2}$,而 $f(\mathrm{key1}) = f(\mathrm{key2})$,这种现象称为冲突(collision)。具有相同函数值的关键字对该哈希函数来说称作同义词(synonym)。一般说来,冲突只能尽可能地少,而不能完全避免,因为哈希函数是从关键字集合到地址集合的映像。

常用的哈希函数构造方法有直接定址法、数字分析法、平方取中法、折叠法、除留余数法、随机数法等。常用的处理冲突的方法有开放定址法、再哈希法、链地址法、建立一个公共溢出区等。

2. 哈希表的查找

在哈希表上进行查找的过程和哈希造表的过程基本一致。给定 K 值,根据造表时设定的哈希函数求得哈希地址,若表中此位置上没有记录,则查找不成功;否则比较关键字,若和给定值相等,则查找成功;否则根据造表时设定的处理冲突方法查找下一地址,直到哈希表中某个位置为"空"或者表中所填记录的关键字等于给定值时为止。

3. 哈希表查找分析

虽然哈希表在关键字与记录的存储位置之间建立了直接映像,但由于"冲突"的产生,使得哈希表的查找过程仍然是一个给定值和关键字比较的过程。因此,仍需以平均查找长度作为衡量查找效率的量度。查找过程中需和给定值比较的关键字的个数取决于三个因素:哈希函数、处理冲突的方法和哈希表的装填因子。哈希表的装填因子定义为

$$\alpha = \frac{\text{表中填入的记录数}}{\text{哈希表的长度}}$$

α 表示哈希表的装满程度。直观地看,α 越小,发生冲突的可能性就越小;反之,α 越大,表中已填入的记录越多,再填记录时,发生冲突的可能性就越大,则查找时,给定值需与之进行比较的关键字的个数也就越多。

若记录数为 n,哈希表的平均查找长度是 α 的函数,因此不论 n 多大,总可以选择一个合适的装填因子,以便将平均查找长度限定在一个范围内。

需要说明的是,如果要在非链地址处理冲突的哈希表中删除一个记录,则需在该记录的位置上填入一个特殊的符号,以免找不到在它之后填入的"同义词"记录。

4. Berkeley DB 的 Hash 访问方式

Berkeley DB Hash 访问方式的数据结构是扩展线性 Hash 表(Extended Linear

Hashing,也称动态 Hash 表)。当哈希表增大时扩展哈希表会调整哈希函数,以期保证所有的哈希桶不被填满并保持在一个稳定的状态。关键字可以为任意的数据结构。

Berkeley DB 的 Hash 访问算法支持插入、删除和精确查找(不支持范围查找)。应用程序可以遍历所有保存在表中的记录,但它们返回的顺序是不确定的。

Berkeley DB 的 Hash 查找函数为__ham_lookup(),函数原型如下:

```
static int __ham_lookup(DBC * dbc,        //游标指针
const DBT * key,                          //键结构体指针
u_int32_t sought,                         //查找方式
db_lockmode_t mode,                       //锁模式
db_pgno_t * pgnop);                       //页面号指针
```

另外,Berkeley DB 还提供了 4 种不同的哈希函数,分别为__ham_func2()、__ham_func3()、__ham_func4()和__ham_func5()。

3.3.4 Queue 访问算法

1. Queue 定义

Queue(队列)是一种先进先出(First In First Out,FIFO)的线性表。它只允许在表的一端进行插入,而在另一端删除元素。最早进入队列的元素最早离开。在队列中,允许插入的一端称为队尾(Rear),允许删除的一端则称为队头(Front)。假设队列为 $q=(a_1, a_2, \cdots, a_n)$,那么 a_1 就是队头元素,a_n 则是队尾元素。队列中的元素是按照 $a_1, a_2, \cdots, a_n$ 的顺序进入的,退出队列也只能按照这个次序依次退出,也就是说,只有在 $a_1, a_2, \cdots, a_{n-1}$ 都离开队列之后,a_n 才能退出队列。图 3-2 为队列的示意图。

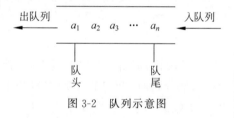

图 3-2 队列示意图

2. Berkeley DB 的 Queue 访问方式

Berkeley DB 的 Queue(队列)访问方式用逻辑记录号来保存定长记录。每条记录都使用一个逻辑号作为键。Queue 访问方式使得用户能够快速在队列尾部插入记录,并能够方便地从队列开头删除记录或者返回记录。

Queue 算法与 Recno 方式接近,只不过记录的长度为定长。数据以定长记录的方式存储在队列中,插入操作把记录插入到队列的尾部,相比之下插入速度是最快的。

当较小编号的记录被添加或被删除时,开发者可以选择让记录自动重新编号,这样,新的键就可以插入到已有键的中间。

这种访问方式由于使用了记录级的锁(Record Level Locking),所以不是太常用。但是当需要在应用程序中对队列使用并发访问时,这种访问方式会获得很高的性能。

Berkeley DB 的查找函数为__qam_c_get(),函数原型如下:

```
int __qam_c_get(DBC * dbc,        //游标指针
DBT * key,                        //键对象指针
DBT * data,                       //数据对象指针
u_int_32_t flags,                 //数据访问参数
db_pgno_t * pgnop)                //页面指针
```

3.3.5 Recno 访问算法

B 树、Hash 算法是数据库中常用的索引方式。但是,当要存储的记录太庞杂而无法从中提取合适的关键字时,采用 B 树或 Hash 方式存储记录效率就比较低。在这种情况下,采用 Recno 方式能更好地提高数据库存取效率。

Recno 访问算法是在 B 树访问算法的基础上发展而来的,它不仅继承了 B 树方式适合随机或顺序存储数据的特点,而且比 B 树更适合处理各种庞杂的记录。Recno 算法要求每一条记录都有一个逻辑记录号,逻辑记录号由算法本身生成。实际上,这和关系型数据库中逻辑主键通常定义为 int AUTO 型是同一个概念。Recno 访问算法提供了一个存储有序数据的接口。记录的长度可以为定长或不定长。

Recno 模型如图 3-3 所示,它和 B 树模型类似,由两部分组成,上层是 B 树索引,下层所有的叶节点组成一个顺序集。索引树中的关键字只起到指路标的作用,不能由它直接找到记录,它也不一定就存在。当随机查找时,通过索引树找到要查的记录,从根部开始查找。当顺序查找时,可以顺着链头开始,即先用随机查找的方法找到所要求的记录后,再从这一记录开始顺序查找其他的记录。

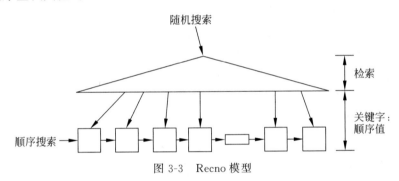

图 3-3　Recno 模型

Recno 的叶节点格式保存了记录的关键字和数据,而中间的节点保存了关键字和子页面地址。Recno 方式以逻辑记录号作为关键字,而数据可以是任意长度的字符串,因此很适合处理各种庞杂的数据。图 3-4 为 Berkeley DB 中的 Recno 节点。

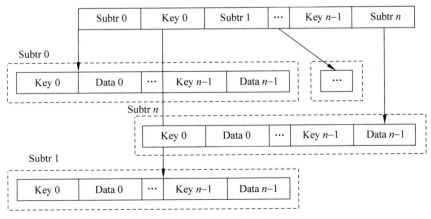

图 3-4　Recno 节点

Recno 访问方式可以自动分配逻辑记录号给每一条记录,并能够靠此记录号查找和更新记录,Recno 允许应用程序通过线性数字进行快速查找。

1. Recno 查找

查找关键字为 K 的记录,首先从根部开始,比较要找的关键字 K 与节点中的 key_0, key_2,$\cdots$,key_{n-1}。当 $k=key_i$ 时,仍要继续向下查找直到在叶节点找到关键字 K 为止。

若在叶节点仍未找到,则查找的关键字不存在,反之则查找成功;当 $k<key_0$ 时,继续向下在 $subtr_0$ 中查找;当 $key_i<k<key_{i+1}$ 时,顺着 $subtr_{i+1}$ 向下找。当 $k>key_{n-1}$ 时,继续在 $subtr_n$ 中查找。

使用 Recno 方式不仅可以精确地查找某一个关键字,还可以查找在一定范围内的所有关键字。

2. Recno 的插入和删除

前面提到 Recno 算法是从 B 树算法发展而来,Recno 插入算法的基本思想和 B 树算法极为相像。这里仅介绍 Recno 的删除算法。

在 Recno 中删除记录相对比较简单,因为记录一定是叶节点,因此只要找到这个叶节点,将这个节点删除即可。注意,若找到的节点是 Recno 的中间节点,并不需要删除这个节点,因为它不是真正的记录,只是起到分界的作用而已。只有当删除一个关键字使得整个页面为空而需要与其他页面合并时,才有可能需要改动索引树中的关键字。

Recno 中的节点分裂和合并与 B 树中的方法一致。

Recno 的查找函数为 __bam_rsearch(),函数原型如下:

```
int __bam_rsearch(DBC * dbc,        //游标指针
db_recno_t * recnop,                //记录号指针
u_int32_t flags,                    //数据访问参数
int stop,                           //停止标记
int * exactp);
```

3.3.6　访问算法的特点

4 种访问算法的特点如下。

1. B 树

关键字有序存储,其结构能随数据的插入和删除进行动态调整。B 树算法支持高效的数据查询、插入、删除等操作。关键字可以为任意的数据结构。

适用于 Key 为复杂类型且有序的情况。

2. Hash

Berkeley DB 中实际使用的是扩展线性 Hash 算法(Extended Linear Hashing),它可以根据哈希表的增长进行适当的调整。关键字可以为任意的数据结构。

适用于 Key 为复杂类型,数据较大且 Key 随机分布的情况。

3. Recno

该算法要求每一个记录都有一个逻辑记录号,逻辑记录号由算法本身生成。相当于关

系数据库中的自动增长字段。Recno 建立在 B 树算法之上,提供了一个存储有序数据的接口。记录的长度可以为定长或不定长。

适用于 Key 为逻辑记录号且非高并发的情况。

4. Queue

与 Recno 方式接近,只不过记录的长度为定长。

适用于 Key 为逻辑记录号、定长记录且高并发的情况。

3.4　实时事务处理技术

当多个用户并发地存取数据库时,会产生多个事务同时存取同一数据的情况。若对并发不加控制就可能会读取或者存储不正确的数据,破坏数据库的一致性和数据的完整性。所以数据库管理系统必须提供并发控制机制,以避免可能出现的错误,如丢失修改、不可重复读、读"脏"数据。并发控制就是要用正确的方式调度事务操作,使一个用户事务的执行不受其他事务的干扰,从而避免造成数据的不一致。但是传统的并发控制策略不能确保嵌入式实时数据库对实时性能的要求,因此,需要在充分挖掘实时数据特征和实时事务特征的基础上,对嵌入式数据库的实时事务调度策略及并发控制策略进行分析,以提高事务执行的并发度。本章 3.4 节和 3.5 节对实时事务和实时并发控制进行分析。

从数据库的角度看,一个实时系统典型地由 3 个紧密耦合的子系统组成:被控系统、执行控制系统、数据系统。被控系统就是所考虑的应用过程,称为外部环境或物理世界;执行控制系统就是监视被控系统的状态,协调和控制它的活动,称为逻辑世界;数据系统有效地存储、操纵与管理实时(准确和及时)信息,称为内部世界;执行控制系统和数据系统称为控制系统。内部世界的状态是物理世界状态在控制系统中的映像,执行控制系统通过内部世界状态而感知外部环境状态,且基于此而与被控系统交互作用,所有这些都与时间紧密相连,因而实时数据库主要在数据和事务上表现出各种不同特点。

3.4.1　数据特征

在实时数据库中,数据只在一定时间内是"流行"的,其值随外部环境状态变化而改变。所以,用户不能只考虑数据库内部状态的一致性,还必须考虑外部状态与内部状态之间的一致性;也不能认为使用数据时,简单地提供其最新的值就是最合适的,还必须考虑它与其他被使用数据间的"时间一致性"。这些就是实时数据库的数据特征。概括起来说,实时数据库的数据一致性包括内部一致性、外部一致性、相互一致性,下面具体给出它们的概念。

一个的数据对象为一个三元组 $d:<v,tp,evi>$。其中 d_v,d_{tp},d_{evi} 分别为 d 的当前状态值;观测时标(Observation Timestamp),即采样 d 对应的现实世界对象的值的时间;外部有效期(External Validity Interval),即自 d_{evi} 算起 d_{tp} 具有外部或绝对有效性的时间长度。

1. 内部一致性

内部一致性就是传统意义上的数据库内部的一致性。

定义 3.4　一个数据 d 是内部一致的,当且仅当 d_v 满足所有对其预先定义的数据库内部的完整性限制和一致性要求。

所有对数据库的操作都是以事务的形式进行的,传统的数据库可通过可串行化调度来保证并发事务的正确性,通过事务阻塞、回滚和撤销来消除可能出现的数据不一致性问题,因此,在传统数据库中可串行化是数据库一致性的重要标准。

2. 外部一致性

在实时数据库中,数据库依靠逻辑世界和物理世界的频繁交换作用来获取准确、及时的数据,故一个正确的数据库状态必须与物理世界当时的状态一致。即事务使用的数据库中的值 d_v 是在其有效时间范围 d_{evi} 内。

定义 3.5 一个数据 d 是外部一致的,当且仅当 $(t_c - d_{tp}) \leqslant d_{evi}$($t_c$ 为当前或检测时间)。数据的外部有效期 d_{evi} 可以通过足够多的物理世界对应参数的取样来获得,外部一致性与时间限制相联。必要时只有先牺牲内部一致性而确保外部一致性,然后再恢复内部一致性。

数据的外部时间一致性要求表明存于数据库中的采样数据滞后于被采样的实际过程数据不得超过一定的时间。

3. 相互一致性

在过程控制中,一组相关数据被使用时,存在着它们之间在时间上的相互(或相对)一致性问题。

定义 3.6 用来做决策或导出新数据的一组相关数据称为一个相互(相对)一致集,每一个这样的数据集 R 都有一个与之相联的相互有效期,记为:R_{mvi}。

定义 3.7 设 R 是一个相互一致集,$d \in R$。D 是相互(或相对)一致的,当且仅当:

$$\forall d' \in R(|d_\varphi - d'_\varphi|) \leqslant R_{mvi})$$

相互一致性保证了用于做决策或导出新数据的一组数据是在公共的有效时间范围内彼此接近地产生的。R_{mvi} 的获得不像 d_{evi} 那么简单,且它们之间存在着相关性,R 中各数据的 d_{evi} 的最小者对 R_{evi} 起着决定作用。

4. 数据库状态正确性

数据库状态正确性意味着内部、外部和相互一致性的全部。

定义 3.8 若一个数据既是外部一致的又是相互一致的,则称它是时间一致的。

定义 3.9 一个数据具有正确的状态,当且仅当它同时是时间一致和内部一致的。若实时数据库中的每一个数据都具有正确的状态,则称该实时数据库满足数据的正确性。

在实时数据库中,数据库的正确性依赖于实时的事务调度策略、并发控制协议以及实现机制。

3.4.2 实时事务特征

实时事务是嵌入式实时数据库实时性的核心体现。在经典数据库理论中,事务具有ACID 特性,即"原子性""一致性""隔离性"和"持久性",其特点如下。

A:说明所设计的事务具有"原子性"(Atomicity),也就是某一事务在执行时要么全部执行、要么全部不执行,一定作为一个整体操作。

I：说明所设计的事务具有"隔离性"（Isolation），也就是在执行所设计的事务时，别的事务在此时不会也执行。

C：说明所设计的事务具有"一致性"（Consistency），也就是要使数据库的全部数据满足一致性的约束，希望所发生的事务能够使数据库具有一致性。

D：说明所设计的事务具有"持久性"（Durability），也就是某个事务只要执行成功了，它所涉及数据的变化不应该丢失。

但是，在实时数据库管理系统中事务则具有根本性的区别，实时事务的特性主要表现在如下方面。

（1）定时限制：事务的执行具有显式的时限，如期限、截止时间等。这是由于控制系统不断跟踪被控制系统而引起的，它要求实时数据库有时间处理机制。

（2）正确性：事务的正确性不仅在于逻辑结果的正确性，而且要求时间正确性，即必须在给定的截止期内提交。

（3）可预测性：在有些系统中，事务错失截止期将导致系统的崩溃，因此要求能够预测这些事务的执行时间，以确保事务能够满足截止期，从而保证系统的正常运行。

（4）可恢复性：当事务由于错失截止期而被夭折或者由于数据访问冲突必须重启时，该事务的所有操作都能够被取消并恢复到原来数据库的状态。

（5）重要性：不同事务的提交会给系统带来不同的价值。为了实现系统的高价值，价值高的事务将具有优先执行权。

因此，传统事务的特性已经不适合实时数据库中的事务。实时数据库中事务最重要的是定时性，即事务的执行具有显式的定时限制，典型表现为截止期。事务（或系统）的正确性不仅依赖于其逻辑结果的正确性，还依赖于逻辑结果产生的时间。

实时事务按关键性可以分为硬实时事务、软实时事务、固实时事务。

图 3-5 中（a）～（c）分别是硬、软、固实时事务的典型例子。其中，v、t 两坐标轴分别为价值函数和时间；d 为截止期；e 为最终有效时间；r 为放行或启动时间，当 $t < r$ 时，$v(t) = 0$，表示在事务未准备好以前启动是无价值的。

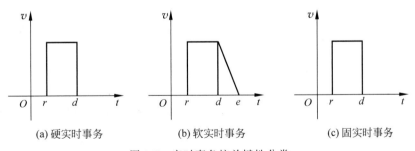

(a) 硬实时事务　　　(b) 软实时事务　　　(c) 固实时事务

图 3-5　实时事务按关键性分类

（1）硬实时事务：用于安全紧急性活动，超过截止期则价值函数取负值。硬实时事务在错失执行期限后将会导致灾难性的后果。因此，在系统发现事务具有很大的负值时，必须采取预定的紧急措施。

（2）软实时事务：这类事务在超截止期后，价值函数会不断下降，到被称为最终有效时间的某一时刻时，价值函数取 0。软实时事务允许其执行有一定程度的超期。

(3) 固实时事务：一旦到达截止时间,价值函数取 0,但不为负值。

根据一般实时应用系统的活动(事务)特点,可以确定如下实时事务模型。

General-Tran：一般事务(即传统意义的事务)。

Loop-Tran：循环事务,循环执行的一般事务或结构事务。

Endless-Tran：无终止事务,具有很长执行期的一般事务或结构事务。

Long-life-Tran：长寿事务,循环(Loop)或无终止(Endless)事务。

Nested-Tran：嵌套事务,由子事务以树形结构组成的事务。

Multilevel-Tran：多层事务,由子操作以树形结构组成的事务。

Split-Tran：分裂事务,一个事务分支出另一个事务。

Cooperative-Tran：合作事务。

Joint-Tran：合并事务。

Flat-Coop：平坦通信事务。

Hierarchical-Coop：层次间通信合作的事务。

Complex-Tran：复杂事务,可由上面列出的各事务构成。

3.4.3　实时事务调度

实时事务的调度技术也是实时数据库的关键组成。

1. 优先级

嵌入式数据库的实时事务调度一般都是依据基于优先级的算法进行调度的,因为事务的优先级决定了事务的重要性,比较重要的事务应该首先完成。而优先级的决定取决于多种因素,常用的有事务的释放时间、事务的截止时间、事务的已执行时间、事务的空余时间、事务的关键程度等。大多数嵌入式实时数据库系统用事务的截止时间描述事务的紧迫度。决定一个事务截止期的时间描述有很多,有的直接给出事务的截止期,有的可能只有开始时间的限定或者执行时间的确定。根据不同时间描述可以确定事务时间的松散度,基于松散度和截止时间共同计算事务优先级,有如下一些策略。

1) 最早放行最优先

该策略将最高优先级分派给最早开始执行的事务。这种算法只看事务的开始时间,它可能会先执行一个开始时间早,但要运行很久的事务,而不去执行一个开始时间稍迟,但要求很快执行完的事务,这不能满足实时系统的要求。

2) 截止期最早最优先

截止期最早最优先的策略是最早截止期事务的优先级最高,即根据截止期时间分派优先级,截止期越早,优先级越高。

3) 可达截止期最早最优先

它使具有最早的可达截止期者的优先级最高。所谓一个事务 T 的截止期是当前"可达到"的,指的是 $t+(E-P)\leqslant d$。这里 t 为当前时间,E、P 分别为事务 T 的执行时间估算和已执行时间,d 为 T 的截止期。

4) 空余时间最短最优先

事务 T 的空余时间 $S=d+(t+E-P)$,即根据推迟 T 的执行而仍然满足截止期的可推迟时间量估算。它考虑了当前时间与剩余执行时间估算 $C=t+E-P$,故随事务的停止执行,其优先级动态上升。而若事务在执行,则因当前时间 t 与事务的已执行时间 P 同步增加,故 S 不变,因而优先级也不变。

5) 价值最高最优先

在系统中,一个实时事务的价值可以综合事务的关键性和事务的特征(如硬实时、软实时事务对实时性的不同要求)等因素制定。例如,一个关键的硬实时事务在系统中应具有较高的价值。每个事务都有价值函数,其值最大者最优先。问题是如何合理地构造价值函数,如下是一个例子:

$$V(t) = c(\omega_1(t - t_S) - \omega_2 d + \omega_3 P - \omega_4 S)$$

其中 t、d、P 和 S 的意义同上,c、t_S 分别为 t 的危急度、开始时间,ω 为加权因子。

6) 价值密度最大最优先

事务完成时的期望价值与实现该价值所需计算量的比最大者优先级最高。

价值密度函数为

$$VD = \frac{v(\tau + c)}{c} = \frac{v(\tau + E - P)}{E - P}$$

上述各种优先级分配策略各有优缺点,这里对(1)~(4)时间优先级分析如下。

(1) 最早放行最优先。优点是简单易行,但对于实时数据库来说,其缺点是显而易见的,由于没有考虑事务的截止期,可能会使一个刚到达的紧急事务等待一个先来但并不紧急的事务。在某些情况下,这样的事务处理会给系统带来灾难,通常不用于实时事务处理。

(2) 截止期最早最优先。该策略表达的意思很简单,使"截止期"最早的事务具有最高的优先级,在很多情况下,配上适当的并发控制协议,其处理结果十分理想。它使得最需要处理(截止期最早)的事务首先获得系统资源,但由于没有考虑事务处理所需的时间,可能会将最高优先级分配给一个要过或已过截止期的事务,从而导致有机会能够在截止期内完成的事务也因被推迟而超时,以致事务成功率下降。

(3) 可达截止期最早最优先。通过对事务的执行时间进行预分析来判断事务的截止期是否可达,对可达的事务进行截止期最早的优先调度,不仅考虑了事务的截止时间,还考虑了事务的执行时间,仍以截止时间为标准进行事务优先级的分配,是对第2)种分配策略的一种改进,有效克服了上述策略的缺点。

(4) 空余时间最短最优先。该策略既考虑了事务的截止时间,又考虑了事务的运行时间。对于正在执行的事务,如果空余时间大于等于0则事务处理可在截止期时间前完成,在处理过程中空余时间不变,所以事务优先级也不变;如果空余时间小于0则事务处理已经或将会超过截止时间。对于未执行(被挂起)的事务,空余时间是逐渐减小的,故其优先级在增大。但要注意,该策略和第3)种策略还是有差别的,它针对事务的挂起与执行的变化,确定其优先级的升降。

通过分析可以知道,优先级调度的指导思想都是通过一定的优先级分配策略使实时事务在事务调度队列中排队来等待调度。然而各种优先级分配策略各有优缺点,需要根据不同的应用环境以及应用需求选取合适的优先级分配策略。

2. 实时事务调度

1) 静态表驱动调度

它执行静态可调度性分析,且产生一种调度(通常为一时刻表),在运行时用来决定一个任务何时开始执行。这种方法适用于周期的任务(事务),是高可预报的,但也是高度不灵活的,因为任务及其特征必须事先完全确定,任何改变都可能要求对该表进行全面修改。

2) 优先级驱动可抢占调度

这种调度是在运行时,先按"最高优先级最先"原则指派事务执行,当后来在执行过程中有更高优先级的事务到达时,则抢占原任务的处理机,执行新来的高优先级事务,这有利于处理新到达的高优先级事务(如硬实时或时间紧迫的事务)。

3) 动态计划式调度

该方法实际上是第1)种方法的动态执行,它同样进行可调度性分析,但在调度分析的时间上和第1)种不同,第1)种通常处理的是周期执行、预定义事务,因此它可以做好一个固定的表,而动态计划式调度在运行时对到达随机任务(事务)进行动态可调度性分析或可行性检验,仅当断定它是可执行的时候,才运行执行。

4) 动态尽力式调度

动态尽力式调度是当前许多实时系统中使用的方法。按照这种方法,基于任务(事务)的特征为每一个任务计算出一个优先级值,然后按其优先级来调度多任务。

3.4.4　基于功能替代的实时事务二次调度机制

近年来,实时事务处理技术不断得到发展和进步。随着嵌入式实时数据库对于高实时性和高可靠性的更高要求,基于功能替代的实时事务二次调度机制得以引入和广泛运用。下面对该机制做简要介绍。

1. 功能替代的事务模型的定义

为了便于说明功能替代的事务模型,先做出如下定义。

定义 3.10　一个具有时间限制的应用为一个实时事务,它由若干个任务组成,任务包含了一组功能等价的子事务,称为事务的功能替代集。在一个实时事务中,由每一任务中的一个成员所组成的集合称为该事务的一个功能替代集。

一个实时事务可以表示为一个四元组 $T::=(TS,R,C,<_t)$:

$$T::=(TS,R,C,<_t)$$

$$TS::=\{<TK>\}^*$$

$$TK::=\{<ST_i \mid \forall i \neq j(ST_i \leftrightarrow ST_j),1 \leqslant i,j \leqslant n\}^*$$

$$ST_i::=<T> \mid <OP>(i=1,2,\cdots,n)$$

$$OP::=<OB-OP> \mid <TM-TP>$$

$$R::=(<DR>,<PR>)$$

$$<_t::=时序$$

$$C::=一组限制组合$$

其中,$\{\}^*$ 表示非空集合,$\leftrightarrow$ 表示"功能等价";ST 表示运算中间量;OB-OP 和 TM-TP 分别表示数据库的对象操作(如插入、删除等)和事务管理操作(BEGIN,COMMIT 等);DR 和 PR 分别表示一个数据资源集合和一个处理资源(如 CPU 时间、缓冲区等)集。

该定义表明,实时事务是一个四元组:任务集 TS、资源集 R、时序$<_t$ 和限制集 C。TS 中的每一个任务由一个非空有限的子任务集组成,其中的子任务或是一个事务,或一个基本

操作(包括对象操作和事务管理操作),它们称为原事务的子事务,所以事务是嵌套结构的,一个任务的子任务/子事务在功能上都是彼此等价的。

R 为执行该事务所需要的系统资源,它由定义在各功能替代集上的一组系统资源信息组成,包括所需要存取的数据(DR)和 CPU 时间以及缓冲区等(PR)。C 是该事务的一组约束,包括时间约束、一致性约束等,它由定义在各功能替代集上的一组约束组成,包括该事务所必须满足的 DR 中数据的完整性限制和 TS 中任务的定时限制。

$<_t$ 为任务集上的一种时序关系,与各功能替代集之间不存在直接的时序关系,$<_t$ 应由定义在各功能替代集上的一组时序组成。

功能替代集是实时事务的组成成员,它能完成所对应的实时事务的功能。在特殊情况下,当实时事务由一个功能替代集组成时,该功能替代集就是一个实时事务。可以说功能替代集也是实时事务,确切地说是实时事务的一个例子。功能替代集具备了实时事务的一些基本特性,如定时限制功能,同构(意味着将所有功能替代集中功能等价的子事务进行有条件的归类处理,能得到以任务为基本单位的实时事务层次结构)等。

功能替代集与所对应的实时事务之间的关系首先是对象与成员之间的关系,但当实时事务以任务为基本单位时,与功能替代集在结构上保持着同构,即实时事务的任务模型结构与功能替代集保持同构,如图 3-6 和图 3-7 描述它们的这种关系。其中,图 3-6 表示一个实时事务,图 3-7 表示该实时事务对应的功能替代集,即执行模型。其次,一个实时事务可以有多个功能替代集,在每一次执行过程中,只有一个功能替代集实施运行,如果由于某种原因此功能替代集夭折,而该实时事务的截止期未到,系统可以选择另外一个功能替代集投入运行,只要有一个功能替代集成功执行,则该实时事务就能提交,只有当所有的功能替代集都失败,才意味该实时事务夭折。

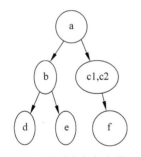

图 3-6　实时事务任务模型

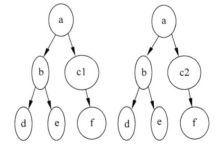

图 3-7　实时事务功能替代集

2．预分析处理

由于实时事务的成功执行要满足特定的时限,系统通常不可能依次将每个功能替代集都执行一次直到实时事务提交,这样通常会超过截止期。理想的情形是系统能选择最适应运行环境的功能替代集实施运行,使事务的成功率达到最高。所以,事务的功能替代集需要进行预分析,为后续的调度提供依据。功能替代集的引入,使实时事务的调度分为两大步骤。第一步是在实时事务的诸多功能替代集之间进行分析调度,便于选取最佳功能替代集代表实时事务投入下一步调度;第二步是实时事务之间的调度。总的来说,对功能替代集的调度有利于选择最有可能满足各种约束、最有可能得到所需系统资源的功能替代集投入运行,从而提高实时事务的执行效率和成功率。

事务预分析处理的算法流程如下。

输入：实时事务。

输出：T 的一个替代。

步骤如下。

(1) 生成任务树 TK-树,并提取有关结构、行为、资源请求、时限的知识。

(2) 分解 TK-树,产生调度树; /* 得到各替代 FXi */。

(3) 进行各调度树的可调度性分析。

(4) 生成弱调度树和强调度树。

(5) 初始调度。

3. 二次调度思想

从调度的角度来说,当事务重启时,如果依然按原路径执行,那么导致其重启的原因可能并没有排除,势必造成再次无效重启。然而,如果该事务在重启时能选择替代集,就有可能避开障碍获得成功,提高该事务的成功率。对用户而言,系统透明地处理了失败的"执行"。

基于功能替代的实时事务调度是将传统的一次性调度分解为多重调度——内部调度和外部调度。内部调度是指在一个实时事务中选取若干功能替代集,剔除不可调度的功能替代集,它实际上包括预分析和预调度两部分。外部调度类似于传统的实时事务调度,若干实时事务竞争系统资源,如图 3-8 所示。当内部调度的结果为空集时,该实时事务不可调度,当事务执行失败时,不能立即夭折,必须重新转入内部调度。内部调度的作用是找出实时事务的可调度集,提高外部调度的效率。

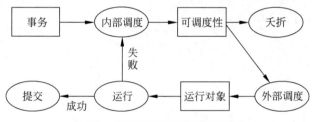

图 3-8　实时事务二次调度示意图

停止此调度活动的原因：事务的截止期到；由特殊操作强迫停止；该事务的所有功能替代集都夭折和有一个功能替代集成功执行并提交。

根据替代之间的性能差异,对该事务的所有可调度的替代做出调度,此调度有别于传统的实时事务调度,称为内部调度。内部调度的目的是在一个实时事务中选取最佳的替代,它实际上包括预分析和预调度两部分;外部调度就是传统的实时事务调度,针对多个实时事务,目的是在多个实时事务中分配系统资源(包括 CPU 数据对象等)。

实时事务及其调度关系如图 3-9 所示。

实时事务 T_1 由功能替代集 g_{11},g_{12},g_{13} 组成;实时事务 T_2 由功能替代集 g_{21},g_{22} 组成。内部调度 SN1 针对实时事务 T_1,从中选取一个合适的对象 $g_i,(i\in[1,3])$,内部调度 SN2 针对实时事务 T_2,从中选取一个合适的对象 $g_{2j}(j\in[1,2])$,而外部调度 SW1 针对 g_{1i} 和 g_{2j},实际上是对内部调度结果进行二次调度,经过外部调度的实时事务将正式运行。

设有实时事务集合 TT$=\{T_i|1\leqslant i\leqslant m\}$,$T_j=\{fx_{ij}|1\leqslant j\leqslant D(GT_i)\}$,用 ES 和 IS 分

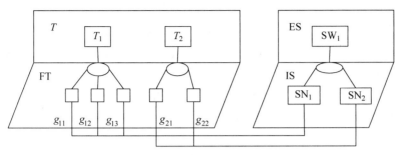

图 3-9　实时事务及其调度关系图

别表示内部调度和外部调度，则对于 T_i 的一个内部调度为

$$\mathrm{IS(TT)} = \mathrm{scheduling}(\mathrm{fx}_{iq1}, \mathrm{fx}_{iq2}, \mathrm{fx}_{iq3}, \cdots, \mathrm{fx}_{iqp}),$$

$$\mathrm{fx}_{iq1} \in T_i, \quad 1 \leqslant qp \leqslant D(\mathrm{GT}_i)$$

对应的一个外部调度为

$$\mathrm{ES(TT)} = \mathrm{scheduling}(\mathrm{IS}(T_1), \mathrm{IS}(T_2), \cdots, \mathrm{IS}(T_i), \cdots, \mathrm{IS}(T_m))$$

$$= (\mathrm{fx}_{a1}, \mathrm{fx}_{a2}, \mathrm{fx}_{a3}, \cdots, \mathrm{fx}_{am})$$

内部调度与外部调度紧密相关，内部调度是基础，只有通过内部调度才能选出一个可调度的替代参与外部调度；外部调度是最终目的，只有通过外部调度，实时事务才能真正投入执行。

内部调度机制采用基于优先级的调度策略对事务的可调度集进行调度，相应的优先级分派策略可见 3.4.3 节所示的优先级策略。

3.5　实时并发控制

3.5.1　并发控制概述

并发控制隔离并发执行的事务，确保事务的执行不会相互干扰，保证数据的逻辑一致性。传统的数据库系统中，强调所有事务具有平等的地位和相同的调度机会。实现并发控制协议的技术包括两阶段锁、时间戳、多版本或者乐观的并发控制协议。每种机制基于不同的假设进行设计，但是有一个共同的目标——事务的可串行化。并发控制的基本思想是移出冲突，当一个冲突被检测，或者终止一个冲突的事务或者采用其他方法解决。并发控制协议能从 3 个不同的方面进行分类：冲突检测、冲突解决、串行化规则与顺序。

1. 冲突检测

检测冲突的方法主要有两种：悲观(Pessimistic)和乐观(Optimistic)。悲观的方法总是在存取数据时检测可能的冲突，相应的并发控制协议称为悲观并发控制(PCC)协议；而乐观的并发控制(OCC)允许事务访问所有的数据，只是在事务提交之前检测冲突。锁、时间戳和串行化图都能够用于事务间的冲突检测。

锁机制要求事务在存取数据对象之前必须获得相应的锁，基本的锁类型包括读锁(共享锁)与写锁(互斥锁)。锁机制通常应用于悲观的并发控制协议，也能够用于乐观并发控制协议中来指示事务所存取的数据对象，这种锁称为弱锁(Weak Lock)。

在时间戳(Timestamp)机制中,每个事务 T_i 执行前由系统分配一个时间戳 $TS(T_i)$,如果有一个新的事务 T_j 进入系统,则 $TS(T_i) < TS(T_j)$。而每个数据对象 x 需要与两个时间戳相关联,即写时间戳 $WTS(x)$ 与读时间戳 $RTS(x)$,写时间戳表示成功执行写 x 的所有事务的最大时间戳;读时间戳表示成功执行读 x 的所有事务的最大时间戳。每当有新的读写操作时,数据对象的时间戳就被更新。时间戳协议保证冲突可串行化且无死锁,但是可能产生不可恢复的调度。对协议进行扩展,可以保证调度可恢复且无级联夭折,如通过只在事务末尾执行写操作等方式。

串行化图(Serialization Graph)表示数据库中所有事务的执行历史,并发控制管理器能够利用环检测算法判断这个历史是不是可串行化的。例如,SGT(Serialization Graph Testing)协议就是通过这种方式进行冲突检测的。

每种冲突检测机制都存在一种悲观并发控制协议,如两阶段锁协议(Two-Phase Locking,2PL)、时间戳排序协议(Timestamp Ordering,TSO)与串行图测试协议(Serialization Graph Testing,SGT)。而另一方面,这些机制也都能用于乐观的并发控制中在事务验证阶段检测冲突。

2. 冲突解决

每当检测到一个冲突,必须采用一种冲突解决方法解决这个冲突。常用的方法包括:终止或者重启冲突中的一个事务,或者阻塞请求事务。如果冲突是在事务访问数据之前被检测到,阻塞与终止都是可选的方法。但是,当采用乐观并发控制协议,冲突是在事务访问数据之后才被检测到,只有终止冲突中的某个事务。其他可能的冲突解决方法是允许多版本(Multiversion)与重调整串行化顺序。

3. 串行化规则与顺序

事务的串行化可以基于开始时间、完成时间或者动态导出的顺序,如数据存取时间。

下面的方法经常用来确定串行化顺序。

事务开始时间或者预指定的时间戳:在每个事务执行之前分配一个时间戳,如果基于这个时间戳顺序事务不能通过验证,则被夭折。

事务完成时间:乐观并发控制采用这种方法,事务的验证基于这个时间戳顺序。有研究表明,事务的串行化顺序基于开始时间比基于完成时间可能导致更多的事务夭折。

元组存取顺序(Granule Access Order):两阶段锁采用这种机制,不过如果所有的锁在提交时释放,则串行化顺序与基于事务完成时间相同。

传统数据库强调对事务处理的响应时间和系统的吞吐率,但是实时数据库系统(RTDBS)却强调的是事务的时限和错失率。所以,实时数据库不能沿用传统数据库系统的并发控制协议,实时数据库为了使尽可能多的事务满足它们的截止期,应将事务的时间信息加入到调度中来,事务越紧急,应越早地投入运行。当一个事务正在运行时,如果新到了一个更为紧急的事务,该执行事务应该被抢占。实时数据库中事务的并发执行具有以下特点。

1) 并发执行的事务具有时间约束和依赖性

实时数据库系统中的事务具有显式的时间约束,此外,当它们并发执行时,事务之间可能存在与时间有关的依赖关系。比如,事务 T_1 必须在事务 T_2 开始执行之前(或提交前/后)开始提交;事务在运行过程中可能触发子事务,被触发事务与此触发事务并发执行等等。

2）满足截止时间要求

在实时数据库中,按截止期特性将实时事务分为硬实时事务和软实时事务。系统必须保证硬实时事务的截止期,否则该事务的价值在截止期后为零甚至对系统产生危害;软实时事务超过截止期后虽然不会对系统产生危害,但该事务的价值会急剧下降,由此,并发控制在保证数据一致性的前提下,为了满足事务的截止期要求,应区别对待不同特性的实时事务。

3）系统资源和 CPU 控制权的抢占

一个紧急事务到达时,为了处理该紧急事务,系统会使正在执行(还未完成)的事务夭折,而去执行该紧急事务。

4）事务原子性

由于必须保证事务的原子性,被抢占的事务夭折重启。

5）时间和逻辑依赖

事务处理的正确性依赖于逻辑结果和逻辑结果产生的时间。

6）数据的实时性

系统宁愿要及时的部分正确的结果,也不要过时的精确的结果。在资源受限的实时数据库系统中,当系统超载时,必然存在某些事务不能在其截止期内完成,对于某些实时应用环境,截止期之后的精确结果是无效的,那么在截止期内,如果能得到近似结果也比没有结果要好。

7）数据一致性标准降低

传统的数据库一致性标准是可串行化,对于实时数据库系统而言,此标准过于严格,为了使尽可能多的事务满足截止期,需要降低正确性标准。评价并发控制协议性能的标准不是反应时间和系统吞吐率,而是满足事务截止期的比率,即:系统的成功率。

下面介绍实时数据库系统的常见的并发控制协议,并对协议的性能进行分析。

3.5.2　实时并发控制协议

实时数据库中的并发控制协议不仅要求保证数据的逻辑一致性,而且必须考虑满足并发事务的截止期。目前,许多面向实时数据库的并发控制协议已经被提出,主要包括基于锁的并发控制协议、乐观并发控制协议、多版本并发控制协议、推测并发控制协议等。

1. 基于锁的并发控制协议

保证可串行性的一种锁协议是两阶段锁(2PL)协议,该协议要求事务分为两个阶段提出加锁与解锁请求。一开始,事务处于增长阶段,事务能够根据需要获得锁。一旦事务释放了锁,它就进入缩减阶段,不能再申请任何新的锁。

对于任何事务,调度中该事务获得其最后加锁的时刻(增长阶段结束点)称为事务的封锁点。这样,多个事务可以根据它们的封锁点进行排序,这个顺序就是事务的一个可串行化顺序。

两阶段锁并不能保证不会发生死锁,并且级联回滚也可能发生。级联回滚可以通过修改两阶段锁为严格两阶段锁来避免,严格两阶段锁要求事务持有的所有排它锁必须在事务提交后方可释放。另一个两阶段锁的变体是强两阶段锁协议,它要求事务提交之前不能释放任何锁。在强两阶段锁协议下,事务可以按照其提交的顺序串行化。大部分商用数据库系统或者采用严格两阶段锁,或者采用强两阶段锁。

传统的锁式协议像 2PL 对实时数据库是不够的,可能遇到的两个主要问题就是优先级反转和死锁。若请求者 T_j 的优先级比占有者 T_i 的优先级高,则按协议在解决冲突时发生高优先级事务等待低优先级事务完成的情况,这就是"优先级反转"。

这对实时数据库是不合乎要求的。因为它违背了高优先级事务在系统资源使用上要优先于低优先级事务的原则。为此,人们开发了许多策略来解决这些问题。最典型的有 2PL-HP、2PL-WP、2PL-CPI 与 2PL-CR、优先级顶协议、有序共享协议、RTL、基于资源预报的并发控制协议。

基于锁的协议需要考虑封锁粒度的影响。

封锁对象的大小称为封锁粒度(Granularity),封锁粒度与系统的并发度和并发控制的开销密切相关。直观地看,封锁的粒度越大,数据库所能够封锁的数据单元就越少,并发度就越小,系统开销就越小;反之,封锁的粒度越小,并发度较高,但系统开销也就越大。对于封锁粒度的大小要根据具体的应用系统确定。传统数据库获得锁的开销较小,因此通常选用小粒度封锁单位,以增加系统的并行性以及处理的吞吐量,但在冲突较低时,并发能力对吞吐量几乎没有影响。在嵌入式数据库中,事务获得锁的开销与处理数据的开销相当,过小的封锁粒度反而会降低系统的性能,如果将一个事务将细粒度锁换成粗粒度锁,反而会减少开销。并且,由于应用程序比较少,事务的并发度并不是很高。所以,为了在保证并发度的前提下减少事务封锁开销,通常在 EDBMS 中使用锁定整个关系的锁,甚至是整个数据库的锁(在这种情况下相当于事务串行执行,适合于一些特殊场合),而在冲突严重时,使用细粒度的元组锁。

2. 乐观并发控制协议

基于锁的并发控制属于悲观的方法,具有下面内在的缺点。

(1) 锁维护要求一定的系统开销。

(2) 总是假定事务冲突经常发生,而实际上锁只在最坏情形下才是必要的。

乐观并发控制基于相反的假设,事务冲突很少发生,因此允许事务无阻碍地执行直到全部操作完成,然后在提交时进行验证,如果通过了检验就提交,否则夭折。如果系统中事务之间的数据竞争很弱,大部分事务能够通过验证并提交;而如果事务之间的竞争越激烈,越多的事务就将被夭折并重启,从而降低系统资源利用率。

为此,乐观并发控制将事务 T_i 的执行分成以下 3 个阶段。

(1) 读阶段: T_i 要存取的数据都复制到它的工作区,所有的更改操作都在工作区针对这些副本数据进行,当 T_i 的计算全完成时,就进入下一阶段。

(2) 验证阶段: 检查 T_i 的操作是否奇偶违反了可串行化的要求,若违反了,则终止事务 T_i,否则就提交并进入下一阶段。

(3) 写阶段: T_i 成功地通过了验证阶段,所有由它变更的数据从工作区中复制到数据库中。

为了验证事务,对每一活动的事务 T_i,要记录它的"读"和"写"数据集合:

$$RS[T_i] = \{x \mid R_i(x) \text{已为乐观并发所允许}\}$$

$$WS[T_i] = \{x \mid W_i(x) \text{已为乐观并发所允许}\}$$

乐观并发策略的关键是如何验证事务,下面为3种不同类型的验证方法。

1) OCC-FV

在乐观并发控制中,事务允许不受阻碍地执行,直到它们到达提交点再进行验证。这样,事务执行包括3个阶段:读、验证和写。验证基本上分为向后确认和向前确认。向后确认机制针对已提交事务,无法在串行化处理中考虑事务的优先级,不能应用到 RTDBS。向前确认针对当前运行的事务,正被确认的事务或者冲突的动态事务可能重启,所以它有利于 RTDBS。而且,向前机制通常比向后机制探测和解决冲突早,资源和时间浪费较少。这里把使用向前确认的乐观算法称为 OCC-FV。

OCC-FV 不使用事务优先级解决数据冲突。高优先级事务由于低优先级事务提交可能需要重启。已有几种用优先级等待或夭折机制将优先级信息加到 OCC-FV 中的方法。

2) OPT-SACRIFICE

OPT-SACRIFICE 使用优先级驱动夭折来解决冲突。某事务到达确认阶段时,如果一个或多个冲突事务比该事务优先级高,它就夭折;否则,它就提交并且所有冲突的事务立即重启。此机制采用向后确认,在确认事务大部分执行后可以排除夭折,因为冲突的高优先级事务仍然在读阶段。这种机制的问题是无效牺牲:一个事务为之牺牲的是后来被删除的事务。

3) OPT-WAIT

在 OPT-WAIT 机制中,当一个事务到达确认阶段时,如果其优先级在所有的冲突事务中不是最高的,它就等待具有较高优先级的事务完成。这一协议使较高优先级的事务首先满足截止期并且没有无效重启。

实时数据库系统要求具有较高的成功率,并发控制协议致力于将超过截止期的事务减至最少。乐观并发控制和锁式悲观并发控制存在下面两方面问题。

(1) 当系统超载时,超过截止期的事务数量又大幅度上升,如果这些事务一开始就不被系统接纳,系统就不会在这些事务上浪费资源,性能会更好。Bestavros 提出了一种可接纳的事务机制对事务进行管理。

(2) 乐观的并发控制和锁式并发控制性能差异很大,乐观并发在数据竞争缓和的情况下,协议性能较好。在竞争激烈的情况下,协议性能较差;锁式协议的性能正好相反。两种协议在不同负载条件下都表现出稳定性较差的特点。

3. 多版本并发控制协议

多版本并发控制协议主要包括以下两种。

(1) Multiversion Timestamp Ordering(多版本时间戳 MVTO 协议),该算法能够减少拒绝操作,提高并发度,同时能够保证所有事务读关系的正确性,从而保证其调度是可串行化的。缺点是频繁地拒绝到达时间比较晚的写操作,同时还存在级联夭折。

(2) Two Version-PCP 协议采用两版本方法扩展了 RW-PCP 算法,简称 2VPCP。该算法无死锁,单阻塞,支持可调度性分析,减少了高优先级事务的阻塞时间,可以提供更好的可调度条件。

4. 推测并发控制协议

推测并发控制协议主要包括以下两种。

（1）Speculative Concurrency Control（推测并发控制协议，SCC）是一种更适合实时数据库管理系统的并发控制算法。该算法依靠冗余计算来尽早寻求可串行化的调度，可以减轻悲观协议中的阻塞问题和乐观协议中的重启问题，从而更好地满足事务截止期。

（2）Alternative Version Concurrency Control（替代版本并发控制，AVCC）协议很好地解决了浪费的重启问题和浪费的执行问题，同时通过事务多版本来提高事务满足截止期的机会。缺点是维护事务多版本需要系统提供足够的资源。

3.6　数据库恢复和备份

嵌入式数据库通常运行在嵌入式操作系统和嵌入式硬件平台上，不管是软件还是硬件平台故障，或者是来自外界的物理威胁，如洪水、泥石流等自然灾害，都有可能导致嵌入式数据库管理系统发生故障，造成数据库信息的丢失，造成不可挽回的损失。因此，采用某种方式来保证嵌入式数据库中数据的可靠性就显得非常重要。

应对数据库故障的常用方法是在系统运行时收集冗余数据，一旦发生故障，利用已有的数据将数据库恢复至正确状态。虽然恢复原理简单，然而实现技术比想象的要复杂许多。恢复子系统是数据库管理系统非常重要的组成部分，而且体积相当庞大，恢复子模块代码量常常占一个完整代码的百分之十几。现行商用数据库管理系统如 Oracle、DB2、SQL Sever 等均有完备齐全的恢复和备份方式，嵌入式数据库 BDB、SQLite、Oracle Lite 等也提供一些恢复方法。

3.6.1　数据复制及备份

1. 数据复制

数据复制就是通过在一个或多个物理设备上保存数据库副本的方式来保证拷贝数据库与源数据库相一致，以此来提高数据库中信息的安全性和可用性。采用数据复制技术可以保证当一个物理设备出现故障时，可以由其他设备上的数据库副本继续为用户提供服务。因此，数据复制技术提供了一种有效的容错保护方式。

数据复制技术采用在多个物理设备上建立数据的副本，每个副本即为数据的镜像，每个物理设备上的镜像保存数据库服务器中全部或部分数据副本。当服务器中的数据进行更新时，采用同步或异步的方式对其他站点的数据进行更新和保证数据的同步。数据复制可以通过网络将服务器中的全部或部分数据传送到其他站点，保证同步更新。

根据主数据库和备份数据库更新的时间限制，数据复制可以有两种方式，一种是同步方式，另一种是异步方式。同步数据复制方式是指本地和异地数据库以完全同步的方式进行更新，即当本地更新时，立即更新异地数据库。异步复制则是指当本地数据改变时，并不立即更新异地数据，可以以固定的时间间隔对异地数据进行更新操作。虽然同步复制方式可以保证主数据库和备份数据库之间实时更新，但同步复制方式对带宽提出了更高的要求。异步复制不要求本地数据和异地数据的更新完全同步，且受网络带宽影响较小，但这种方式下，本地和异地数据的更新存在延迟，常用在对实时性要求不高的场合。

2. 数据备份

数据备份是指在某一个时刻存在一个异地数据库，保存和本地数据库相同的数据副本。

当发生存储介质故障时,这种方式可以对数据库进行恢复,是保障数据库安全的一个有效手段。

数据备份同样可以有同步备份和异步备份两种方式。同步备份是指当本地数据库数据发生更改时,立即对异地数据库进行更新。异步备份是指本地和异地数据库的更新不是同时进行的,可以选择一个时间间隔定期对本地数据库进行备份。

根据备份时是备份所有数据库文件还是只备份数据库的改变,数据库备份又有以下两种备份方式。

1) 完全备份

完全备份方式要求备份所有的数据库文件。随着数据库使用时间的不断增加,数据文件或关键字文件会一直增大,采用完全备份时需要全部备份这些文件。因此,当数据库文件很大时,完全备份方式的备份效率会比较低。

2) 增量备份

增量备份就是每次只备份数据库文件改变的部分,但前提是第一次备份时同样需要将所有的数据库文件备份过去,第一次进行的备份称为基准备份。由于增量备份方式是每次只备份数据库的变化部分,因此,备份效率相对完全备份方式会比较高。

3.6.2　嵌入式数据库备份

数据库备份技术采用某种方式把全部或部分数据库信息备份到其他物理设备上,采用同步或异步的方式更新备份数据库,以确保主数据库与备份数据库相一致。当运行主数据库的物理设备出现故障时,可以由镜像数据库来保障数据库的可靠性,对主数据库进行恢复或提供支持。即使数据库没有出现故障,也可以通过镜像功能来实现多用户对数据库的并发访问,用户不必等待其他用户对数据库释放锁。因此,采用数据库镜像技术对数据库提供一个备份副本是保证数据库可靠性的一个有效措施。

下面给出一种嵌入式数据库的备份方案。

该数据库备份支持数据库的本地备份和异地备份。在实现备份时要求可以以同步和异步两种方式进行;支持主数据库和备份数据库的跨平台备份;支持数据库的远程复制。

图 3-10 所示为典型的嵌入式数据库备份系统结构。

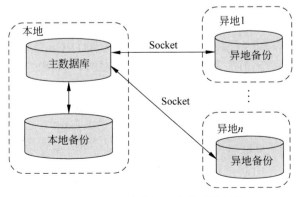

图 3-10　嵌入式数据库备份系统结构

当本地主数据库开始运行时,用户可根据需要选择是否开启异地镜像数据库系统。在开启异地镜像数据库系统时,本地数据库中包含的文件用 Socket 传输到异地相应的镜像路径下。其中,本地数据库和异地数据库文件存放路径可以通过配置文件进行设置。

本地数据库和异地数据库的更新采用事务和日志相结合的方式。本地数据库的更新均在事务内进行操作,异地数据库根据事务文件和日志文件对异地数据库进行更新。

异地数据库可以采用同步或异步的方式进行数据库的更新,从而实现数据库在异地的备份。采用同步还是异步的方式更新异地数据库,用户可以根据调用不同的接口函数进行选择。

镜像文件和镜像事务日志文件是进行备份数据库更新时必需的两个重要文件。当进行备份数据库文件更新时,将镜像文件和镜像事务日志文件通过 Socket 传输到备份数据库目录下,备份数据库根据这两个文件进行备份数据库的更新,以此来保证主数据库和备份数据库的一致性。其中,镜像文件会在备份数据库目录下一直存在,镜像事务日志文件为一个临时性文件,在对备份数据库进行更新结束之后会自动销毁。

为保证主数据库更新的可靠性,对主数据库的更新在事务内进行。在镜像数据库初始化和启动之后,应用程序通过事务对主数据库数据进行操作,在结束事务时,对镜像事务日志文件进行更新,将所有修改过的页面写入镜像日志文件中,同时,在镜像文件中创建一条事务记录。在事务结束时,主数据库系统端通过 Socket 向异地镜像数据库发送一个标志位,当异地镜像数据库收到触发信号后,接收相关文件,对镜像数据库进行更新,确保事务的变化应用于主数据库和镜像数据库中。

3.6.3 嵌入式数据库恢复

数据库恢复技术是每一个数据库系统必须具备的基本特性。由于嵌入式数据库运行环境的复杂性,其对数据库的可靠性提出了更高的要求。在嵌入式数据库中,最常见的数据库的恢复过程依赖于事务操作,通过事务操作保证事务执行前后数据库始终处于一致性状态。

嵌入式数据库与通用数据库一样,会面临事务故障、系统故障和介质故障。恢复子系统必须能完全处理这 3 类故障,保证事务的 ACID 特性和系统可靠性。恢复子系统要保证恢复时的效率,快速地从不一致状态恢复,尽快地响应应用用户请求,提高系统可用性以及数据库的数据安全。

每个数据库管理系统(DBMS)都有自己的恢复管理器,其工作是合理利用冗余,消除失败事务带来的影响。系统需正确应对以下 3 类故障。

事务故障是指事务没有运行到事务预期的终点而中止。引起事务故障的原因通常有删除操作、违反某些完整性约束、发生死锁而被系统选中进行撤销等。由于异常中止,事务可能使数据库处于不正确状态,且事务故障通常是非预期的,不能由应用程序处理。对于事务故障,处理的方法是进行撤销(Undo)操作,以消除失败事务对数据库的影响。

系统故障对于嵌入式数据库来说,可能发生得最为频繁,因为嵌入式设备可能需要经常进行关闭或重启,因此恢复子系统应能够正确地处理系统故障。系统故障是指使数据库系统无法继续正常运行而必须重启的任何事件,如硬件错误、操作系统故障、DBMS 代码错误、掉电等。由于写磁盘耗时且严重影响性能,DBMS 采用的写盘策略通常是无法预料的。系统故障发生时,已提交的事务所做的更改可能只有部分写入物理数据库中,甚至全部未写回,未提交的事务可能有部分修改已写回磁盘。系统重启后,需自动进行故障恢复处理,将故障发生时按照所有事务是否提交分为已提交事务集合和中止事务集合。对已提交事务集合进行重做并再次提交；对中止事务集合进行回滚操作，撤销事务的影响，最终将数据库恢复到一致性状态。

介质故障是指外存被损坏而导致数据库文件不再可用，如磁头损坏、磁道损毁、瞬时强磁场干扰、磁介质磁性减弱等。对于嵌入式环境，最易发生的可能是设备的 Flash 损毁、SD 卡失效等故障。然而介质故障一旦发生，带来的破坏性是巨大的。应对介质故障，最有效的方法是定期做备份。故障发生后，在系统管理员的参与下，利用最新备份和活动日志或归档日志，可正确恢复数据库。

嵌入式数据库恢复子系统对性能要求较通用数据库更高，因为嵌入式设备通常要反复重启，且无专一管理员对其进行监管。总体来说，事务恢复通常在毫秒级内完成，系统恢复在秒级完成，而介质故障恢复通常在分钟甚至小时级别内完成，嵌入式数据库处理故障的性能应尽量高效。不同的故障，采取的恢复手段不同，对系统的性能影响也不同。

事务故障发生在事务执行过程中，此时事务的所有信息保存在内存中，Undo 信息或多或少也保存在系统缓冲区中，因此故障恢复时应充分利用访存的速度，尽量避免 Undo 信息在执行过程中刷到外存，以保证故障在毫秒级别完成。

系统故障发生后，内存中所有的数据库信息都丢失，因此必须借助已有的数据库信息，从设备上读取数据重建故障时的数据库状态，此阶段 I/O 的数量是决定恢复速度的关键。因为嵌入式数据库系统通常对内存需求有严格的限制，加之系统故障由于设备的经常置位复位而频繁发生，因此系统故障恢复时，性能是一个核心因素。恢复子系统应该采用合理的算法，以保证系统故障在秒级别完成。

介质故障发生后，需依靠已有数据库副本和日志信息，重建数据库，此阶段依赖于副本的备份频繁程度。由于嵌入式数据库大多应用在移动设备和终端上，且一般嵌入在具体的应用程序中，用户甚至感觉不到它的存在，因此备份方式不易采用过于复杂的方式。数据文件和副本的安全必须要得到保证，备份时尽量避免采用通用数据库的明文方式存放备份信息，减少信息泄露带来的风险。

根据数据库更新策略，通常将恢复技术分为影子页技术和基于日志的恢复技术。更新时前者保存数据页的两个版本以提供冗余信息，而后者通常采用原地更新时记录的冗余信息以提供恢复时所需的信息。

1. 基于影子页的恢复技术

在数据库管理系统中，事务管理模块和恢复管理模块提供对事务原子性和持久性实现的支持，影子页技术是实现事务原子性和持久性的方案之一。影子页技术不采用原地更新策略，它把更新页写入非易失性介质的另一个位置，当数据库在下一次检查点前发生故障时，使用数据库的旧版本恢复数据库，原理如图 3-11 所示。

图 3-11 影子页恢复原理

当事务要更新数据库时,首先创建数据库的一个完整拷贝,所有更新都在新拷贝上进行,原数据库不发生任何更改。如果数据库管理系统发生事务中止,则新拷贝被简单地删除,原数据库不受失败事务的影响;当事务成功完成,则进行提交操作,首先确保数据库新拷贝都写到磁盘,然后数据库当前版本指向数据库新拷贝,之前的副本被删除,数据库完成从一个一致性状态到另一个一致性状态的转换。

显然,这个恢复技术原理较简单,实现难度不大,但是粒度较大,实际实现时常采用页面。它最明显的缺点是操作的粒度较大,在高并发系统中不太适用,因为这些系统常常要求粒度更细的访问控制来提高事务的并发处理能力。

2. 基于日志的恢复技术

一个基于日志的恢复子系统中,日志、检验点、重装是提供恢复能力而必须进行的准备工作。

1)日志

日志文件在数据库恢复中起着非常重要的作用,可以用来进行事务故障恢复和系统故障恢复。日志数据保存数据库的冗余信息,以一种安全的方式记录数据库的更新历史。日志缓冲区专门存放数据库操作的记录,传统的数据库日志记录包括记录名、更新之前记录的旧值、更新之后记录的新值、事务标识、操作类型等。在嵌入式实时数据库系统中,为了减少系统的开销,在日志记录中不包括新旧记录值,对日志记录的写操作只对缓冲区进行,当缓冲区满时,才由磁盘写操作写入日志文件当中。

根据记录的对象不同,日志可分为物理日志和逻辑日志。物理日志记录数据库数据的物理变动,粒度可大至页面,小至字节。逻辑日志关注事务的每一步操作和修改,记录其操作和参数,面向更高层次。

根据数据库修改前后的状态和转换,日志又可分为状态日志和转换日志。状态日志分为前映像和后映像,当需要撤销事务时,利用前映像状态日志;当事务需要重做时,利用后映像状态日志。转换日志记录数据的前后差异,它是利用位的异或达到数据状态转换的目的,当需要数据的最新状态时,利用当前数据异或转换日志得到,反之亦然。

组合以上两种日志,可产生物理状态日志、物理转换日志和逻辑转换日志,然而状态日志和逻辑日志不能进行组合,因为后续状态是逻辑日志执行后才能得到的状态。

在数据库中,根据日志在恢复时的功能,日志又可以分为以下的3种方式。

Undo 日志系统:这种方式实现的日志简单,在执行回滚操作时会把前面提交的全部数据丢掉。

Redo 日志系统:这种日志在执行事务的回滚时,会把全部的事务都重新做一遍。这种方式实现的日志,开销比较大。

Undo/Redo 日志系统:以这种方式实现的日志会在日志系统中管理许多关于执行动作的信息,显得非常方便。

对于第一种日志来说,在数据库系统还没有把全部事务修改过的数据回写永久存储介质之前不允许再提交同样的事务;一旦执行了提交操作,系统会马上存入到永久性存储设备中,这样有时会出现读写的瓶颈效应;但是从实现角度来说,简单、安全、传统的日志方式即是这样设计的。

对于第二种日志来说,所设计的数据库系统允许很多数据库对存放在内存中的数据进行改变,这种设计方式虽然减少了对外设的操作,但是当数据库系统出现异常情况而重启后,会执行大量的恢复工作,很烦琐。

对于第三种日志来说,它是为事务能够交叉操作的系统设计的,这种方式的日志系统,会存储非常多的日志信息,处理起来也十分繁复。

2) 检验点

快速的恢复高度依赖于检验点的存在。检验点一方面减少了在数据库系统崩溃后系统重启时所要做的恢复工作量。另一方面,检验点也会影响数据库的处理性能,即数据库系统不希望在检验点执行的时候,停止其他事务的执行。

目前,在嵌入式内存数据库系统中,多采用一种基于模糊检验点的检验点策略。通过一个 last_checkpoint 来记录系统故障时所必须要进行恢复的日志起点,从而不需要从后开始扫描日志以找出检验点记录。在系统中,检验点作为最低优先级运行,从而不会影响事务的运行;检验点过程循环进行,即下一个检验点过程开始于上一个检验点过程结束。

3) 重装

系统故障后重装必须保证将数据库恢复到某一个一致性状态。在系统故障时,造成数据库不一致状态的原因只能是已提交的事务对数据库的更新没有写入到外存数据库。因此,在系统故障发生的时候,用户只需要对重新修改了起始位置的日志进行重装操作即可。

3. 恢复策略

数据库发生故障后,恢复时采用的技术与系统本身采用的策略相关,这些策略包括:数据库采用何种更新策略、缓冲区管理策略和系统采用何种检查点。

1) 更新策略

数据库版本更新策略分为原子方式(ATOMIC)和非原子方式(NO-ATOMIC)。原子方式要求数据库的脏页集要么全部写入非易失性储存器,要么全部不写入,保证数据库的状态时刻一致,即便发生系统故障也是如此;非原子方式则不要求所有脏页集一次全部写入,页面管理方式更灵活,它采用原地更新方式将页写入磁盘,由于脏页写入时机不一致,因此该策略应对系统故障时会更复杂。

2) 缓冲区管理策略

按照页面替换时机可将页面管理策略分为窃取(STEAL)和非窃取(NO-STEAL)方式。采用窃取方式时,事务的脏页可在事务执行的任意时刻写入磁盘,腾出页面缓冲空间供其他页面使用;非窃取方式管理页面非常严格,要求一个事务的所有被修改的页在提交前都存在于数据缓冲区中。采用非窃取方式的优势在于不需要记录日志,但它对缓冲区的尺寸需求是不可预见的;使用窃取方式管理页面非常方便,然而需记录日志应对事务故障和系统故障,采用的恢复技术较复杂。

按照事务完成(End of Transaction,EOT)时的处理方式可将页面管理策略分为强制(FORCE)和非强制(NON-FORCE)方式。强制方式在事务提交时,要求该事务的脏页集必须写入磁盘,对于支持归档日志的系统需记录 Redo 日志,对于无归档要求的系统不用记录,记录 Redo 日志的主要目的是进行全局恢复。非强制方式在事务结束时不触发脏页写盘动作,何时写入没有具体要求,可延迟,因此必须记录 Redo 日志,以确保事务的持久性得到保证。

3) 检查点种类

为减少系统恢复时扫描的日志量,各类数据库管理系统通常使用检查点技术,检查点分为以下 4 种。

(1) 面向事务的检查点(Transaction-oriented Checkpoint,TOC),实际由前面介绍的缓冲区管理策略强制规则所隐含,两者联系紧密。TOC 检查点在事务结束标记 EOT 写入日志文件之前,要求所有脏页被写入非易失性介质。使用 TOC 检查点来减少恢复时的工作量是通过在正常事务处理时施加一些处理开销实现的。该方法的最大缺陷在于,被频繁修改的页在多个事务中均被反复写入,这些多余的写操作与数据缓冲大小有着紧密的联系,且数据页驻留缓冲区越久,它被多个事务修改的可能性就越大。因此,现行的数据库管理系统通常不采用该类检查点,事务提交一次就做一次检查点开销大,对并发度要求较高的数据库系统而言是不可接受的。

(2) 事务一致性(Transaction Consistency Checkpoint,TCC)检查点,可在系统事务执行过程中设置,待系统中无写事务时,触发检查点动作。TCC 实现简单,然而它最大的缺点是需等待系统无活动写事务时才能进行。在事务频繁的系统中,可能导致很长时间无法进行检查点操作,且一旦开始进行检查点,系统无法响应用户新的请求,不能执行新的写事务,对大型的数据库管理系统是不可取的。

(3) 动作一致性(Action Consistency Checkpoint,ACC)检查点。它的原理基于 TCC 检查点,两者间的差别在于划分一致性的粒度不同,TCC 的一致性面向事务,ACC 的一致性面向记录。ACC 把事务看作一系列对数据库进行更新的 DML 操作,检查点设置的时机和 TCC 一样,可在事务处理的任意时刻进行。实际进行检查点操作时,相比 TCC 其粒度更细,不是位于事务之间,而是位于 DML 操作之间。ACC 检查点缩短了事务响应的延迟,然而对于数据库缓冲区很大的系统,由于检查点期间刷脏页耗时较长,仍然会牺牲系统很大性能。

(4) 模糊(Fuzzy)检查点。它要求检查点时,所有在日志缓冲区中的日志均写入日志文件,不要求数据缓冲区中的数据页都写入外存。Fuzzy 只关心日志是否写盘,数据页有可能只有部分甚至全部未写入物理数据库,因此数据库在检查点后所处的状态是"模糊"的,是否一致无法确定。Fuzzy 检查点即便应对缓冲区很大的系统,由于顺序写日志往往可在数次内完成,所以对系统性能影响较小,这是因为 Fuzzy 检查点不关心数据页的写盘操作,因此它又被称为间接检查点。

在设计数据库恢复功能时,可采用更新策略、缓冲区管理策略和检查点策略这 3 种策略的组合,来选择自己想要的架构,不同的结构对应不同的恢复方法。例如,Oracle 采用 No-ATOMIC+STEAL+No-FORCE+ACC 方式,Berkeley DB 本质上也是采用的这种方式,而 System R 则采用 ATOMIC+STEAL+No-FORCE+ACC 方式等。但并不是以上所有的组合都可行,它们之间存在某种约束,如当检查点选 TOC 时,缓冲区管理策略只能使用强制规则。

4. 一个嵌入式数据库的恢复例子

本节介绍一个嵌入式数据库的恢复例子。该数据库系统的恢复子系统的结构如图 3-12 所示。

恢复子系统分为四层:用户层、管理层、缓冲层和文件层。用户层是指提供给应用程序

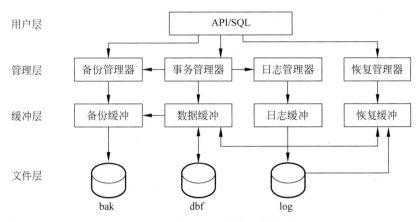

图 3-12 恢复子系统模块结构图

编程的接口 API 或通过终端键入的 SQL 语句。

事务由用户层请求触发,系统运行时,事务管理器管理整个系统的事务,来保证事务的 ACID 特性。事务处理时,会对数据库页面进行更改,当页面不在数据缓冲中时,它负责通知数据缓冲进行页面替换的相关工作。事务修改数据之前,通知日志管理器进行日志记录工作,做到先记日志,后修改数据。日志管理器负责 Redo 日志的生成,当物理事务结束时将收集的日志写入日志缓冲区中,若缓冲区已满时进行刷日志操作。事务若成功提交,将该事务的所有日志均写入磁盘;若事务执行时发生故障,利用该事务的回滚段(在数据缓冲或 dbf 文件中),进行事务故障恢复。

当指定时间点到来或用户发出备份指令时,备份管理器启动备份线程。待数据库中无写事务时,事务管理器通知备份管理器进行备份。备份管理器借助备份缓冲区进行库备份,数据从数据缓冲中获取。备份管理器对数据页面进行过滤和加密后,写入 bak 备份文件中。

系统每次启动时,自动进行系统故障恢复工作。恢复管理器检测 log 日志文件中记录的最近一次检查点信息,确定是否有 Redo 日志供重做。若系统上次是正常关闭,不进行后续恢复工作而直接正常启动系统,供用户使用;若系统上次是非正常关闭,则需要进行系统恢复工作。恢复管理器首先确定有效 Redo 日志范围,之后启动分发线程和多个可配置重做线程进行 Redo 重做,接下来恢复管理器检测回滚段是否处于使用状态,若是则通知事务管理器启动一个新的事务并把该回滚段赋予新事务,交由事务管理器进行事务故障处理工作,待以上操作完成后,系统做一次检查点操作,确立一个数据库一致状态。

5. 主流数据库采用的恢复方案

本节介绍主流数据库的恢复策路,包括嵌入式产品 Berkeley DB、SQLite 和通用产品 SQL Server。

1) Berkeley DB

Berkeley DB 是美国的公司开发的开源的嵌入式数据库程序库,它是一个经典的 C-Library 库。Berkeley DB 支持关系和非关系型数据,是一个高性能的、可伸缩的、模块可插拔的数据库,为多种编程语言提供应用程序接口。

Berkeley DB 提交事务或回滚事务时使用先写日志规则,采用前后映像日志技术处理应用程序故障、系统故障和磁介质故障。Berkeley DB 支持内存数据库和磁盘数据库两种模式,当工作在内存数据库模式时,要求事务执行期间产生的日志不能超过系统的默认值 1MB;当工作在磁盘数据库模式时,事务的日志缓冲区若溢出,则日志会被刷到日志文件中。由于 Berkeley DB 支持事务的高并发,因此日志采用文件组形式,当前活动的日志文件仅有一个。

Berkeley DB 采用检查点定期将脏页写到磁盘中,以减少故障恢复时的工作量。当发生应用程序或操作系统崩溃时,系统恢复时需要往前回滚两个检查点的日志,仅回滚一个检查点是不可取的,因为恢复系统不能确定最近的一次检查点是否正确完成,由此可知,Berkeley DB 采用的是动作一致性检查点。在恢复时,Berkeley DB 可精确地恢复到某个时刻,支持基于时间点的恢复,但是操作起来较复杂,需要数据库管理员事先分析日志,并确定将要恢复到的日志的 LSN。

Berkeley DB 支持非关系型数据,但它不理解数据库模式的概念,因此备份采用的是物理备份方式。

2) SQLite 恢复策略

SQLite 恢复机制基于日志,系统不采用 Redo 日志,不使用检查点,仅 Undo 采用日志。SQLite 中,当事务的锁类型达到 Pending 时,为该事务创建一个回滚日志文件。日志采用影子页技术,在对数据库页面进行任何更改之前,将该页所有数据及一些状态控制信息一并刷入磁盘中,之后该事务的每次对页面的修改均采用此策略。在事务提交前,事务操作过程中所有涉及被修改的页的前映像均存在 Undo 文件中;事务提交时只需先刷所有脏页到磁盘,然后删除回滚日志文件即可。

若在事务执行过程中发生事务故障,则直接从 Undo 日志文件中读取页面数据且覆盖到对应页面即可;在未成功删除日志文件之前出现的系统故障,如应用程序崩溃、系统宕机等,均认为事务未成功执行,下次系统启动后,用 Undo 日志文件中的页数据直接覆盖对应页,便可恢复数据库状态到此次事务执行之前,来保证数据的一致性。

SQLite 日志系统逻辑简单,发生故障时恢复算法也较简单,且易于控制。在一次事务中,若对少数某几个页面进行频繁的修改,则只需对涉及的所有页面记录一次信息。由于采用页面级记录旧映像的策略,因此日志文件增长速度会非常快;恢复系统仅采用 Undo 日志形式,因此在事务过程中可能需要进行反复的刷盘操作。

SQLite 嵌入式数据库支持备份,备份期间对库加共享锁,备份实际采用 UNIX 系统的 cp 命令或者 Windows 系统的 copy 工具来实现,备份完成后,释放共享锁。

3) SQL Server 恢复策略

SQL Server 使用事务日志、检查点、磁盘镜像等技术手段进行故障恢复。事实上,SQL Server 事务日志也有 Undo 和 Redo 之分。SQL Server 服务器为每个数据库创建一个 SYSLOGS 系统表,事务对各个数据库的修改记录都将保存在这个表中,当发生故障时系统利用该系统表数据进行修复。

SQL Server 服务器启动时,会自动执行恢复进程。它先为每个数据库搜索收集其事务日志,再搜索每个数据库的 SYSLOGS 表来决定哪些事务应该进行 Redo 操作或者回滚操作。对于已提交事务而更新未反映到数据库中的事务进行重做,对于未提交事务,则进行回滚操作,以撤销事务对数据库的影响。完成这些操作后,在 SYSLOGS 表中记下一个标志,以标识当前数据库处于一致性状态。

SQL Server 有两种类型的检查点：固定时间自动执行的检查点和利用 CHECKPOINT 命令设置的检查点。检查点时，SQL Server 首先暂停数据库服务器中所有的事务，然后将事务日志和缓冲区中所有脏页先后分别写盘，随后在日志中记录一个检查点操作，最后恢复事先暂停的事务。

当数据库的物理介质发生破坏时，需要后备副本的支持。SQL Server 提供脱机全备份、联机增量备份、差异备份、数据库文件和文件组备份等多种方式，以保证即使在物理介质损坏的情况下，也可恢复数据。

从以上分析可见，不同数据库产品，采用的恢复技术不同。基于日志的恢复技术被广泛地使用在各类数据系统中，不论是企业级数据库还是嵌入式数据库。

3.7 系统可定制技术

当数据库系统和应用是分离时，即使应用所需的功能很少，数据库系统仍然包括了所有支持的功能模块，对于硬件资源非常有限的手持设备和智能电器来说，这无疑是不合理的。

现有的数据库管理系统通常采用固定的结构体系，系统一旦形成后，很难改变它的数据库特点或对它进行功能修改和扩充，否则就需要对底层的结构和实现作很大修改，按这种方式形成的系统灵活性很差，资源不能重复利用。嵌入式系统内存容量少，CPU 处理能力低，而嵌入式应用实现的功能往往比较单一和具体，对数据的处理和维护能力要求不高，在这种情形下，一个功能完备的数据库管理系统不仅没有必要，而且会使本来就有限的内存资源更紧张。较理想的嵌入式 DBMS 可根据实际应用的需要只包含所需的数据库功能，这样不仅能达到管理数据的目的，还可以最大限度地利用系统资源。

图 3-13 显示了一种三层结构的嵌入式数据库设计模型。

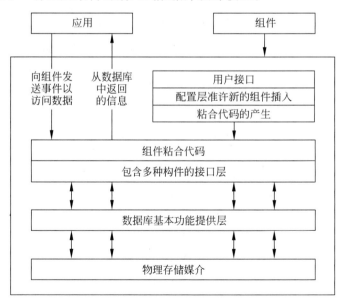

图 3-13 基于组件结构的嵌入式数据库模型图

第一层是数据库的底层,它将提供最接近于底层硬件的数据库服务。这一层提供基本的数据库功能,包含了数据对象的格式、存储以及如何检索这些对象的方法。该层隐藏了用户的硬件部分相关的细节,同时这一层自身也会被作为组件的一部分。这一层通过开放的接口向上一层提供服务,所有的新功能如硬件依赖方法可以通过这层被添加到接口上。

第二层是数据库的中间层,也属于接口层,它为组件机制的运行提供支撑,它们需要被植入系统中以提供特别的服务。一般来说,数据库要能支持传统数据库已有的最基本的服务功能,这些基本的服务将由单独的组件提供,这些组件提供了事务处理、位置依赖查询处理、缓存管理、断开连接操作处理以及协作控制机制。采用这种设计方式的目的就是为了做到向数据库增加和删除功能都可以通过组件的形式来完成,而不需要使用多样的功能管理方式,来达到设计思想统一而简单化。

第三层是最顶层,属于配置层,它提供了向数据库中植入组件的机制。每一个组件通过这一层向上公开它们提供的属性和服务的接口。这部分的数据库设计提供了用户接口,用户可以通过它们访问组件接口中提供的属性和服务。如果组件向数据库增加了新的属性和服务功能,那么同样可以通过用户接口访问到这些属性和服务功能。

在嵌入式系统中采用基于组件的方式,实现对数据库的剪裁、配置。此时,系统不再是一个统一不变的整体,而是由多个独立的功能组件组成,每个组件完成特定的数据库功能。这些组件可以在系统内自由加载或卸载,与此同时,系统允许增加组件支持新的功能。这种基于组件的数据库管理系统的最大特点是能够根据实际需要选择其中的一部分而不是全部子系统,这种方式便于裁减和扩充功能,与常规数据库系统相比具有更大的灵活性,从而可以实现以最小的系统内核提供必需的数据库支持。

3.8 XML

从表 3-1 中可知,嵌入式数据库对于 XML 等的支持程度反映了它的扩展性的优良程度。随着 XML 文档的日益广泛应用,XML 数据的存储以及如何有效地管理大量的 XML 文档是亟待解决的问题。这也是嵌入式数据库在网络化背景和移动计算环境下需要处理的重要问题。

XML 是从标准通用标记语言 SGML 衍生出来的一种开放的、以文字为基础的卷标语言,其目的是让互联网上的数据描述有一个简单可行的标准。它与 HTML 的区别在于:HTML 是用来描述展示页面的方法,且只有单一的固定格式,而 XML 则是用来描述页面的内容,并且具有可扩充的灵活格式。

每一个 XML 文档都包含了逻辑结构和实体结构。逻辑结构包含文件中的元素以及元素之间的顺序。实体结构包含文件中使用的实际数据,这些数据可能是存储在用户计算机内存中的文字,也可能是的一个图形档案等。

XML 具有良好的数据存储格式、可扩展、高度结构化、易于网络传输等优点。XML 可以提供在应用程序和系统之间传输结构化数据的方法。像客户信息、信用卡交易、订单和完成请求等,这类数据都能够转换成并 XML 在应用程序之间共享。

应用程序使用 XML 文档时,需要对其进行解析,将其从文档格式转变为程序中可以直接使用的数据结构,解析的结果包括数据之间的逻辑关系(数据结构)和数据信息。

XML 的编程接口主要包括两种：基于树结构的接口和基于事件驱动的接口，通过这些接口实现应用程序对数据信息的增删、修改及节点遍历等。XML 接口组成如图 3-14 所示。

简单地说，一个 XML 解析器就是一段可以读入 XML 文档并且分析其结构的代码。XML 文档本身只是一个文本文件，它需要能够识别 XML 格式化信息的解析器来解析并提取其中的内容。根据对文档的不同处理方式，可以划分为基于 DOM 的解析器和基于 SAX 的解析器。前者根据文档的内容建立一个层次的数据结构，提供给用户一个操

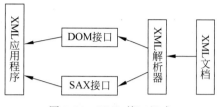

图 3-14　XML 接口组成

作文档的接口。后者则由事件驱动，通过串行的方式来处理文档，即当解析器遇到一个开始或者结束标志时，它会向应用程序发送消息，由应用程序决定如何处理。目前常见的解析器有一部分是能同时兼容 DOM 和 SAX 的，如 IBM 的 XML4J 等。

Oracle Berkeley DB XML 是一个可嵌入的开源 XML 数据库，可基于 XQuery 访问存储在容器中的文档，并对其内容进行索引。Oracle Berkeley DB XML 构建于 Oracle Berkeley DB 之上，并继承了其丰富的特性和属性（包括环境、各个级别的事务、Replication 等）。与 Oracle Berkeley DB 一样，它通过应用程序运行，无须人为管理。

Berkeley DB XML 部分包括 XML 索引、XQuery 引擎和 XML 文档解析器。整个 Berkeley DB XML 包含如下组件。

（1）Berkeley DB。BDB XML 继承了 BDB 的可扩展性、缓存、灵活的存储与访问以及事务等特性。这意味着 BDB XML 也可以采用表来存储非 XML 数据。

（2）Xerces C++。Xerces 是 Apache 软件基金会下一个开源的 XML 解析器项目。它提供 C++ 和 Java 两种语言的支持。它支持的 XML 特性包括名称空间、DTD 和 Schema 验证、SAX 和 DOM 的实现。

（3）Pahtan。Pathan 是一个 XPath 处理器开源项目，它由 DesionSoft、Sleepcat、Data Direct 和 Parthenon Computing 合作开发。Pathan 作为 XPath 功能内置于 Xerces DOM 中。

（4）XQuery。XQuery 包是 BDB XML 的一部分，它为 Xerces DOM 提供了 XQuery 功能。XQuery 是一门功能强大的查询语言，相当于关系数据库中的 SQL。

下面通过一个最简单的查询例子，介绍最基本的 Berkeley DB XML 的编程流程，并介绍 Berkeley DB XML 中的一些基本概念。

本示例程序 query.cpp 使用 C++ 编写。

```
/*
 * 这是一个最简单的 Berkeley DB XML 程序,描述了如何进行查询和结果处理
 * 这个程序展示了以下几个方面内容:
 * 初始化 Berkeley DB XML
 * 创建 XmlContainer
 * 插入 XML 文档
 * 创建 XQuery 查询和执行查询
 * 在查询中如何使用变量
 * 结果处理
```

```
*/
# include < iostream >
# include < dbxml/DbXml.hpp >
using namespace DbXml;
int
main(int argc, char * * argv)
{
    // 定义 XmlContainer 的文件名
    std::string containerName = "people.dbxml";
    // 定义 XML 文档内容
    std::string content = "< people >< person >< name > joe </name ></person >< person >< name >
mary </name ></person ></people >";
    // 定义 XML 文档名字,每个存储于 XmlContainer 中的 XML 文档必须有唯一的名字
    std::string docName = "people";

    // 定义 XQuery 查询语句,用来查询姓名等于某个值的 person 节点, 注意 $ name 是一个 XQuery
    //变量,可以赋值
    std::string queryString =
        "collection('people.dbxml')/people/person[name = $ name]";
    try {
        // 所有的 BDB XML 程序都需要一个 XmlManager 对象,XmlManager 用于管
        // 理 BDB XML 的各种对象资源
        XmlManager mgr;
        // 检查同名 XML 容器是否已经存在了,存在的话就删除
        if (mgr.existsContainer(containerName))
            mgr.removeContainer(containerName);
        // 用 XmlManager 创建一个 XmlContainer. Berkeley DB XML 把所有的 XML
        // 数据、索引以及其他相关内容存储在 XmlContainer 中,XmlContainer
        // 在磁盘上的表现就是一个.dbxml 文件,当然也可以以其他后缀
        // 作为文件名结尾.我们也可以使用已经创建好的 XmlContainer
        XmlContainer cont = mgr.createContainer(containerName);
        // 修改 container 需要创建一个 XmlUpdateContext 对象
        XmlUpdateContext uc = mgr.createUpdateContext();
        // 插入一个 XML 文档,提供文档名文档内容,和一个 XmlUpdateContext 对象
        // 插入后 XML 文档就会以 Berkeley DB XML 的格式存储于 XmlContainer 中
        cont.putDocument(docName, content, uc);
        // 如果是查询则需要创建一个 XmlQueryContext 对象
        XmlQueryContext qc = mgr.createQueryContext();
        // 可以在 XmlQueryContext 对象中设置需要查询的变量值
        qc.setVariableValue("name", "mary");
        // 接着创建一个 XmlQueryExpression 对象,用来进行查询,用前面创
        // 建的 XmlQueryContext 对象作为参数
        XmlQueryExpression expr = mgr.prepare(queryString, qc);
        // 执行查询,返回 XmlResults 对象
        XmlResults res = expr.execute(qc);
        // 可以通过 XmlQueryExpression::getQuery()方法获得 XQuery 查询语句
        // 通过 XmlResults::size()方法可以知道查询的结果集大小
        std::cout << "The query, '" << expr.getQuery() << "' returned " <<
```

```
            (unsigned int) res.size() << " result(s)" << std::endl;
        // 处理返回的 XmlResults 对象, 输出它们的值
        XmlValue value;
        std::cout << "Result: " << std::endl;
        while (res.next(value)) {
            std::cout << "t" << value.asString() << std::endl;
        }
        //异常处理, Berkeley DB XML 的所有对象如果发生异常会抛出 XmlException
        } catch (XmlException &xe) {
            std::cout << "XmlException: " << xe.what() << std::endl;
    }
    return 0;
}
```

本程序的运行结果是:

```
[ying@ying build_unix]$ ./query
The query, 'collection('people.dbxml')/people/person[name = $ name]' returned 1 result(s)
Result:
<person><name>mary</name></person>
```

通过这个示例程序可知, Berkeley DB XML 的程序一般有如下几个步骤, 创建 XmlManager; 创建或打开 XmlContainer; 创建 XmlQueryExpression 并执行查询; 处理查询结果。读者可以尝试修改 setc.setVariableValue("name","mary")这一句, 看查询结果是否有变化。更高级的 Berkeley DB XML 程序可添加事务、环境(Berkeley DB 的Environment)等功能, 在此不再赘述。

3.9 小结

尽管小型嵌入式数据库面临的难题比大型数据库要复杂得多, 但是市场需求却是与日俱增, 而且将是一个很大的开放市场。在将来, 智能移动设备和其他各种装置的嵌入式数据库可以接受连续的数据流, 以满足这些装置的应用需求, 这是嵌入式数据库系统未来发展基本趋势的一个方面; 另一方面, 鉴于手持装置使用无线通信技术, 这一技术对嵌入式数据库系统的未来发展将产生举足轻重的影响。因此, 无线通信技术的不断发展和无线通信业务成本的降低, 将是嵌入式数据库系统在未来发展中取得成功的关键因素。同时, 制造商将进一步提高各种计算装置的数据处理和存储的能力, 从而使得嵌入式数据库的设计变得更加容易, 而且在功能上将会得到新的拓展。

本章介绍了嵌入式数据库的各项关键技术的原理和实现方法, 限于篇幅, 本章不可能将所有重要技术一一介绍, 特别是嵌入式数据库是以应用为中心的数据库, 应用目的的巨大差异会导致技术上的"抓手"也不同。随着云、物联网等技术的蓬勃发展, 嵌入式数据库的关键技术也在不断向前发展, 这也需要读者与时俱进, 多查阅最新资料, 多实践设计, 这样更有利于掌握嵌入式数据库。

习题

1. 简述嵌入式数据库的系统结构。
2. 简述嵌入式实时数据库的系统结构。
3. 简述嵌入式移动数据库的系统结构。
4. 请比较 BDB 与 OpenBASE Lite 之间的异同点。
5. 嵌入式数据库的物理存储结构包括哪些?
6. NOR Flash 和 NAND Flash 在性能方面各有什么特点?
7. 典型的内存数据库包括哪些? 简述其主要特点。
8. 提高实时数据库可靠性的方法主要有哪些?
9. 与传统数据库的事务相比,嵌入式实时数据库的事务有哪些特点?
10. 嵌入式数据库的实时并发控制有哪些?
11. 嵌入式数据库的恢复技术主要有哪些?
12. 嵌入式数据库有哪些常用访问算法?

## 第4章

嵌入式数据库安全机制

嵌入式数据库系统以其内核小、可裁剪、占用资源少等特点,越来越广泛地应用在嵌入式设备上。嵌入式数据库系统的安全问题也被提上日程,安全问题已成为嵌入式数据库系统应用中的重要问题。

本章首先介绍嵌入式数据库面临的威胁来源,然后介绍解决嵌入式数据库系统安全需求的安全机制。最后分析身份认证机制、访问控制机制、数据加密机制和安全审计机制的基本原理和优缺点。

4.1　嵌入式数据库安全概述

4.1.1　信息安全与数据库安全

信息安全的实质性问题就是要避免信息系统或信息系统中所存在的信息资源受到外界各种类型的威胁和破坏,即保证信息系统及信息系统中数据的安全。国际标准化组织(ISO)定义信息安全性的含义为信息的完整性、可用性、保密性、可靠性和不可抵赖性。

信息的完整性:指信息不被无意地或偶然地插入、修改、删除等非法操作,不被非法用户或系统所篡改,同时也防止数据库中出现不符合语义规定的数据,最终要保证数据的一致性。

信息的可用性:指必须保证合法用户对信息和资源的操作具有它们应有的权限,从而避免被错误地拒绝,也就是说,如果某个人或某系统有访问某个资源的权限,那么它就不会在访问此资源时被非法拒绝。

信息的保密性:指信息的内容不被未授权用户或进程所获知,通常把防止信息泄露或被盗的保障技术称为保密技术。

信息的可靠性:指系统在规定条件下和规定时间内、完成某功能的概率。

信息的不可抵赖性(也称为不可否认性):用来约束通信双方在真实同一的基础上来进行通信。它包括两个方面的内容:一是源发证明,其主要作用是给信息的接收者提供证据,这将使信息的发送者不能否认他曾经所发送的数据;二是交付证明,其主要作用是给信息的发送者提供证据,这将使信息的接收者不能否认他曾接收到某信息。

我国改革开放以来,社会上各行各业的信息量在急剧增加,并且要求大容量、高效率地传输这些信息。随着计算机的发展和普及,与信息安全相关的问题也日益突出。

信息安全问题成为我国在推进信息化建设的同时所面临的最关键的战略问题之一。早在 2000 年,时任信息产业部部长吴基传就曾提出信息安全关系国家安全,必须构筑一个技术先进、管理高效、安全可靠、建立在自主研究开发基础之上的国家信息安全体系。

信息在存储、处理和交换的过程中,无时无刻存在着泄密或被截收、被窃听、被篡改和被伪造的可能性。面对这种可能性,必须综合应用各种保密措施,即通过技术的、管理的、行政的等手段,实现信源、信号、信息三个环节的保护,以此达到信息安全的目的。

由于数据库系统在信息化过程中有着重要的作用,所以数据库的安全将成为信息化能否顺利进行的一个重要问题。数据库中存储了大量的数据,这些数据的生存期长,那么对维护的要求就相对比较高,所以数据库的防护是信息安全的一个重要核心地带。若数据库的安全与保护得不到保障,那么计算机与网络应用的深度和广度都将受到严重的影响。

4.1.2 数据库安全概念

针对数据库安全的定义,国内外有不同的定义。其中 C. E PFLeeger 在"Security in Computing—Database Security. PTR, 1997"中对数据库安全的定义被广泛应用于国外的学术界与教育界,是国外关于数据库安全定义中最具权威性的代表。它主要是从以下几个方面来对数据库的安全进行描述的。

(1) 物理完整性:指数据库中的数据不会因各种自然界的或物理的破坏,如地震、水灾、火灾等而造成数据存储设备的破坏。

(2) 逻辑完整性:对数据库中数据结构的保护,如对数据库中一个字段的修改不会造成其他字段的破坏。

(3) 元素安全性:指保障存储在数据库中的每个元素的正确性。

(4) 审计性:可跟踪用户对数据库的操作步骤,从而重现这些步骤,追其故障根源。

(5) 用户认证:对访问数据库的每个用户都要进行严格的身份验证。

(6) 权限控制:防止用户越权操纵数据库。

(7) 可用性:保证合法用户可随时对数据库进行访问。

我国 GB17859—1999《计算机信息系统安全保护等级划分准则》中的《中华人民共和国公共安全行业标准 GA/T389—2002》对数据库安全的定义为:数据库安全就是指保证数据库中数据的保密性、完整性、一致性和可用性。

(1) 保密性是指保护数据库中的数据不被未授权用户获得。

(2) 完整性是指保护数据库中的数据不被破坏或修改。

(3) 一致性是指保证数据库中的数据满足实体完整性、参照完整性和用户定义完整性。

(4) 可用性是指保证合法用户在一定规则的控制和约束下可对数据库中的数据进行访问。

4.1.3 嵌入式数据库系统威胁分析

随着移动计算环境的发展,现有的嵌入式数据库也面临着更多的安全方面的威胁。表 4-1 列举了目前嵌入式数据库系统面临的威胁。

表 4-1 嵌入式数据库系统威胁分析

安 全 属 性	安 全 威 胁
保密性	数据泄露
	盗取信息
	非授权访问
	网络测听
	设备丢失
	黑客攻击
	非法入侵
完整性	数据篡改、破坏
	数据丢失
	磁场干扰
	黑客攻击
真实性	冒用合法用户
	伪造数据

表 4-1 中的安全威胁可以总结为以下五个方面。

(1) 身份误用。用户滥用嵌入式设备,身份管理不严格,造成用户信息或密码泄露。或者黑客通过信息截获方式盗取用户账户信息,从而成为合法用户,成功登录到嵌入式数据库系统,造成信息的泄漏。

(2) 数据存储安全。嵌入式设备易被盗取,信息易被人利用。黑客可通过无线设备与嵌入式设备进行同步,浏览或复制存储在嵌入式设备上的数据。

(3) 数据传输安全。数据库信息在网络传输过程中,易被黑客通过监听方式截获。

(4) 缺乏审计。嵌入式数据库系统一般设计为轻型数据库系统,无审计功能,一旦发生数据库安全事件,不易察觉,也不会防范。

(5) 安全机制薄弱。嵌入式数据库无法为用户提供方便好用的安全接口。

4.2 嵌入式数据库的安全机制

4.2.1 概述

视频讲解

根据 4.1 节对当前数据库面临的安全威胁的分析,数据库系统的安全需求主要分为三个方面:一是保证数据库的完整性,分为物理完整性和逻辑完整性,前者是指数据库不受到物理故障的影响,并在灾难性毁坏时可能进行重建和恢复原有的数据库;逻辑完整性是保证数据库在语义与操作上的完整性,即要保证数据存取时和并发操作时满足完整性约束。二是保证数据库的保密性,即数据库中的数据不允许未经授权的用户存取数据,访问数据库的数据要进行身份认证,并只能访问所允许访问的数据,同时,还要对用户的访问进行跟踪和审计,还要防止认证后的用户通过访问低密级的数据推理得到高密级的数据。三是保证数据库的可用性,即保证授权用户可以正常地对数据库中的数据进行各种授权操作,还要保证效率上不受到太大的影响。

常见的嵌入式数据库安全机制已经非常成熟,主要有数据加密、用户认证技术、数据备份、审计功能和访问控制功能等。图 4-1 为常见的嵌入式数据库的安全机制模型。

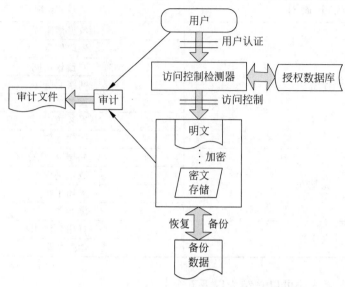

图 4-1　常见的嵌入式数据库安全机制模型

（1）数据库加密技术：数据安全措施的最后防线就是数据库加密。因为虽然访问控制技术和用户认证技术对数据库进行了安全控制，但是因为操作系统本身有漏洞或者数据库有漏洞，攻击者们就可以针对这些漏洞，成功绕过前面的控制，直接获取到数据库系统文件信息。数据库加密的目的就是使得入侵者即使接触到数据库信息，也不能读取那些加密了的"敏感"数据信息，从而防止那些黑客非法窃取信息，让其看到的是一些看不懂的加密数据。数据库加密功能的实现，会降低系统的效率，所以在选择加密算法的时候非常重要，要兼顾数据的效率和安全。

（2）用户认证技术：用户认证技术是安全技术的前提条件，使那些通过认证的合法用户才有权限访问数据库中的信息，从而达到鉴别合法用户身份的目的。用户认证可以有效防止一些非法用户登录应用程序，但仍无法阻止黑客的入侵。用户认证技术只是安全道路上的基石，在安全问题越来越严重的信息社会，只靠用户认证技术远远保证不了信息的安全。

（3）数据备份技术：对于管理员来说，数据备份非常重要，可以防止意外情况的发生造成的数据丢失。通过数据备份技术可以恢复以前的数据，把损失降到最小。本书在第 3 章中关于数据库的恢复与备份的章节已经做了阐述。

（4）访问控制技术：访问控制技术分为自主访问控制和强制访问控制两大类。访问控制一般是系统管理员控制用户对不同网络资源的访问限制。现在很多数据库都使用基于角色的访问控制机制，管理员为不同的用户赋予不同的角色，使得不同的角色拥有不同的访问权限。

（5）数据库审计功能：数据库审计具有存储和记录用户访问数据库相关信息的功能，可以进行事后分析，方便后查询。根据数据库审计功能可以查询出哪些操作步骤致使数据库出现问题，从而发现问题的原因。

（6）安全通信机制：由于嵌入式移动数据库的兴起，安全通信的要求越来越得到重视。

安全通信机制是对于在远程访问数据库过程中数据传输的安全性进行管理,通过安全协议对传输中过程进行认证和数据加密的机制。

下面详细介绍这几种机制。

4.2.2 身份认证机制

身份认证技术是处于应用层之上的一种最基本的安全机制。通过用户身份验证,可以阻止未授权用户的访问和防止用户的越权访问,身份认证技术保证了操作者的物理身份与数字身份相对应。用户身份认证和访问控制是应用层提供的安全服务,身份认证是访问控制的前提。

身份认证技术从认证需要验证的条件分为单因子认证和双因子认证,从是否使用硬件可以分为软件认证和硬件认证;从认证信息来看,可以分为静态认证和动态认证。

一个典型的用户认证过程如下。

(1)用户接通客户服务器,等候认证提示。

(2)运行客户端,输入显示的结果作为此时的登录口令。

(3)客户服务器前端接收认证口令,调用认证代理软件包与认证服务器进行通信并等待认证结果。

(4)认证服务器根据由用户身份确定的秘密数据计算出认证口令,与用户输入口令比较,并返回认证结果。

(5)客户服务器根据由认证服务器返回的结果决定用户登录成功与否。

现有的主流身份认证技术主要有以下四种,各自的特点比较见表 4-2。

表 4-2 几种身份认证技术特点的比较

认证技术	特点	应用	主要产品
用户名/密码	简单易行	保护非关键性的系统,不能保护关键信息	嵌入在各硬件中
IC卡	简单易行	很容易被内存扫描或网络监听	IC加密卡等
动态口令	一次一密,安全性高	使用烦琐,有可能造成新的漏洞	动态令牌等
USBKey	安全可靠、成本低廉	依赖硬件的安全性	iKey1000、ePass1000
生物识别	安全性高	技术不成熟	指纹认证系统等

1)基于软件的认证

用户名和密码认证是一种纯软件的认证方式,也是所有的认证方式中最简单、安全性最低、最常用的认证方法。用户的密码由用户自己设定,只要输入对应的用户名和密码,系统就认为该用户已合法登录。它的安全性完全取决于密码的长度和密码的复杂度、破译程度。这种方式很容易被密码字典等暴力破解工具破解,同时由于用户名和密码在验证过程中会驻留在计算机内存中,这样很容易被人利用。因此用户名/密码方式是一种极不安全的身份认证方式。

2)基于硬件的认证

IC卡认证是基于硬件的身份认证方式。IC卡通过在内置的集成电路卡片中存储用户身份信息,当用户插入IC卡读卡器时读取用户信息,从而验证用户身份。IC卡认证主要是通过 IC 卡硬件的不可复制性来确保用户的合法身份不被假冒,但由于 IC 卡中的静态数据还是会很容易地被内存扫描或网络监听技术截取到,因此,该技术还是存在着不同的安全隐患。

3) 软件与硬件结合的认证

动态口令认证和基于 USBKey 的身份认证将硬件与软件算法相结合来实现身份认证。动态口令认证是采用动态令牌这种专用硬件,运行专门的密码算法,根据使用次数或当前时间生成当前密码。用户使用时只需要将动态令牌上显示的当前密码输入客户端计算机,即可实现身份的确认,但是当客户端硬件与服务器端程序的次数或时间不能保持良好的同步时,生成的密码就无法与系统中的密码对应,造成身份的无法识别。

基于 USBKey 的身份认证方式,是一种 USB 接口的硬件设备,它可以实现双因子认证,它内置单片机或智能卡芯片,带有安全存储空间,可以存储数字证书、用户密钥等秘密数据,利用内置的密码学算法实现对用户身份的认证。加解密运算在 USBKey 内进行,用户密钥不会出现在计算机内存中,从而避免了密码信息等被黑客截取的可能性,是一种安全的身份认证方式。

4) 生物特征认证

常见的生物特征认证有指纹识别、手迹识别、声音识别、虹膜识别、DNA 识别等。生物特征认证直接使用人的生理特征来表示每一个人的数字身份,基本上具有唯一性。然而生物特征识别的技术复杂度大、技术难度高、成熟度低,对处理器和网络带宽等要求都比较高,而且也必须配备专门的硬件设备,因此,这种认证方式还具有较大的局限性。

但是,不同于生物识别技术中的其他技术,指纹识别技术的应用已相当广泛,对于安全加密的所有终端、网络以及系统应用,指纹识别技术均可以为之提供一种更加安全、便捷的方式。目前,指纹识别技术已经广泛应用在指纹门锁、终端加密(计算机、手机、PDA、税控机……)、考勤机、汽车安全、设备操控管理、网络安全、ATM 提款、IC 卡、防伪证件、网上银行、电子商务、会员认证上。指纹识别技术已相对成熟。

4.2.3　访问控制机制

访问控制(Access Control)是指为了防止非法用户的侵入以及合法用户的误操作对数据库造成的破坏,而使用某种途径、方法或技术来准许或限制访问权限以及访问范围。访问控制机制可以确保用户对数据库只能进行经过授权的有关操作,保障授权用户能获得所需资源的同时拒绝非授权用户的访问。也就是主体请求对客体进行访问时,系统根据主体(进程)的用户和组的标识符、安全级别和特权,客体的安全级别、访问权限以及存取访问的检查规则,决定是否允许主体对客体请求的存取访问方式(读、写、删除、修改、增加记录等)的访问。

现有的访问控制机制通常有三种:自主访问控制(DAC)、强制访问控制(MAC)、基于角色的访问控制(RBAC)。

1) 自主访问控制

DAC 又称为随意访问控制,根据用户的身份及允许访问权限决定其访问操作,只要用户身份被确认后,即可根据访问控制表上赋予该用户的权限进行限制性用户访问。使用这种控制方法,用户或应用可任意在系统中规定谁可以访问它们的资源,它是一种对单独用户执行访问控制的过程和措施。

由于 DAC 对用户提供灵活和易行的数据访问方式,能够适用于许多的系统环境,所以 DAC 被大量采用,尤其在商业和工业环境的应用上。然而,DAC 提供的安全保护容易被非法用户绕过而获得访问,DAC 提供的安全性还相对较低,不能够对系统资源提供充分的保护,不能抵御特洛伊木马的攻击。实现 DAC 往往通过访问控制表和访问能力表来实现。

2)强制访问控制

在强制访问控制中,每个用户及文件都被赋予一定的安全级别,用户不能改变自身或任何客体的安全级别,即不允许单个用户确定访问权限,只有系统管理员可以确定用户和组的访问权限。系统通过比较用户和访问的文件的安全级别来决定用户是否可以访问该文件。此外,强制访问控制不允许一个进程生成共享文件,从而防止进程通过共享文件将信息从一个进程传到另一进程。MAC 可通过使用敏感标签对所有用户和资源强制执行安全策略,即实行强制访问控制。安全级别一般有四级:绝密级 T(TopSecret)、秘密级 S(Secret)、机密级 C(Confidential)、无密集 U(Unclassified),其中 T>S>C>U。

用户与访问的信息的读写关系以下有四种。

下读(readdown):用户级别大于文件级别的读操作。

上写(writeup):用户级别低于文件级别的写操作。

下写(writedown):用户级别大于文件级别的写操作。

上读(readup):用户级别低于文件级别的读操作。

上述读写方式都保证了信息流的单向性,显然上读-下写方式保证了数据的完整性(integrity),上写-下读方式则保证了信息的秘密性。

强制访问控制常见的安全模型是 Bell-Lapadula 模型(也称多级安全模型)。该模型的安全策略分为强制访问和自主访问两部分。BLP 模型是根据军方的安全政策设计的,安全级别比较高。多级安全模型的强制访问控制策略以等级和范畴作为其主、客体的敏感标记,并施以"从下读、向上写"的简单保密性规则。

3)基于角色的访问控制

近年来,RBAC(Role-basedAccessControl,基于角色的存取控制)得到了广泛的关注。RBAC 通过分配和取消角色来完成用户角色的授予和取消,权限被授予角色,而管理员通过指定用户为特定角色来为用户授权,从而大大简化了授权管理,具有强大的可操作性和可管理性,用户可以轻松地进行角色转换。RBAC 核心模型包含了五个基本的静态集合,即用户集(users)、角色集(roles)、特权集(perms)(包括对象集(objects)和操作集 operators)),以及一个运行过程中动态维护的集合,即会话集(sessions),如图 4-2 所示。

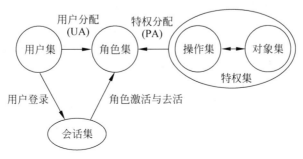

图 4-2 RBAC 核心模型

RBAC 较前两种访问控制有较大的优越性：它提供了三种授权管理的控制途径,便于授权管理；系统中所有角色的关系结构可以是层次化的,便于管理；它具有较好的提供最小权利的能力,提高了系统安全性；具有责任分离的能力；便于文件分级管理。使系统权限管理在较高抽象集合上更贴近日常组织管理标准,在一定程度上限制了管理员的权力,保证了系统安全性。

嵌入式数据库应用在嵌入式设备上,属于小数据量的信息处理,用户信息相对简单,因而 RBAC 策略使用得较多。

下面介绍一个针对嵌入式数据库的基于 RBAC 的访问控制设计例子。

RBAC 在用户和访问权限之间引入了角色的概念,用户与特定的一个或多个角色相关联,角色同一个或多个访问权限相关联,角色由数据库管理员根据需要添加和删除。在 RBAC 中,通过分配和取消角色来完成用户权限的授予和取消,实现了用户与访问权限的逻辑分离。角色的引入极大地方便了权限管理。

数据库管理员具有数据库操作的最高权限,可以定义用户和角色,并为用户分配角色。用户先获得用户名,其次是根据角色获得权限,根据权限决定能够访问数据库的对象。角色与权限通过 ACL 访问控制列表来实现,ACL 中存储了所有的用户角色和权限控制。

角色与权限通过角色控制列表来描述。访问控制通过用户信息表和角色控制列表来实现。ACL 通过用户信息表和角色控制表来实现,这里只介绍角色控制表的设计,见表 4-3。

表 4-3　角色控制表

角色 ID	角色名称	对象类型	操作权限
0	DBAdmin	DataBase	CREATE,DELETE
1	TableUser	Table0	SELECT, INSERT, UPDATA, DELETE, INDEX, ALL PRIVILEGES
2	FieldUser	Field0	SELECT,INSERT,UPDATA,DELETE

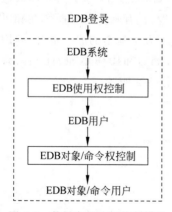

图 4-3　数据库的访问控制模块

数据库的访问控制模块包括嵌入式数据库(EDB)使用权控制、嵌入式数据库(EDB)对象/命令权使用控制,如图 4-3 所示。

访问控制实际上就是授权操作,将权限授权给有资格的用户,同时令所有未授权的人员无法使用数据库。这里的三级安全访问控制对应着三级授权,即操作系统登录授权、嵌入式数据库使用授权及嵌入式数据库对象操作与命令授权。

表 4-4 中描述了嵌入式数据库中三种不同的权限,即对数据库的访问权、对表的访问权和对表中字段的访问权。

表 4-4　数据库授权机制

对　象	对象类型	操 作 权 限
属性列(字段)	Field0	SELECT,INSERT,UPDATA,DELETE
基本表	Table0	SELECT,INSERT,UPDATA,DELETE,INDEX,ALL PRIVILEGES
数据库	DataBase	CREATE,DELETE

根据以上分析适用于嵌入式数据库的一种基于 RBAC 的访问控制机制结构如图 4-4 所示。

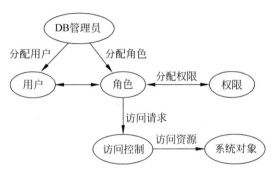

图 4-4　嵌入式数据库系统访问控制模型图

角色控制列表(表 4-3)中,角色 ID 用来唯一标识角色,角色名称定义了三种不同的角色。对象类型表示角色是否对数据库、表、字段具有操作权限,如角色为 TableUser 时,表示对某表有操作权限。Table 0 表示对所有的数据表有操作权限,Table 后面的 0 可以根据定义改为 1、2、3 等不同的数字或具体的表名,代表不同的数据表对象。操作权限表示对数据的查看、修改、添加和删除操作;1111 表示对数据库具有所有权限;1101 表示对所有数据表的查看、修改和添加具有权限,但不能删除表;1100 表示对某数据表的所有字段具有查看、修改功能,不能添加或删除字段信息。

角色权限信息数据结构如下:

```
struct RoleInfo
{
int RoleID;                          //角色 ID
unsigned char RoleName[20];          //角色名称
unsigned char ObjectType[10];        //对象类型
unsigned char RightInfo[20];         //角色所拥有的权限
}
```

访问控制过程就是角色与权限的匹配过程。访问控制流程如图 4-5 所示。

4.2.4　数据加密机制

数据加密技术可防止重要数据在网络上被拦截获取,也可以防止重要数据在硬盘等存储设备中被非法获取。加密后的口令和数据,即使被黑客获得也是不可读的,除非加密密钥或加密方式十分脆弱。

考虑到嵌入式数据库特殊的运行环境和对时间、空间的严格限制,对嵌入式数据库实现

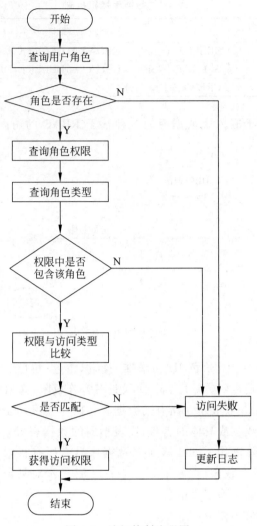

图 4-5　访问控制流程图

的加密应满足以下几点。

(1) 嵌入式数据库中的数据保存的时间相对较长,加密时不太可能采取一次一密的形式,所以对加密强度的要求就更加严格和苛刻。

(2) 嵌入式数据库中数据最大量和最主要的使用方式是查询操作,所以加密/解密的速度一定要快,否则数据加密/解密过程可能导致整个数据库系统性能的大幅下降。由于数据库中解密操作的数据量与查询操作是成正比的,所以加密/解密速度,尤其是解密速度,对于数据库而言更为重要。数据库加密技术要能够保证不会明显降低系统性能。

(3) 结合嵌入式数据库本身的特点考虑,加密算法不宜过于复杂,防止造成复杂加密影响系统的性能。

(4) 建立密钥管理机制,防止密钥泄露造成加密无效。

(5) 系统的加密机制不仅要保证对数据库中的加密数据进行查询、更新等操作的效率,同时要保证数据库中加密数据的完整性,此外还要保证加密粒度的灵活性。

下面将分别从数据加密层次、加密粒度和加密算法三个方面介绍数据加密机制。

1. 加密层次

嵌入式数据库的加密可以选择在操作系统层(OS层)、数据库管理系统外层(DBMS外层)和数据库管理系统内核层(DBMS内核层)三个不同的层次实现,如图4-6所示。

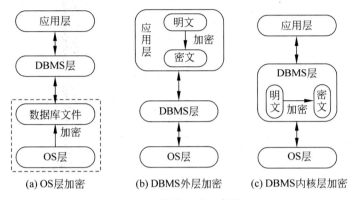

图 4-6 加密层次示意图

(1) OS层加密:在OS层加密时,操作系统将数据库文件看作是普通的操作系统文件整体加密,需要很大的时空代价,同时OS层无法识别数据库文件中数据之间相互的关系,从而无法合理、准确地产生、管理数据库的密钥,所以一般不采用OS层加密。

(2) DBMS外层加密:一般在应用层实现,通常将数据库加密系统做成DBMS的一个外层工具。数据在存储到数据库之前已经由加密器(硬加密或软加密)由明文置换为密文。这种方式的主要优点是用户可以按照实际需求灵活地配置、完成对数据的加解密处理;缺点是与DBMS之间的耦合性差,加密功能可能会受到一些限制,对数据库操作的效率有所降低,不适合于对实时性要求较高的嵌入式系统。

(3) DBMS内核层加密:指数据在物理存取前完成加解密处理。数据在存储到数据库之前是明文,存储到数据库之后是密文。这种加密方式的主要优点是能够实现加解密与DBMS之间的无缝连接,加密功能强,同时不会影响DBMS的功能,但是需要DBMS的内核支持。

例如,嵌入式数据库SQLite,由于其是一款开源的嵌入式数据库,其源代码全部开放,用户可以自由地研究改写其内核代码,这对SQLite选择实现内核层的加密提供了有利的条件,因此SQLite选择DBMS内核层的加密层次比较适宜。

2. 加密粒度

通常,可供选择的加密粒度主要以下五种。

(1) 字段级:是所能达到的最小粒度,每个属性值都可以单独加密。字段加密的对象是关系中的某个字段。对于一些重要和敏感的信息往往出现在表中的某些列,如医院移动查房系统中,病人的吃药时间、配药单等,只需要对这些重要数据进行加密保护,而没有必要对所有的数据都进行加密。

(2) 记录级(行级):每一行单独加密,这样不用解密整个表就可以取回不同的行。如医院移动查房系统中,对需要特殊照顾的病人的信息采取加密措施进行保密,那么可以只选择这些记录加密,而不必要对所有记录进行加密。

(3) 属性级(列级):可以对表中的某些敏感属性加密。

(4) 页面级(块级):可自动连接加密过程,任何时候把一页敏感数据存到磁盘,整个页面都是加密的。以嵌入式数据库 SQLite 为例。由于 SQLite 数据库文件由固定大小的“页”(Page)组成,默认大小为 1024 字节,同时,考虑到嵌入式平台性能和资源的限制,SQLite 数据库宜选择页面级的加密粒度。

(5) 表级:表级加密的对象是数据库中的表。只需要对数据库一些包含敏感信息的表进行加密。对于加密的数据表,为尽量减小加密对数据库查询的影响率,这里的表级加密,采取对表的文件名或者对定义文件名的指针或句柄加密。以 Berkeley DB 为例,数据库文件是以.db 文件的形式存放的,当对数据库文件加密时,只需要系统管理员通过加密算法对后缀为.db 的对应文件名的文件进行加密即可。

3. 加密算法

在密码学中,根据加密和解密时所使用的密钥是否相同,可以将加密算法基本分为对称加密算法和非对称加密算法两大类。对称加密算法在加密和解密时使用的密钥是相同的,其加解密速度较快、效率高、安全性较强,多应用于数据加密。非对称加密算法在加密和解密时使用的密钥是不同的,其密钥管理简单、密钥长度较长、算法较复杂、加解密速度相对较慢(比对称加密算法慢几个数量级),一般多应用于数字签名。因此,嵌入式数据库的安全存储多选择对称加密算法来实现。

常用的对称加密算法有 DES(Data Encryption Standard)、AES(Advanced Encryption Standard)以及针对小型平台而设计的微型加密算法 XXTEA 等,其相关的参数与性能比较见表 4-5。

表 4-5　几种常用加密算法的比较

算法	密钥长度/位	分组长度/位	加密轮数	算法复杂度	加解密速度	资源消耗
DES	64	64	16	较高	较慢	多
AES	128、192、256	128	10、12、14	较高	快	较少
XXTEA	128	至少 64	6~32	低	快	少

下面介绍这几种常见的加密算法。

DES 算法为密码体制中的对称密码体制,又称为美国数据加密标准,是 1972 年美国 IBM 公司研制的对称密码体制加密算法。明文按 64 位进行分组,密钥长 64 位,密钥事实上是 56 位参与 DES 运算(第 8、16、24、32、40、48、56、64 位是校验位,使得每个密钥都有奇数个 1)分组后的明文组和 56 位的密钥按位替代或交换的方法形成密文组的加密方法。DES 加密算法特点:分组比较短、密钥短、密码生命周期短、运算速度较慢。

AES 加密算法是继 DES 之后出现的一种加密算法,AES 的最终算法为 Rinjndael 算法。AES 是分组密钥,算法输入 128 位数据,密钥长度也是 128 位。用 N_r 表示对一个数据分组加密的轮数。每一轮都需要一个与输入分组具有相同长度的扩展密钥 Expandedkey(i) 的参与。由于外部输入的加密密钥 K 长度有限,所以在算法中要用一个密钥扩展程序(Keyexpansion)把外部密钥 K 扩展成更长的比特串,以生成各轮的加密和解密密钥。例如,SQLite 加密扩展版本(SEE)的读写功能使用的就是 128 位或 256 位 AES 加密的数据库文件。

XXTEA 加密算法（Corrected Block TEA）是在微型加密算法（Tiny Encryption Algorithm，TEA）及其变种 XTEA、Block TEA 的基础上改进变化而来的，是一种基于 Feistel 结构的分组加密算法。TEA 算法最初是由剑桥大学计算机实验室的 David J. Wheeler 和 Roger M. Needham 在 1994 年设计的，其主要特点是实现简单、加密速度快。TEA 算法先后经过几次改进，从 XTEA 到 Block TEA，直至最新的 XXTEA。XXTEA 加密算法使用 128 位的密钥对任意整数倍长度的、以 32 位为单位的信息变量块（至少 2 块，即 64 位）进行加密，其加密流程如图 4-7 所示。该算法的加密轮次不是固定的，视加密数据长度而定，最少 6 轮，最多 32 轮（在程序中被指定为 $6+52/n$）。算法在处理块中字 X_r 时利用了相邻的左右两个字 X_{r-1} 和 X_{r+1}，同时，使用一个常数（即算法程序中的 0x9E3779B9）作为倍数，以保证每一轮的加密都不相同。

由图 4-7 可知，XXTEA 加密算法的结构非常简单，主要包括加法、异或、移位等基本运算；硬件上只需要执行加法、异或、移位以及寄存的硬件就可以实现，同时软件实现的代码非常短小，非常适用于性能和资源受限的嵌入式系统及其数据库领域。

一般地，合理的加密算法要能够在实现安全存储功能的同时，又不在性能和空间方面带来太大的开销。因此，嵌入式数据库加密算法的选择通常要遵循以下原则。

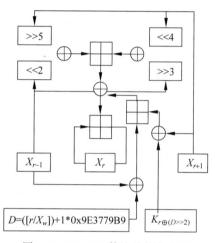

图 4-7　XXTEA 算法的加密流程

（1）加密算法不宜过于复杂，越复杂的加密算法对数据库系统性能的影响越大。

（2）加密强度不宜过强，越强的加密强度将会占用越多的 CPU、内存等资源。

（3）加解密速度要快，尤其是解密速度。对于数据库来说，使用最多、最频繁的方式是查询操作，过慢的解密速度将会导致数据库系统整体性能的大幅下降。

（4）加密后，数据库的存储量不能有明显的增加。

综上所述，在嵌入式系统平台上实现嵌入式数据库的安全存储，在注重数据库性能的同时，也要注重相关的硬件要求和资源需求（如内存消耗、电量和计算能力等），即在有限的资源环境中提供足够的安全性。

4. 密钥管理

加密算法的安全性不只是依赖于对算法本身的保密，还依赖于对密钥的保密。一旦攻击者获取了密钥，就能解密存储的密文数据而得到其对应的明文值。所以，一旦密钥泄露，加密存储就形同虚设，起不到保护作用了。因此在嵌入式数据库的安全存储设计中加入了对密钥的安全管理。

密钥管理包括密钥的产生、存储、分发、更新、销毁等内容。嵌入式数据库加密方案中存在多种加密粒度，因此数据库加密的密钥量大，密钥的组织和存储工作比较复杂，需要实现密钥的动态管理。密钥存储在嵌入式数据库中，将便于密钥的管理。如果密钥以明文形式存放在数据库中，那么攻击者只要进入数据库系统中，就可以很容易地找到破解密文的密钥，因此可以把密钥表中的密钥进行加密。

下面给出一种密钥算法流程,如图 4-8 所示。

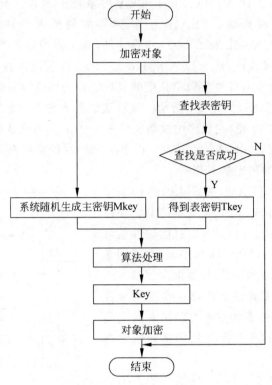

图 4-8　密钥算法流程图

由图 4-8 可以看出,在该密钥算法中,由系统随机生成一个主密钥 MKey,并且存储在数据表中,它的作用是对表密钥加密,系统中每个加密对象都对应一个表密钥 TKey,对对象加密时,需要将主密钥 MKey 和表密钥 TKey 经过算法处理,生成一个新的密钥 Key,Key 才是最终给对象加密的密钥。

这种管理密钥的好处在于,即使黑客从密钥表中盗取了密钥 MKey 或 TKey,也不能获得最终密钥 Key。

4.2.5　安全审计机制

安全审计机制可以对造成数据库系统威胁的事件或登录数据库系统的用户信息进行记录,当事故发生时,可以通过审计日志,跟踪事件源和造成事故的责任人。安全审计模型如图 4-9 所示。

安全审计就是收集和记录一切或部分与系统安全的有关活动,作为日志文件存放在数据库或磁盘上,通过对日志文件进行分析处理、评估审查,从而查找系统的安全隐患,对系统安全进行审核、稽查和计算,追查造成安全事故的原因,并做出进一步的处理。

数据库安全审计是创建一个用于监测非正常的或可疑的活动的事件记录,或者提供一个重要活动及操作者的记录。数据库安全审计源于信息系统的安全审计。

审计日志的范围应该包括:发生的时间(包括日期及时、分、秒)、主机名、进程、用户名、事件名称、出错代号、附加信息。

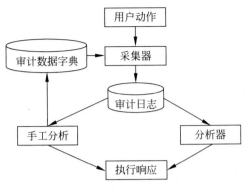

图 4-9 安全审计系统模型的框图

嵌入式数据库的审计日志主要记录登录的用户名、登录事件以及其他与安全相关的事件,并形成日志文件。此处的日志文件以数据库的形式存储,方便查询。嵌入式设备的存储有限,不可能将所有的登录信息一一记录,在存储前需要对要存储的信息进行筛选。例如,当用户权限切换时,记录下当前登录信息,当连续登录超过一定次数时,将对嵌入式数据库的用户信息进行记录。对于与安全无关的信息可不做记录,并且日志存储信息应设置在一段事件内自动更新,即设置最长保存时限,从而减少系统的负担。

为快速查找引起系统变化的事件,系统在进行日志存储时,将不同的事件如非法登录事件和非法下载、上传数据事件存放于不同的日志文件中。

4.2.6 安全通信机制

用户在远程访问嵌入式数据库的过程中,数据很容易被截获,造成安全隐患。这就需要建立安全通信协议来保障访问安全。所谓安全通信协议,是指通过信息的安全交换来实现某种安全目的所共同约定的逻辑操作规则。它是为了弥补现有通信协议的不足而设计的。现有通信协议主要分布在 TCP/IP 协议栈中,如 ARP、IP、TCP 和 HTTP 等。

安全通信协议是基于 TCP/IP 协议簇的,它也分布在这几个层次中。在 TCP/IP 协议簇的安全架构中,从链路层、网络层、传输层到应用层,都有相应的安全通信协议。在网络环境下的嵌入式数据库安全主要与网络层和传输层有关。

网络层的安全协议有 IPSec 协议,这种协议对网络层以上的各层透明性较好,但它很难提供不可否认服务。

传输层的安全协议有 SSL(Secure Sockets Layer)和 TLS(Transport Layer Security)协议,可以提供基于进程到进程的安全通信,但是使用时需要对应用程序进行修改。

因此,与嵌入式数据库有关的协议主要有 IPSec 协议和 SSL 协议。

1. IPSec 协议

IPSec 协议工作在网络层,提供无连接的完整性、数据源认证、机密性保护等安全服务。IPSec 主要由鉴别头(AH)协议、封装安全载荷(ESP)协议以及负责密钥管理的 Internet 密钥交换(IKE)协议组成,各协议间的关系如图 4-10 所示。

IPSec 协议是一种用来代表多种不同技术的总称,它有一种由 ISAKMP 和 IKE 来提供的密钥交换与参数管理设施以及由 AH 和 ESP 提供的数据保护设施,这些设施之间的接合

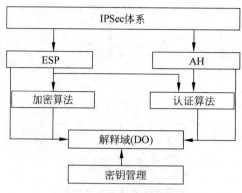

图 4-10　IPSec 体系结构

成分由 SA(安全关联)来提供。IPSec 具有较好的安全一致性、共享性及应用范围。虽然 IPSec 也能够满足 EDBS 的部分安全需求,但是使用 IPSec 需要改动操作系统内核中的网络协议栈,而且 IPSec 在遇到路由器执行网络地址转换(NAT)时,会彻底无效,所以如果采用 IPSec 协议,会大大限制 EDBS 的可用性。

2. SSL 协议

SSL 协议工作在传输层,提供数据的加密、消息认证和身份认证等安全服务。SSL 是由 Netscape 公司开发的一套 Internet 数据安全协议,SSL 协议是一种分层协议,它是由一个记录层以及记录层上承载的不同消息类型组成的,该记录层由某种可靠的传输协议如 TCP 来承载,图 4-11 描述了该协议的结构。

SSL 握手协议是协议中最复杂的部分,通过这个协议可以完成服务器和客户端的身份认证、加密算法和 MAC 算法磋商以及对数据加密密钥的交换,这也是 SSL 握手协议的三个目的。握手是 SSL 提供安全服务的前提和保证。一个包含对服务器端进行身份认证的握手过程如图 4-12 所示。

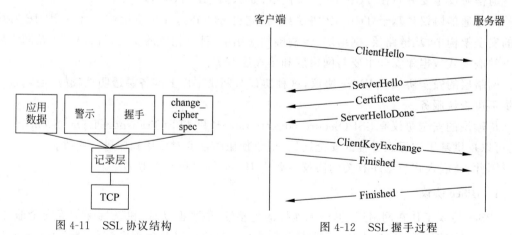

图 4-11　SSL 协议结构　　　　　图 4-12　SSL 握手过程

首先,由客户端发送 ClientHello 消息,服务器收到客户端的 ClientHello 消息后,回复 ServerHello 消息,该消息中包含 SSL 版本、作为密钥产生输入之一的服务器端随机数、客户端恢复会话所使用的 Session_id、选定的加密套件及选定的压缩算法。客户端收到服务

器的消息后,对服务器的证书进行验证,并提取服务器的公用密钥,然后,产生一个 Pre_
Master_ Secret 随机密码串,并使用服务器公用密钥对其进行加密,然后发送
ClientKeyExchange 消息,该消息中包含了 EncryptedPreMasterSecret。客户端发送完
ClientKeyExchange 消息后,紧接着发送 Finished 消息,服务器接收到客户端的 Finished 消
息后也回复 Finished 消息,Finished 消息表示握手完成,消息中包含对前面所有握手消息的
摘要,双方通过这条消息来确定握手过程中消息是否被篡改。

　　SSL 修改密文协议由单个消息 Change_Cipher_Spec 组成,消息中只包含一个值为"1"
的单个字节。该消息用来切换至新磋商好的算法和密钥资料,而未来发送的消息将使用那
些算法进行保护。

　　SSL 告警协议用来为对等实体传递 SSL 的相关警告。它由两个字节组成,第一个字节值
表示警告的严重级别,第二个字节表示特定告警代码。如 certificate_expired、unsupported_
certificate、certificate_revoked、bad_record_mac 等警告。

　　SSL 记录协议是一个比较简单的封装协议。它由一系列经过加密、受完整性保护的记
录组成,每个记录都由头信息和一个加密的数据块构成,数据块又包含消息与 MAC。SSL
记录协议的工作流程如图 4-13 所示。

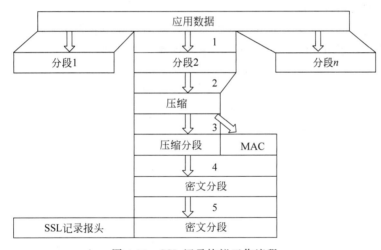

图 4-13　SSL 记录协议工作流程

　　图 4-13 中,步骤 1 将较大的应用数据拆分成 SSL 规定的分段,然后对分段进行单独处
理。步骤 2 是分段压缩,压缩算法一般为 NULL,所以它不会改变分段数据。步骤 3 对分段
进行摘要值计算,附加至分段末尾。步骤 4 对分段连同 MAC 进行加密计算,得出密文分
段。步骤 5 添加 SSL 记录报头,包括内容的类型、版本类型和记录长度。

4.3　小结

　　随着嵌入式数据库的广泛使用,用户对其存储数据的安全性提出了更高的要求。然而,
由于嵌入式系统与嵌入式数据库自身的特点,导致了嵌入式数据库的安全性能薄弱甚至缺
失。例如,开源嵌入式数据库 SQLite(公共版本)应用极为广泛,却并没有实现相应的安全
存储功能。由于其使用单个文件存储数据库的所有内容,所以任何得到 SQLite(公共版本)

数据库文件的用户都能通过相应的方式,甚至使用文本编辑器就可以访问甚至修改 SQLite (公共版本)数据库记录,这对有安全需求的用户和系统而言,是一个致命的缺点。

　　本章重点讨论了嵌入式数据库的安全机制问题,介绍了几种常用方法,随着移动计算技术的不断发展,有关移动计算环境下的针对嵌入式数据库的安全通信机制也成为了新的研究热点。

习题

1. 嵌入式数据库的安全威胁有哪些?
2. 嵌入式数据库安全的定义是什么?
3. 数据库系统的安全需求有哪几个方面?
4. 嵌入式数据库的安全机制有哪几种方案? 各自怎样实现的?
5. 什么是数据库数据加密? 有哪些应用层次?
6. 常见的嵌入式数据库加密算法有哪些?
7. 什么是身份认证? 方法有哪些?
8. 什么是安全审计机制?
9. 访问控制有哪些方法? 嵌入式数据库最常用的访问控制方法是什么?
10. 查阅资料,了解 BDB 和 SQLite 使用了哪些安全机制。

第5章

SQLite 基础

通常情况下,数据库作为软件应用程序的主要组成部分,与数据库管理系统一样,非常的庞大,并且占用了相当多的系统资源,增加了管理的复杂性。随着嵌入式系统的飞速发展以及软件应用程序逐渐模块化,采用嵌入式特点的新型数据库管理系统要比大型复杂的传统数据库管理系统更为适用。SQLite 就是这样一个十分优秀的嵌入式数据库系统。在 PHP5 中已经集成了 SQLite 的嵌入式数据库产品。SQLite 也被用于很多航空电子设备、建模和仿真程序、工业控制、智能卡、决策支持包、医药信息系统等。

SQLite 简单易用,同时提供了丰富的数据库接口。它的设计思想是小型、快速和最小化的管理。这对于需要一个数据库用于存储数据但又不想花太多时间来调整数据性能的开发人员很适用。实际上在很多情况下嵌入式系统的数据管理并不需要存储程序或复杂的表之间的关联。SQLite 在数据库容量大小和管理功能之间找到了理想的平衡点。而且 SQLite 的版权允许无任何限制的应用,包括商业性的产品。完全的开源代码这一特点更使其可以称得上是理想的"嵌入式数据库"。部分开源嵌入式数据库性能对比见表 5-1。

表 5-1　嵌入式数据库性能对比表

产品名称	速度	稳定性	数据库容量	SQL 支持	Win32 平台下最小体积	数据操纵
SQLite	最快	好	2TB	大部分 SQL-92	374KB	SQL
Berkeley DB	快	好	256TB	不支持	840KB	仅应用程序接口
Firebird 嵌入式服务器	快	好	64TB	完全 SQL-92 与大部分 SQL-99	3.68MB	SQL

本章主要介绍 SQLite 数据库的基础知识,包括数据类型、常用命令、API 函数、工具和实例。目前 SQLite 已经于 2020 年 1 月 27 日进入 SQLite3.31.1 版本。

5.1　SQLite 的特点及适用场景

SQLite 是一个开源的、内嵌式的关系型数据库。它是 D. Richard Hipp 采用 C 语言开发出来的、完全独立的、不具有外部依赖性的嵌入式数据库引擎。SQLite 第一个版本发布于 2000 年 5 月,在便携性、易用性、紧凑性、有效性和可靠性方面有突出的表现。

SQLite 能够运行在 Windows、Linux、UNIX 等各种操作系统,同时支持多种编程语言如 Java、PHP、TCL、Python 等。SQLite 主要特点如下。

(1) 支持 ACID(Atomic,Consistent,Isolated,and Durable)事务。

(2) 零配置,即无须安装和管理配置。

(3) 储存在单一磁盘文件中的一个完整的数据库。

(4) 数据文件可在不同字节顺序的机器间自由共享。

(5) 支持数据库大小至 2TB。

(6) 程序体积小,全部 C 语言代码约 3 万行(核心软件,包括库和工具),250KB 大小。

(7) 相对于目前其他嵌入式数据库具有更快捷的数据操作。

(8) 支持事务功能和并发处理。

(9) 程序完全独立,不具有外部依赖性。

(10) 支持多种硬件平台,如 ARM/Linux、SPARC/Solaris 等。

SQLite 不同于其他大部分的 SQL 数据库引擎,因为它的首要设计目标就是尽量简单化以达到易于管理、易于使用、易于嵌入到其他的大型程序中、易于维护和配置的目的。SQLite 比较适用的场合主要包括网站,嵌入式设备和应用软件,应用程序文件格式,替代某些特别的文件格式,内部的或临时的数据库,命令行数据集分析工具,企业级数据库的替代品,数据库教学等。

5.2　SQLite 的存储种类和数据类型

与其他传统关系型数据库使用的是静态数据类型不同的是,SQLite3 采用的是动态数据类型,即字段可以存储的数据类型是在表声明时就确定的,因此它们在数据存储方面存在着很大的差异。

SQLite 将数据值的存储划分为以下几种存储类型。

(1) NULL,空值。

(2) INTEGER,整型,根据大小可以使用 1、2、3、4、6、8 字节来存储。

(3) REAL,浮点型,用来存储 8 字节的 IEEE 浮点。

(4) TEXT,文本字符串,使用 UTF-8、UTF-16、UTF-32 等保存数据。

(5) BLOB(Binary Large Objects),二进制类型,按照二进制存储,不做任何改变。

在 SQLite 中,存储种类和数据类型有一定的差别,如 INTEGER 存储类别可以包含 6 种不同长度的 Integer 数据类型,然而这些 INTEGER 数据一旦被读入到内存后,SQLite 会将其全部视为占用 8 字节的无符号整型。因此对于 SQLite 而言,即使在表声明中明确了字段类型,仍然可以在该字段中存储其他类型的数据。然而需要特别说明的是,尽管 SQLite 提供了这种方便,但是一旦考虑到数据库平台的可移植性问题,用户在实际的开发中还是应该尽可能地保证数据类型的存储和声明的一致性。除非有极为充分的理由,同时又不再考虑数据库平台的移植问题,在此种情况下确实可以使用 SQLite 提供的此种特征。

需要注意的是,实际上,SQLite3 也接受如下的扩展的数据类型,见表 5-2。

表 5-2　**SQLite3 接受的数据类型（扩展）**

数据类型	说　明
smallint	16 位元的整数
integer	32 位元的整数
decimal(p,s)	精确值 p 是指该数根据权的大小排列的数位集合，s 是指小数点后有几位数。如未特别指定，则默认设为 p＝5；s＝0
float	32 位元的实数
double	64 位元的实数
char(n)	n 长度的字串，n 不能超过 254
varchar(n)	长度不固定且其最大长度为 n 的字串，n 不能超过 4000
graphic(n)	类似 char(n)，但其单位是两个字元 double-bytes，n 不能超过 127
vargraphic(n)	可变长度且其最大长度为 n 的双字元字串，n 不能超过 2000
date	包含年份、月份、日期
time	包含小时、分钟、秒

为了最大化 SQLite 和其他数据库引擎之间的数据类型兼容性，SQLite 提出了"类型亲和性"（Type Affinity）的概念。所谓"类型亲和性"指的是在表字段被声明之后，SQLite 都会根据该字段声明时的类型为其选择一种亲和类型，当数据插入时，该字段的数据将会优先采用亲和类型作为该值的存储方式，除非亲和类型不匹配或无法转换当前数据到该亲和类型，这样 SQLite 才会考虑其他更适合该值的类型存储该值。

在 SQLite3 版数据库中的列类型有五种类型亲和性：文本类型、数字类型、整数类型、浮点类型、NULL 无类型。

（1）一个具有文本类型亲和性的列，可以使用 NULL、TEXT、BLOB 值类型保存数据。例如，数字数据被插入一个具有文本类型亲和性的列，在存储之前数字将被转换成文本。

（2）一个具有数字类型亲和性的列，可以使用 NULL、INTEGER、REAL、TEXT、BLOB 五种值类型保存数据。例如，一个文本类型数据被插入到一个具有数字类型亲和性的列，在存储之前将被转变成整型或浮点型。

（3）一个具有整数亲和性的列，在转换方面和具有数字亲和性的列是相同的，但也有些区别，如浮点型的值将被转换成整型。

（4）一个具有浮点亲和性的列，可以使用 REAL、FLOAT、DOUBLE 值类型保存数据。

（5）一个具有无类型亲和性的列，不会选择用哪个类型保存数据，数据不会进行任何转换。

5.3　SQLite 语法

SQLite 库可以解析大部分的标准 SQL 语言，但同时它也省去了一些原有的特性，并且加入了一些自己的新特性。SQLite 的语法主要针对数据表、视图、索引、事务等对象设计规则，包括结构定义、结构删除、数据操作、事务处理、其他操作等几个部分。

5.3.1　数据表操作

1. 创建表

该命令的语法规则和使用方式与大多数关系型数据库基本相同，因此本章还是以示例的方式来演示 SQLite 中创建表的各种规则。但是对于一些 SQLite 特有的规则,本章会给予额外的说明。

1) 最简单的数据表

```
sqlite> CREATE TABLE testable (num integer);
```

这里需要说明的是,对于自定义数据表表名,如 testtable,不能以 sqlite_开头,因为以该前缀定义的表名都用于 SQLite 内部。

2) 创建带有默认值的数据表

```
sqlite> CREATE TABLE testtable (num integer DEFAULT 0, description varchar
DEFAULT 'hello');
```

3) 在指定数据库创建表

```
sqlite> ATTACH DATABASE '/home/work/proj/mydb.db' AS mydb;
sqlite> CREATE TABLE mydb.testtable (num integer);
```

这里先通过 ATTACH DATABASE 命令将一个已经存在的数据库文件 attach 到当前的连接中(attach 命令将在后文介绍),之后再通过指定数据库名的方式在目标数据库中创建数据表,如 mydb. testtable。关于该规则还需要给出一些额外的说明,如果我们在创建数据表时没有指定数据库名,那么将会在当前连接的 main 数据库(主数据库)中创建该表,在一个连接中只能有一个 main 数据库。如果需要创建临时表,就无须指定数据库名,见如下示例。

创建两个表,一个临时表和普通表。

```
sqlite> CREATE TEMP TABLE temptable(num integer);
sqlite> CREATE TABLE testtable (num integer);
```

将当前连接中的缓存数据导出到本地文件,同时退出当前连接。

```
sqlite> .backup /home/work/proj/mydb.db
sqlite> .exit
```

重新建立 SQLite 的连接,并将刚刚导出的数据库作为主库重新导入。

查看该数据库中的表信息,通过结果可以看出临时表并没有被持久化到数据库文件中。

```
sqlite> .tables
testtable
```

4) IF NOT EXISTS 从句

如果当前创建的数据表名已经存在,即与已经存在的表名、视图名或索引名冲突,那么本次创建操作将失败并报错。然而如果在创建表时加上 IF NOT EXISTS 从句,那么本次创建操作将不会有任何影响,即不会有错误抛出,除非当前的表名或某一索引名冲突。

```
sqlite> CREATE TABLE testtable (num integer);
Error: table testtable already exists
sqlite> CREATE TABLE IF NOT EXISTS testtable (num1 integer);
```

5）主键约束

直接在字段的定义上指定主键。

```
sqlite> CREATE TABLE testtable (num integer PRIMARY KEY ASC);
```

在所有字段已经定义完毕后,再定义表的数约束,这里定义的是基于 num 和 description 的联合主键。

```
sqlite> CREATE TABLE testtable2 (
...>     num integer,
...>     description integer,
...>     PRIMARY KEY (num,description)
...> );
```

和其他关系型数据库一样,主键必须是唯一的。

6）唯一性约束

直接在字段的定义上指定唯一性约束。

```
sqlite> CREATE TABLE testtable (num integer UNIQUE);
```

在所有字段已经定义完毕后,再定义表的唯一性约束,这里定义的是基于两个列的唯一性约束。

```
sqlite> CREATE TABLE testtable2 (
...>     num integer,
...>     description integer,
...>     UNIQUE (num, description)
...> );
```

在 SQLite 中,NULL 值被视为和其他任何值都是不同的,如下例:

```
sqlite> DELETE FROM testtable;
sqlite> SELECT count( * ) FROM testtable;
count( * )
----------
0
sqlite> INSERT INTO testtable VALUES(NULL);
sqlite> INSERT INTO testtable VALUES(NULL);
sqlite> SELECT count( * ) FROM testtable;
count( * )
----------
2
```

由此可见,两次插入的 NULL 值均插入成功。

2. 表的修改

SQLite 对 ALTER TABLE 命令支持得非常有限,仅支持修改表名和添加新字段。其他的功能,如重命名字段、删除字段和添加、删除约束等均未提供支持。

1) 修改表名

需要先说明的是,SQLite 中表名的修改只能在同一个数据库中,不能将其移动到 Attached 数据库中。而且一旦表名被修改后,该表已存在的索引将不会受到影响,然而依赖该表的视图和触发器将不得不重新修改其定义。

```
sqlite> CREATE TABLE testtable (num integer);
sqlite> ALTER TABLE testtable RENAME TO testtable2;
sqlite> .tables
testtable2
```

通过 .tables 命令的输出可以看出,表 testtable 已经被修改为 testtable2。

2) 新增字段

```
sqlite> CREATE TABLE testtable (num integer);
sqlite> ALTER TABLE testtable ADD COLUMN description integer;
sqlite> .schema testtable
CREATE TABLE "testtable" (num integer, description integer);
```

通过 .schema 命令的输出可以看出,表 testtable 的定义中已经包含了新增字段。关于 ALTER TABLE 最后需要说明的是,在 SQLite 中该命令的执行时间不会受到当前表行数的影响。

3. 表的删除

在 SQLite 中如果某个表被删除了,那么与之相关的索引和触发器也会被随之删除。而在很多其他的关系型数据库中是不可以这样的,如果必须要删除相关对象,只能在删除表语句中加入 WITH CASCADE 从句。见如下示例:

```
sqlite> CREATE TABLE testtable (num integer);
sqlite> DROP TABLE testtable;
sqlite> DROP TABLE testtable;
Error: no such table: testtable
sqlite> DROP TABLE IF EXISTS testtable;
```

从上面的示例中可以看出,如果删除的表不存在,SQLite 将会报错并输出错误信息。如果希望在执行时不抛出异常,可以添加 IF EXISTS 从句,该从句的语义和 CREATE TABLE 中的完全相同。

5.3.2　视图的操作

1. 创建视图

这里只是给出简单的 SQL 命令示例,具体的含义和技术细节可以参照上面的创建数据表部分,如临时视图、IF NOT EXISTS 从句等。

1) 最简单的视图

```
sqlite> CREATE VIEW testview AS SELECT * FROM testtable WHERE num > 10;
```

2）创建临时视图

```
sqlite > CREATE TEMP VIEW tempview AS SELECT * FROM testtable WHERE num > 10;
```

3）IF NOT EXISTS 从句

```
sqlite > CREATE VIEW testview AS SELECT * FROM testtable WHERE num > 10;
Error: table testview already exists
sqlite > CREATE VIEW IF NOT EXISTS testview AS SELECT * FROM testtable WHERE
num1 > 10;
```

2．删除视图

该操作的语法和删除表基本相同，因此这里只是给出示例：

```
sqlite > DROP VIEW testview;
sqlite > DROP VIEW testview;
Error: no such view: testview
sqlite > DROP VIEW IF EXISTS testview;
```

5.3.3　索引的操作

1．创建索引

在 SQLite 中，创建索引的 SQL 语法和其他大多数关系型数据库基本相同，因而这里也仅仅是给出示例用法，在命令行中输入以下指令，首先创建表。

```
sqlite > CREATE TABLE testtable (name text, num integer);
```

创建最简单的索引，该索引基于某个表的一个字段。

```
sqlite > CREATE INDEX testtable_idx ON testtable(name);
```

创建联合索引，该索引基于某个表的多个字段，同时可以指定每个字段的排序规则（升序/降序）。

```
sqlite > CREATE INDEX testtable_idx2 ON testtable(name ASC, num DESC);
```

创建唯一性索引，该索引规则和数据表的唯一性约束的规则相同，即 NULL 和任何值都不同，包括 NULL 本身。

```
sqlite > CREATE UNIQUE INDEX testtable_idx3 ON testtable(num DESC);
sqlite > .indices testtable
```

上述命令的输出结果如图 5-1 所示。

在图 5-1 中从 .indices 命令的输出可以看出，三个索引均已成功创建。

2．删除索引

索引的删除和视图的删除非常相似，含义也是如此，因此这里也只是给出示例：

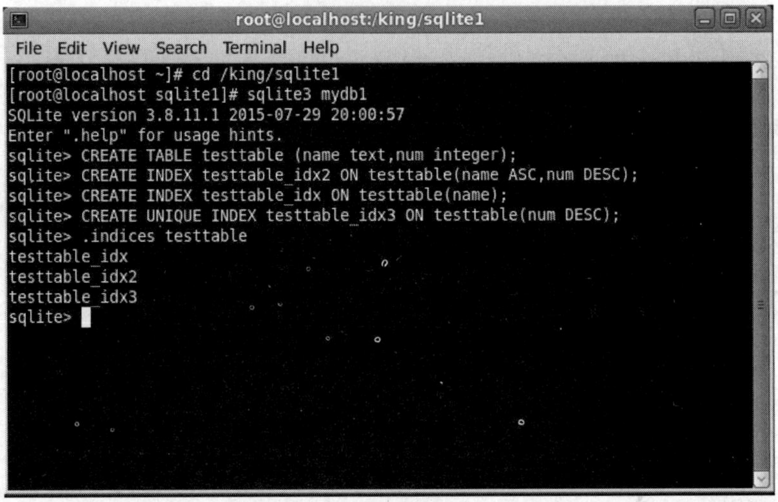

图 5-1　创建索引

```
sqlite> DROP INDEX testtable_idx;
```

如果删除的索引不存在将会导致操作失败,在不确定索引是否存在但又不希望错误被抛出的情况下,可以使用 IF EXISTS 从句。

```
sqlite> DROP INDEX testtable_idx;
Error: no such index: testtable_idx
sqlite> DROP INDEX IF EXISTS testtable_idx;
```

3. 重建索引

重建索引用于删除已经存在的索引,同时基于其原有的规则重建该索引。这里需要说明的是,如果在 REINDEX 语句后面没有给出数据库名,那么当前连接下所有 Attached 数据库中所有索引都会被重建。如果指定了数据库名和表名,那么该表中的所有索引都会被重建,如果只是指定索引名,那么当前数据库的指定索引被重建。

当前连接 Attached 所有数据库中的索引都被重建。

```
sqlite> REINDEX;
```

重建当前主数据库中 testtable 表的所有索引。

```
sqlite> REINDEX testtable;
```

重建当前主数据库中名称为 testtable_idx2 的索引。

```
sqlite> REINDEX testtable_idx2;
```

5.3.4　触发器的操作

触发器是一种特殊的存储过程,在用户试图对指定的表执行指定的数据修改语句时自动执行。SQLite 的触发器操作见表 5-3。

表 5-3 SQLite 的触发器操作

名 称	描 述	基 本 语 法
Create trigger	创建一个触发器	Create triggertrigger_name Database evevt ON [database_name] table_name trigger_action Database evevt：insert/delete/update/update of trigger_action：BEGIN/select_statement/ insert_statement/ delete_statement/update_statement/END
Drop trigger	删除一个触发器	Drop trigger [database_name] trigger_name

5.3.5 日期和时间函数

SQLite 主要支持以下四种与日期和时间相关的函数。

(1) date(timestring, modifier, modifier, …)。

(2) time(timestring, modifier, modifier, …)。

(3) datetime(timestring, modifier, modifier, …)。

(4) strftime(format, timestring, modifier, modifier, …)。

以上四个函数都接受一个时间字符串作为参数，其后再跟有 0 个或多个修改符。其中，strftime()函数还接受一个格式字符串作为其第一个参数。strftime()和 C 运行时库中的同名函数完全相同。至于其他三个函数，date 函数的默认格式为："YYYY-MM-DD"，time 函数的默认格式为："H:MM:SS"，datetime 函数的默认格式为："YYYY-MM-DD HH:MM:SS"。

1. strftime 函数的格式信息

strftime 函数的格式见表 5-4。

表 5-4 strftime 函数的格式

strftime 函数的格式	描 述
%d	day of month：00
%f	fractional seconds：SS. SSS
%H	hour：00-24
%j	day of year：001-366
%J	Julian day number
%m	month：01-12
%M	minute：00-59
%s	seconds since 1970-01-01
%S	seconds：00-59
%w	day of week 0-6 with Sunday==0
%W	week of year：00-53
%Y	year：0000-9999
%%	%

需要指出的是,其余三个时间函数均可用 strftime 来表示,如:

　　date(…)　trftime('％Y-％m-％d', …)

　　time(…)　strftime('％H：％M：％S', …)

　　datetime(…)　strftime('％Y-％m-％d ％H：％M：％S', …)。

2. 时间字符串的格式

时间字符串的格式如下。

(1) YYYY-MM-DD。

(2) YYYY-MM-DD HH:MM。

(3) YYYY-MM-DD HH:MM:SS。

(4) YYYY-MM-DD HH:MM:SS. SSS。

(5) HH:MM。

(6) HH:MM:SS。

(7) HH:MM:SS. SSS。

(8) now。

说明:(5)~(7)中只是包含了时间部分,SQLite 将假设日期为 2000-01-01。(8)表示当前时间。

3. 修改符

修改符有如下格式。

(1) NNN days。

(2) NNN hours。

(3) NNN minutes。

(4) NNN. NNNN seconds。

(5) NNN months。

(6) NNN years。

(7) start of month。

(8) start of year。

(9) start of day。

(10) weekday N。

其中,(1)~(6)将只是简单地加减指定数量的日期或时间值,如果 NNN 的值为负数,则减,否则加。(7)~(9)则将时间串中的指定日期部分设置到当前月、年或日的开始。(10)则将日期前进到下一个星期 N,其中星期日为 0。需要说明的是:修改符的顺序极为重要,SQLite 将会按照从左到右的顺序依次执行修改符。

4. 示例

返回当前日期。

```
sqlite> SELECT date('now');
2020 - 02 - 28
```

返回当前月的最后一天。

```
sqlite> SELECT date('now','start of month','1 month','-1 day');
2020-02-29
```

返回从 1970-01-01 00：00：00 到当前时间所流经的秒数。

```
sqlite> SELECT strftime('%s','now');
1582877455
```

返回当前年中 10 月份的第一个星期二的日期。

```
sqlite> SELECT date('now','start of year','+9 months','weekday 2');
2020-10-06
```

5.3.6　数据库和事物

1. Attach 数据库

ATTACH DATABASE 语句添加另外一个数据库文件到当前的连接中，如果文件名为"：memory："，我们可以将其视为内存数据库，内存数据库无法持久化到磁盘文件上。如果操作 Attached 数据库中的表，则需要在表名前加数据库名，如 dbname. table_name。最后需要说明的是，如果一个事务包含多个 Attached 数据库操作，那么该事务仍然是原子的。

见如下示例：

```
sqlite> CREATE TABLE testtable (first_col integer);
sqlite> INSERT INTO testtable VALUES(1);
sqlite> .backup 'D:/mydb.db'        --将当前连接中的主数据库备份到指定文件
sqlite> .exit
```

重新登录 SQLite 命令行工具：

```
sqlite> CREATE TABLE testtable (first_col integer);
sqlite> INSERT INTO testtable VALUES(2);
sqlite> INSERT INTO testtable VALUES(1);
sqlite> ATTACH DATABASE 'D:/mydb.db' AS mydb;
sqlite> .header on              --查询结果将字段名作为标题输出
sqlite> SELECT t1.first_col FROM testtable t1, mydb.testtable t2 WHERE t.first_col =
t2.first_col;
first_col
----------
1
```

2. Detach 数据库

DETACH DATABASE 语句卸载当前连接中的指定数据库，注意 main 和 temp 数据库无法被卸载。

该示例承载上面示例的结果，即 mydb 数据库已经被 Attach 到当前的连接中。

```
sqlite > DETACH DATABASE mydb;
sqlite > SELECT t1.first_col FROM testtable t1, mydb.testtable t2 WHERE t.first_col =
t2.first_col;
Error: no such table: mydb.testtable
```

3. 事务

事务处理是由一条或多条 SQL 语句序列结合在一起所形成的一个逻辑处理单元。事务处理中的每条语句都只完成整个任务中的一部分工作,所有的语句组织在一起才能够完成某个特定的任务。支持事务处理以保证一个事务内的所有操作都能完成,否则就全部取消并回复到原状态。事务处理的语法包括事务开始、事务终止、事务结束以及事务回滚四个主要部分,其具体内容见表 5-5。

表 5-5   SQLite 事务处理语法表

事 务 分 类	作 用	基 本 语 法
Begin transaction	标记一个事务的起点	BEGIN[TRANSACTION [name]]
End transaction	标记一个事务的结束	END[TRANSACTION [name]]
Commit transaction	标记一个事务的结束,功能同 End transaction	COMMIT[TRANSACTION [name]]
Roll back transaction	将事务回滚到起点	ROLL BACK[TRANSACTION [name]]

在 SQLite 中,如果没有为当前的 SQL 命令(SELECT 除外)显式地的指定事务,那么 SQLite 会自动为该操作添加一个隐式的事务,以保证该操作的原子性和一致性。当然,SQLite 也支持显式的事务,其语法与大多数关系型数据库相比基本相同。见如下示例:

```
sqlite > BEGIN TRANSACTION;
sqlite > INSERT INTO testtable VALUES(1);
sqlite > INSERT INTO testtable VALUES(2);
sqlite > COMMIT TRANSACTION;              -- 显式事务被提交,数据表中的数据也发生了变化
sqlite > SELECT COUNT( * ) FROM testtable;
COUNT( * )
----------
2
sqlite > BEGIN TRANSACTION;
sqlite > INSERT INTO testtable VALUES(1);
sqlite > ROLLBACK TRANSACTION;            -- 显式事务被回滚,数据表中的数据没有发生变化
sqlite > SELECT COUNT( * ) FROM testtable;
COUNT( * )
----------
2
```

5.4　SQLite 的内置函数

本节介绍 SQLite 的内置函数。SQLite 本身集成了大量的内置函数以方便使用者快捷地操作、使用数据库。其内置函数(主要函数)主要分为算术函数、字符串处理函数、条件判断函数、聚合函数以及其他函数五大类,其声明和描述见表 5-6。

表 5-6 典型内置函数

函 数	说 明
算术函数	
abs(X)	该函数返回数值参数 X 的绝对值,如果 X 为 NULL,则返回 NULL;如果 X 为不能转换成数值的字符串,则返回 0;如果 X 值超出 Integer 的上限,则抛出 Integer Overflow 的异常
max(X,Y,...)	返回函数参数中的最大值,如果有任何一个参数为 NULL,则返回 NULL
min(X,Y,...)	返回函数参数中的最小值,如果有任何一个参数为 NULL,则返回 NULL
round(X[,Y])	返回数值参数 X 被四舍五入到 Y 刻度的值,如果参数 Y 不存在,默认参数值为 0
random()	返回整型的伪随机数
条件判断函数	
coalesce(X,Y,...)	返回函数参数中第一个非 NULL 的参数,如果参数都是 NULL,则返回 NULL。该函数至少 2 个参数
ifnull(X,Y)	该函数等同于两个参数的 coalesce() 函数,即返回第一个不为 NULL 的函数参数。如果两个均为 NULL,则返回 NULL
nullif(X,Y)	如果函数参数相同,返回 NULL,否则返回第一个参数
字符串处理函数	
length(X)	如果参数 X 为字符串,则返回字符的数量;如果为数值,则返回该参数的字符串表示形式的长度;如果为 NULL,则返回 NULL
lower(X)	返回函数参数 X 的小写形式,默认情况下,该函数只能应用于 ASCII 字符
ltrim(X[,Y])	如果没有可选参数 Y,该函数将移除参数 X 左侧的所有空格符;如果有参数 Y,则移除 X 左侧的任意在 Y 中出现的字符,最后返回移除后的字符串
replace(X,Y,Z)	字符串类型的函数参数 X 中所有子字符串 Y 替换为字符串 Z,最后返回替换后的字符串,源字符串 X 保持不变
rtrim(X[,Y])	如果没有可选参数 Y,该函数将移除参数 X 右侧的所有空格符;如果有参数 Y,则移除 X 右侧的任意在 Y 中出现的字符,最后返回移除后的字符串
substr(X,Y[,Z])	返回函数参数 X 的子字符串,从 X 中截取 Z 长度的字符,如果忽略 Z 参数,则取第 Y 个字符后面的所有字符。如果 Z 的值为负数,则从第 Y 位开始,向左截取 abs(Z) 个字符。如果 Y 值为负数,则从 X 字符串的尾部开始计数到第 abs(Y) 的位置开始
trim(x[,y])	如果没有可选参数 Y,该函数将移除参数 X 两侧的所有空格符;如果有参数 Y,则移除 X 两侧的任意在 Y 中出现的字符,最后返回移除后的字符串
upper(X)	返回函数参数 X 的大写形式,默认情况下,该函数只能应用于 ASCII 字符
聚合函数	
avg(x)	该函数返回在同一组内参数字段的平均值。对于不能转换为数字值的 STRING 和 BLOB 类型的字段值,如 'HELLO',SQLite 会将其视为 0。avg 函数的结果总是浮点型,唯一的例外是所有的字段值均为 NULL,那样该函数的结果也为 NULL
count(x|*)	count(x) 函数返回在同一组内,x 字段中值不等于 NULL 的行数。count(*) 函数返回在同一组内的数据行数
group_concat(x[,y])	该函数返回一个字符串,该字符串将会连接所有非 NULL 的 x 值。该函数的 y 参数将作为每个 x 值之间的分隔符,如果在调用时忽略该参数,在连接时将使用默认分隔符 ","

续表

函　　　数	说　　　明
聚合函数	
max(x)	该函数返回同一组内的 x 字段的最大值,如果该字段的所有值均为 NULL,该函数也返回 NULL
min(x)	该函数返回同一组内的 x 字段的最小值,如果该字段的所有值均为 NULL,该函数也返回 NULL
sum(x)	该函数返回同一组内的 x 字段值的总和,如果字段值均为 NULL,该函数也返回 NULL。如果所有的 x 字段值均为整型或者 NULL,该函数返回整型值,否则就返回浮点型数值。如果所有的数据值均为整型,一旦结果超过上限时将会抛出 integer overflow 的异常
total(x)	该函数不属于标准 SQL,其功能和 sum 基本相同,只是计算结果比 sum 更为合理。例如,当所有字段值均为 NULL 时,和 sum 不同的是,该函数返回 0.0。另外该函数始终返回浮点型数值。该函数始终都不会抛出异常
其他函数	
changes()	该函数返回最近执行的 INSERT、UPDATE 和 DELETE 语句所影响的数据行数,也可以通过执行 C/C++ 函数 sqlite3_changes() 得到相同的结果
total_changes()	该函数返回自从该连接被打开时起,INSERT、UPDATE 和 DELETE 语句总共影响的行数,也可以通过 C/C++ 接口函数 sqlite3_total_changes() 得到相同的结果
typeof(X)	返回函数参数数据类型的字符串表示形式,如 INTEGER、TEXT、REAL、NULL 等

　　这里还需要进一步说明的是,对于所有聚合函数而言,distinct 关键字可以作为函数参数字段的前置属性,以便在进行计算时忽略所有重复的字段值,如 count(distinct x)。图 5-2 显示了 SQLite 官网上对主要内置函数的列表显示。

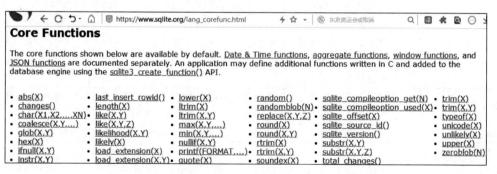

图 5-2　SQLite 的内置函数

5.5　SQLite 的运算符

　　SQLite 的运算符是一个保留字或字符,主要用于在 SQLite 语句中的 WHERE 子句中执行操作,如比较和算术运算等。SQLite 主要有数学运算符、比较运算符、逻辑运算符和位运算符四种。

5.5.1 数学运算符

所有的数学运算符(＋,－,＊,/,％,<<,>>,& 和|)在执行之前都会先将操作数转换为NUMERIC 存储类型,即使在转换过程中可能会造成数据信息的丢失。此外,如果其中一个操作数为 NULL,那么它们的结果也为 NULL。在数学操作符中,如果其中一个操作数看上去并不像数值类型,那么它们结果为 0 或 0.0。图 5-3 显示了使用了数学运算符的实例图。

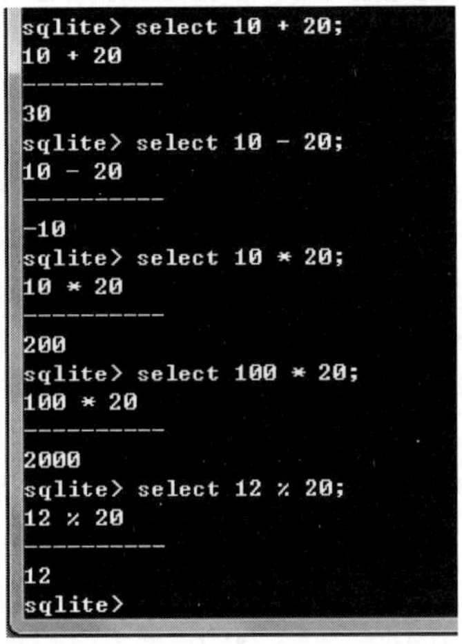

5.5.2 比较运算符

在 SQLite 中支持的比较运算符有 ＝,＝＝,<,<＝,>,>＝,!＝,<>,IN,NOT IN,BETWEEN,IS 和IS NOT。

数据的比较结果主要依赖于操作数的存储方式,其规则如下。

(1) 存储方式为 NULL 的数值小于其他存储类型的值。

图 5-3 SQLite 的数学运算符应用

(2) 存储方式为 INTEGER 和 REAL 的数值小于 TEXT 或 BLOB 类型的值,如果同为INTEGER 或 REAL,则基于数值规则进行比较。

(3) 存储方式为 TEXT 的数值小于 BLOB 类型的值,如果同为 TEXT,则基于文本规则(ASCII 值)进行比较。

(4) 如果是两个 BLOB 类型的数值进行比较,其结果为 C 运行时函数 memcmp()的结果。

下面给出一个实例。假设变量 a＝10,变量 b＝20,则表 5-7 列举了各比较运算符的应用情况。

表 5-7 比较运算符

运算符	描 述	实 例
＝＝	检查两个操作数的值是否相等,如果相等则条件为真	(a==b)不为真
＝	检查两个操作数的值是否相等,如果相等则条件为真	(a=b)不为真
!=	检查两个操作数的值是否相等,如果不相等则条件为真	(a!=b)为真
<>	检查两个操作数的值是否相等,如果不相等则条件为真	(a<>b)为真
>	检查左操作数的值是否大于右操作数的值,如果是则条件为真	(a>b)为假
<	检查左操作数的值是否小于右操作数的值,如果是则条件为真	(a<b)为真
>=	检查左操作数的值是否大于或等于右操作数的值如果是则条件为真	(a>=b)为假
<=	检查左操作数的值是否小于或等于右操作数的值,如果是则条件为真	(a<=b)为真
!<	检查左操作数的值是否不小于右操作数的值,如果是则条件为真	(a!<b)为假
!>	检查左操作数的值是否不大于右操作数的值,如果是则条件为真	(a!>b)为真

5.5.3 逻辑运算符

SQLite 逻辑运算符见表 5-8。

表 5-8 逻辑运算符

运 算 符	描 述
AND	AND 运算符允许在一个 SQL 语句的 WHERE 子句中的多个条件的存在
BETWEEN	BETWEEN 运算符用于在给定最小值和最大值范围内的一系列值中搜索值
EXISTS	EXISTS 运算符用于在满足一定条件的指定表中搜索行的存在
IN	IN 运算符用于把某个值与一系列指定列表的值进行比较
NOT IN	IN 运算符的对立面,用于把某个值与不在一系列指定列表的值进行比较
LIKE	LIKE 运算符用于把某个值与使用通配符运算符的相似值进行比较
GLOB	GLOB 运算符用于把某个值与使用通配符运算符的相似值进行比较。GLOB 与 LIKE 不同之处在于,它是大小写敏感的
NOT	NOT 运算符是所用的逻辑运算符的对立面,如 NOT EXISTS、NOT BETWEEN、NOT IN,等,它是否定运算符
OR	OR 运算符用于结合一个 SQL 语句的 WHERE 子句中的多个条件
IS NULL	NULL 运算符用于把某个值与 NULL 值进行比较
IS	IS 运算符与＝相似
IS NOT	IS NOT 运算符与!＝相似
||	连接两个不同的字符串,得到一个新的字符串
UNIQUE	UNIQUE 运算符搜索指定表中的每一行,确保唯一性(无重复)

5.5.4 位运算符

如果 $A＝60$,且 $B＝13$,则表 5-9 列举了各位运算符的应用情况。

表 5-9 位运算符

运算符	描 述	实 例
&	如果同时存在于两个操作数中,二进制 AND 运算符复制一位到结果中	$(A\&B)$ 将得到 12,即为 0000 1100
|	如果存在于任一操作数中,二进制 OR 运算符复制一位到结果中	$(A\|B)$ 将得到 61,即为 0011 1101
~	二进制补码运算符是一元运算符,具有"翻转"位效应。	$(\sim A)$ 将得到 -61,即为 1100 0011,2 的补码形式,带符号的二进制数
<<	二进制左移运算符。左操作数的值向左移动右操作数指定的位数	$A << 2$ 将得到 240,即为 1111 0000
>>	二进制右移运算符。左操作数的值向右移动右操作数指定的位数	$A >> 2$ 将得到 15,即为 0000 1111

5.6 SQLite 的常用命令

用户可以在任何时候输入".help",列出可用的命令。

```
sqlite> .help
.bail ON|OFF              Stop after hitting an error.    Default OFF
.databases               List names and files of attached databases
.dump ?TABLE? ...        Dump the database in an SQL text format
.echo ON|OFF             Turn command echo on or off
.exit                    Exit this program
.explain ON|OFF          Turn output mode suitable for EXPLAIN on or off.
.header(s) ON|OFF        Turn display of headers on or off
.help                    Show this message
.import FILE TABLE       Import data from FILE into TABLE
.indices TABLE           Show names of all indices on TABLE
.load FILE ?ENTRY?       Load an extension library
.mode MODE ?TABLE?       Set output mode where MODE is one of:
                           csv     Comma - separated values
                           column  Left - aligned columns.   (See .width)
                           html    HTML < table > code
                           insert  SQL insert statements for TABLE
                           line    One value per line
                           list    Values delimited by .separator string
                           tabs    Tab - separated values
                           tcl     TCL list elements
.nullvalue STRING        Print STRING in place of NULL values
.output FILENAME         Send output to FILENAME
.output stdout           Send output to the screen
.prompt MAIN CONTINUE    Replace the standard prompts
.quit                    Exit this program
.read FILENAME           Execute SQL in FILENAME
.schema ?TABLE?          Show the CREATE statements
.separator STRING        Change separator used by output mode and .import
.show                    Show the current values for various settings
.tables ?PATTERN?        List names of tables matching a LIKE pattern
.timeout MS              Try opening locked tables for MS milliseconds
.width NUM NUM ...       Set column widths for "column" mode
```

表 5-10 给出 SQLite 一些常用命令及说明。

表 5-10　SQLite 常用命令及说明

命　　令	说　　明
.backup ?DB? FILE	备份 DB 数据库(默认是"main")到 FILE 文件
.bail ON|OFF	发生错误后停止,默认为 OFF
.databases	列出附加数据库的名称和文件
.dump ? TABLE?	以 SQL 文本格式转储数据库。如果指定了 TABLE 表,则只转储匹配 LIKE 模式的 TABLE 表
.echo ON|OFF	开启或关闭 echo 命令
.exit	退出 SQLite 提示符
.explain ON|OFF	开启或关闭适合于 EXPLAIN 的输出模式。如果没有带参数,则为 EXPLAIN on,即开启 EXPLAIN
.header(s) ON|OFF	开启或关闭头部显示

命　令	说　明
. help	显示帮助消息
. import FILE TABLE	导入来自 FILE 文件的数据到 TABLE 表中
. indices ?TABLE?	显示所有索引的名称。如果指定了 TABLE 表,则只显示匹配 LIKE 模式的 TABLE 表的索引
. load FILE ?ENTRY?	加载一个扩展库
. log FILE|off	开启或关闭日志。FILE 文件可以是 stderr(标准错误)/stdout(标准输出)
. mode MODE	设置输出模式,MODE 可以是下列之一: csv　逗号分隔的值; column　左对齐的列; html　HTML 的< table >代码; insert　TABLE 表的 SQL 插入(insert)语句; line　每行一个值; list　由.separator 字符串分隔的值; tabs　由 Tab 分隔的值; tcl TCL　列表元素
. nullvalue STRING	在 NULL 值的地方输出 STRING 字符串
. output FILENAME	发送输出到 FILENAME 文件
. output stdout	发送输出到屏幕
. print STRING	逐字地输出 STRING 字符串
. prompt MAIN CONTINUE	替换标准提示符
. quit	退出 SQLite 提示符
. read FILENAME	执行 FILENAME 文件中的 SQL
. schema ? TABLE?	显示 CREATE 语句。如果指定了 TABLE 表,则只显示匹配 LIKE 模式的 TABLE 表
. separator STRING	改变输出模式和.import 所使用的分隔符
. show	显示各种设置的当前值
. stats ON|OFF	开启或关闭统计
. tables ? PATTERN?	列出匹配 LIKE 模式的表的名称
. timeout MS	尝试打开锁定的表 MS(μs)
. width NUM NUM	为 column 模式设置列宽度
. timer ON|OFF	开启或关闭 CPU 定时器测量

值得注意的是,确保 sqlite>提示符与点命令之间没有空格,否则将无法正常工作。

下面举几个命令行的例子(本章例子均在 Linux 下运行,内核版本 2.6.38)。

(1) 备份和还原数据库。

在当前连接的 main 数据库中创建一个数据表,之后再通过.backup 命令将 main 数据库备份到/sqlite1/my.db 文件中。

```
sqlite> CREATE TABLE mytable (first_col integer);
sqlite> .backup '/sqlite1/my.db '
sqlite> .exit
```

（2）DUMP 数据表的创建语句到指定文件。

先将命令行当前的输出重定向到/sqlite1/myoutput.txt,之后再将之前创建的 mytable 表的声明语句输出到该文件。

```
sqlite > .output /sqlite1/myoutput.txt
sqlite > .dump mytabl %
sqlite > .exit
```

（3）显示当前连接的所有 Attached 数据库和 main 数据库。

```
sqlite > ATTACH DATABASE '/sqlite1/my.db 'AS mydb;
sqlite > .databases
seq     name                        file
---     ---------------     ------------------------------
0       main
2       mydb                        /sqlite1/my.db
```

（4）显示 main 数据库中的所有数据表。

```
sqlite > .tables
mytable
```

（5）显示匹配表名 mytabl%的数据表的所有索引。

```
sqlite > CREATE INDEX myindex on mytable(first_col);
sqlite > .indices mytabl %
myindex
```

（6）显示匹配表名 mytable%的数据表的 Schema 信息,依赖该表的索引信息也被输出。

```
sqlite > .schema mytabl %
CREATE TABLE mytable (first_col integer);
CREATE INDEX myindex on mytable(first_col);
```

5.7 SQLite 的 C/C++接口

本节介绍 C/C++接口的相关知识。SQLite 有超过 225 个 API,此外还有一些数据结构和预定义。然而,大多数 API 是可选的,非常专业。核心应用编程接口小,简单易于学习。

从功能的角度来区分,SQLite 的 API 可分为两类：核心 API 和扩充 API。核心 API 由所有完成基本数据库操作的函数构成,主要包括连接数据库、执行 SQL 和遍历结果集等。它还包括一些功能函数,用来完成字符串格式化、操作控制、调试和错误处理等任务。扩充 API 提供不同的方法来扩展 SQLite,它向用户提供创建自定义的 SQL 扩展,并与 SQLite 本身的 SQL 相集成等功能。

以下 2 个对象和 8 个函数构成了 SQLite 接口的关键元素。

sqlite3：数据库连接对象。由 sqlite3_open()创建,由 sqlite3_close()销毁。

sqlite3_stmt：准备好的语句对象。由 sqlite3_prepare()创建,并由 sqlite3_finalize()销毁。sqlite3_stmt 对象的一个实例表示一条已编译成二进制形式并准备好进行计算的 SQL 语句。也就是说,把每一条 SQL 语句看作一个独立的计算机程序,原始的 SQL 文本是源代码,准备好的语句对象 sqlite3_stmt 是编译后的目标代码,在运行之前,所有的 SQL 都必须转换成一个准备好的语句。

sqlite3_open()：打开与新的或现有的 SQLite 数据库的连接。SQLite3 的构造函数。

sqlite3_prepare()：将 SQL 文本编译成字节码,用于查询或更新数据库。sqlite3_stmt 的构造函数。

sqlite3_bind()：将应用程序数据存储到原始 SQL 的参数中。

sqlite3_step()：将 sqlite3_stmt 推进到下一个结果行或完成。

SqLite3_column()：SQLite3_stmt 的当前结果行中的列值。

Sqlite3_finalize()：SQLite3_stmt 的析构函数。

SqLite3_close()：SQLite3 的析构函数。

sqlite3_exec()：为一个或多个 SQL 语句的字符串执行 sqlite3_prepare()、sqlite3_step()、sqlite3_column()和 sqlite3_finalize()的包装函数。

5.7.1 核心 C API 函数

视频讲解

1. 预编译查询

核心 C API 主要与执行 SQL 命令有关。核心 C API 大约有 10 个,它们分别如下。

```
sqlite3_open()
sqlite3_prepare()
sqlite3_step()
sqlite3_column()
sqlite3_finalize()
sqlite3_close()
sqlite3_exec()
sqlite3_get_table()
sqlite3_reset()
sqlite3_bind()
```

有两种方法执行 SQL 语句：预编译查询(Prepared Query)和封装查询。预编译查询由三个阶段构成：准备(preparation)、执行(execution)和定案(finalization)。封装查询只是对预编译查询的三个过程进行了封装,最终也会转化为预编译查询来执行。

预处理查询是 SQLite 执行所有 SQL 命令的方式,主要包括以下三个步骤：

1) 准备

分词器、分析器和代码生成器把 SQL 语句编译成虚拟机字节码,编译器会创建一个语句句柄(sqlite3_stmt),它包括字节码以及其他执行命令和遍历结果集所需的全部资源。相应的 C API 为 sqlite3_prepare(),位于 prepare.c 文件中,有多种类似的形式,如 sqlite3_prepare()、sqlite3_prepare16()、sqlite3_prepare_v2()等。完整的 API 语法如下：

```
int sqlite3_prepare(
  sqlite3 * db,
        /* db 为 sqlite3 的句柄 */
  const char * zSql,
     /* zSql 为要执行的 SQL 语句 */
  int nByte,
        /* nByte 为要执行语句在 zSql 中的最大长度,如果是负数,那么就需要重新自动计算 */
  sqlite3_stmt * * ppStmt,  /* ppStmt 为预编译后的句柄 */
  const char * * pzTail      /* pzTail 预编译后剩下的字符串(未预编译成功或者多余的)的指
                              针,一般传入 0 或者 NULL 即可 */
);
```

sqlite3_prepare 接口把一条 SQL 语句编译成字节码留给后面的执行函数。使用该接口访问数据库是当前比较好的一种方法。

sqlite3_prepare16()原型如下：

```
int sqlite3_prepare16(sqlite3 *,const void *,int,sqlite3_stmt **,const void ** );
```

sqlite3_prepare()处理的 SQL 语句是 UTF-8 编码的,而 sqlite3_prepare16()则要求是 UTF-16 编码的。

相对于 sqlite3_prepare()来说,sqlite3_prepare_v2()提供了一个更好的接口,保留旧的 sqlite3_prepare()是为了向后兼容。建议使用 sqlite3_prepare_v2(),而不是 sqlite3_prepare()。

sqlite3_prepare_v2()原型如下：

```
int sqlite3_prepare_v2(
  sqlite3 * db,              /* db 为 sqlite3 的句柄 */
  const char * zSql,        /* zSql 为要执行的 SQL 语句 */
  int nByte,                /* nByte 为要执行语句在 zSql 中的最大长度,如果是负数,那么就需
                              要重新自动计算 */
  sqlite3_stmt * * ppStmt,  /* ppStmt 为预编译后的句柄 */
  const char * * pzTail      /* pzTail 预编译后剩下的字符串(未预编译成功或者多余的)的指针 */
);
```

2) 执行

虚拟机执行字节码的执行过程是一个步进(stepwise)的过程,每一步由 sqlite3_step() 启动,并由虚拟机执行一段字节码。当第一次调用 sqlite3_step()时,一般会获得一种锁,锁的种类由命令要做什么(读或写)决定。对于 SELECT 语句,每次调用 sqlite3_step()使用语句句柄的游标移到结果集的下一行。对于其他 SQL 语句(INSERT、UPDATE、DELETE 等),第一次调用 sqlite3_step()会导致 VDBE 执行整个命令。在 SQL 声明准备好之后,需要调用以下的方法来执行：

```
int sqlite3_step(sqlite3_stmt *);
```

如果 SQL 返回了一个单行结果集,sqlite3_step() 函数将返回 SQLITE_ROW；如果 SQL 语句执行成功或者正常将返回 SQLITE_DONE,否则将返回错误代码。如果不能打开

数据库文件,则会返回 SQLITE_BUSY;如果函数的返回值是 SQLITE_ROW,那么下列方法可以用来获得记录集行中的数据。

```
const void * sqlite3_column_blob(sqlite3_stmt *, int iCol);
int sqlite3_column_bytes(sqlite3_stmt *, int iCol);
int sqlite3_column_bytes16(sqlite3_stmt *, int iCol);
int sqlite3_column_count(sqlite3_stmt * );
const char * sqlite3_column_decltype(sqlite3_stmt *, int iCol);
const void * sqlite3_column_decltype16(sqlite3_stmt *, int iCol);
double sqlite3_column_double(sqlite3_stmt *, int iCol);
int sqlite3_column_int(sqlite3_stmt *, int iCol);
long long int sqlite3_column_int64(sqlite3_stmt *, int iCol);
const char * sqlite3_column_name(sqlite3_stmt *, int iCol);
const void * sqlite3_column_name16(sqlite3_stmt *, int iCol);
const unsigned char * sqlite3_column_text(sqlite3_stmt *, int iCol);
const void * sqlite3_column_text16(sqlite3_stmt *, int iCol);
int sqlite3_column_type(sqlite3_stmt *, int iCol);
```

sqlite3_column_count()函数返回结果集中包含的列数。sqlite3_column_count()可以在执行了 sqlite3_prepare()之后的任何时刻调用。sqlite3_data_count()除了必须要在 sqlite3_step()之后调用之外,其他与 sqlite3_column_count()大同小异。如果调用 sqlite3_step()返回值是 SQLITE_DONE 或者一个错误代码,则此时调用 sqlite3_data_count()将返回 0,然而 sqlite3_column_count()仍然会返回结果集中包含的列数。

返回的记录集通过使用其他的几个 sqlite3_column_*()函数来提取。所有的这些函数都把列的编号作为第二个参数。列编号从左到右以零起始,请注意它和之前那些从 1 起始的参数的不同。

sqlite3_column_type()函数返回第 N 列的值的数据类型。具体的返回值如下:

```
# define SQLITE_INTEGER     1
# define SQLITE_FLOAT       2
# define SQLITE_TEXT        3
# define SQLITE_BLOB        4
# define SQLITE_NULL        5
```

sqlite3_column_decltype()用来返回该列在 CREATE TABLE 语句中声明的类型。它可以用在当返回类型是空字符串时,sqlite3_column_name()返回第 N 列的字段名。sqlite3_column_bytes()用来返回 UTF-8 编码的 BLOBs 列的字节数或者 TEXT 字符串的字节数。sqlite3_column_bytes16()对于 BLOBs 列返回同样的结果,但是对于 TEXT 字符串则按 UTF-16 的编码来计算字节数。sqlite3_column_blob()返回 BLOB 数据。sqlite3_column_text()返回 UTF-8 编码的 TEXT 数据。sqlite3_column_text16()返回 UTF-16 编码的 TEXT 数据。sqlite3_column_int()以本地主机的整数格式返回一个整数值。sqlite3_column_int64()返回一个 64 位的整数。最后 sqlite3_column_double()返回浮点数。

需要注意的是,不一定非要按照 sqlite3_column_type()接口返回的数据类型来获取数据,数据类型不同时软件将自动转换。

3）定案

虚拟机关闭语句,释放资源。相应的 C API 为 sqlite3_finalize(),它导致虚拟机结束程序运行并关闭语句句柄。如果事务是由人工控制开始的,它必须由人工控制进行提交或回卷,否则 sqlite3_finalize()会返回一个错误。当 sqlite3_finalize()执行成功,所有与语句对象关联的资源都将被释放。在自动提交模式下,还会释放关联的数据库锁。

综合来看,预编译查询的执行流程如图 5-4 所示。

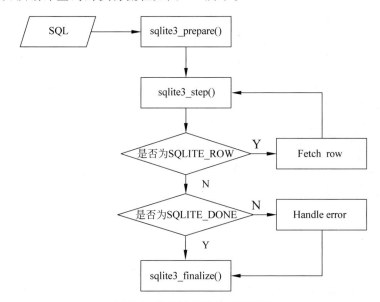

图 5-4 预编译查询执行流程图

封装查询简单地将上述三个步骤封装成一个函数引用,使得系统在某些环境下执行特定指令时非常便利。但无论是哪一种方法,都遵循这样一个规则:方法的封装性越强,它在执行和获取结果方面上的控制性将越差。因此,预编译查询与封装查询相比,提供了更多的特征、更多的控制以及更多的信息。

另一方面,在实际应用中,每一种查询都有适合它自己的用途。函数更适合执行如创建、删除、插入以及更新等修改类命令,而预编译查询则更为适合执行查询类的命令。

2. sqlite3_open()或 sqlite3_open16()函数

打开数据库用 sqlite3_open()或 sqlite3_open16()函数,它们的声明如下:

```
int sqlite3_open(
    const char * filename,          /* 数据库文件名 (UTF-8) */
    sqlite3 * * ppDb                 /* 输出数据库句柄 */
);
int sqlite3_open16(
    const void * filename,          /* 数据库文件名 (UTF-16) */
    sqlite3 * * ppDb                 /* 输出数据库句柄 */
);
```

其中,filename 参数可以是一个操作系统文件名,或字符串,或一个空指针(NULL)。如果使用后两者将创建内存数据库。当 filename 不为空时,函数先尝试打开,如果文件不存在,则用该名字创建一个新的数据库。

在 SQLite 中,数据库通常是存储在磁盘文件中的。然而在有些情况下,可以让数据库始终驻留在内存中。最常用的一种方式是在调用 sqlite3_open()时,数据库文件名参数传递":memory:",如:

```
rc = sqlite3_open(":memory:", &db);
```

在调用完以上函数后,不会有任何磁盘文件被生成,取而代之的是,一个新的数据库在纯内存中被成功创建了。由于没有持久化,该数据库在当前数据库连接被关闭后就会立刻消失。需要注意的是,尽管多个数据库连接都可以通过上面的方法创建内存数据库,然而它们却是不同的数据库,相互之间没有任何关系。事实上,我们也可以通过 ATTACH 命令将内存数据库像其他普通数据库一样,附加到当前的连接中,如:

```
ATTACH DATABASE ':memory:' AS aux1;
```

在调用 sqlite3_open()函数或执行 ATTACH 命令时,如果数据库文件参数传的是空字符串,那么一个新的临时文件将被创建作为临时数据库的底层文件,如:

```
rc = sqlite3_open("", &db);
```

或

```
ATTACH DATABASE '' AS aux2;
```

和内存数据库非常相似,两个数据库连接创建的临时数据库也是各自独立的,在连接关闭后,临时数据库将自动消失,其底层文件也将被自动删除。尽管磁盘文件被创建用于存储临时数据库中的数据信息,但是实际上临时数据库也会和内存数据库一样通常驻留在内存中。唯一不同的是,当临时数据库中数据量过大时,SQLite 为了保证有更多的内存可用于其他操作,会将临时数据库中的部分数据写到磁盘文件中,而内存数据库则始终会将数据存放在内存中。

3. sqlite3_close()函数

关闭数据库用 sqlite3_close()函数,声明如下:

```
int sqlite3_close(sqlite3 * );
```

为了 sqlite3_close()能够成功执行,所有与连接所关联的且已编译的查询必须被定案。如果仍然有查询没有定案,sqlite3_close()将返回 SQLITE_BUSY 和错误信息。

4. sqlite3_exec()函数

对于用户而言,在 SQLite C/C+ API 中使用频率最高的 3 个函数是:sqlite3_open(),sqlite3_close()和 sqlite3_exec()。sqlite3_exec()的作用是解析并执行由 SQL 参数所给的每个命令,直到字符串结束或者遇到错误为止。大部分 SQL 操作都可以通过 sqlite3_exec来完成,它的 API 形式如下:

```
int sqlite3_exec(
sqlite3 *,                              /* 数据库句柄 */
const char * sql,                       /* 要执行的 SQL 语句 */
int ( * callback)(void * ,int,char ** ,char ** ),    /* callback 回调函数 */
void *,                                 /* void * 回调函数的第一个参数 */
char ** errmsg                          /* errmsg 错误信息,如果没有 SQL 问题则值为 NULL */
);
```

回调函数是一个比较复杂的函数。原型如下：

```
int callback(void * params,int column_size,char ** column_value,char ** column_name)
```

参数说明如下。

params 是 sqlite3_exec 传入的第四个参数。

column_size 是结果字段的个数。

column_value 是返回记录的一位字符数组指针。

column_name 是结果字段的名称。

通常情况下 callback 在 select 操作中会使用到,尤其是处理每一行记录数时。返回的结果每一行记录都会调用下"回调函数"。如果回调函数返回了非 0,那么 sqlite3_exec 将返回 SQLITE_ABORT,并且之后的回调函数也不会执行,同时未执行的子查询也不会继续执行。

对于更新、删除、插入等不需要回调函数的操作,sqlite3_exec 的第三、第四个参数可以传入 0 或者 NULL。

通常情况下,sqlite3_exec 返回 SQLITE_OK＝0 的结果,非 0 结果可以通过 errmsg 来获取对应的错误描述。在 SQLite3 里 sqlite3_exec 可以被接口封装起来使用。

5．sqlite3_bind

SQL 声明可以包含一些型如"?"或"? nnn"或"：aaa"的标记,其中"nnn"是一个整数,"aaa"是一个字符串。这些标记代表一些不确定的字符值(或者通配符),用户可以在后面用 sqlite3_bind 接口来填充这些值。每一个通配符都被分配了一个编号(由它在 SQL 声明中的位置决定,从 1 开始)。相同的通配符可以在同一个 SQL 声明中出现多次。在这种情况下所有相同的通配符都会被替换成相同的值,没有被绑定的通配符将自动取 NULL 值。

```
int sqlite3_bind_blob(sqlite3_stmt *, int, const void *, int n, void( *)(void *));
int sqlite3_bind_double(sqlite3_stmt *, int, double);
int sqlite3_bind_int(sqlite3_stmt *, int, int);
int sqlite3_bind_int64(sqlite3_stmt *, int, long long int);
int sqlite3_bind_null(sqlite3_stmt *, int);
int sqlite3_bind_text(sqlite3_stmt *, int, const char *, int n, void( *)(void *));
int sqlite3_bind_text16(sqlite3_stmt *, int, const void *, int n, void( *)(void *));
int sqlite3_bind_value(sqlite3_stmt *, int, const sqlite3_value *);
```

以上是 sqlite3_bind 所包含的全部接口,其功能是给 SQL 声明中的通配符赋值。没有绑定的通配符则被认为是空值。绑定上的值不会被 sqlite3_reset()函数重置,但是在调用了 sqlite3_reset()之后所有的通配符都可以被重新赋值。sqlite3_reset()函数用来重置一个

SQL 声明的状态,使得它可以被再次执行。

6. sqlite3_get_table()函数

sqlite3_get_table 的说明如下:

```
int sqlite3_get_table(
 sqlite3 * db,
              /* db 是 sqlite3 的句柄 */
 const char * zSql,
   /* zSql 是要执行的 sql 语句 */
 char *** pazResult,
 /* pazResult 是执行查询操作的返回结果集 */
 int * pnRow,
       /* pnRow 是记录的行数 */
 int * pnColumn,          /* pnColumn 是记录的字段个数 */
 char * * pzErrmsg        /* pzErrmsg 是错误信息 */
);
```

由于 sqlite3_get_table 是 sqlite3_exec 的包装,因此返回的结果和 sqlite3_exec 类似。

5.7.2　扩充 C API 函数

SQLite 的扩充 API 用来支持用户自定义的函数、聚合和排序法。用户自定义函数是一个 SQL 函数,它对应于用 C 语言或其他语言实现的函数的句柄。使用 C API 时,这些句柄用 C/C++实现。用户自定义函数可以在注册之后像系统内置函数一样应用于语句中。自定义函数的使用类似于存储过程,不但方便了用户对常见功能的调用,也使得数据库执行的速度得到了较大的提高。

1. 简单函数和聚合函数

用户自定义函数从整体上可以分为两类:简单函数和聚合函数。其中,简单函数可以用在任何的表达式中,聚合函数经常用在 select 语句中。

sqlite3_create_function()函数用于注册或者删除用户自定义函数。其声明如下所示:

```
typedef struct sqlite3_value sqlite3_value;
  int sqlite3_create_function(
    sqlite3 *,
    const char * zFunctionName,
    int nArg,
    int eTextRep,
    void *,
    void ( * xFunc)(sqlite3_context * , int, sqlite3_value * * ),
    void ( * xStep)(sqlite3_context * , int, sqlite3_value * * ),
    void ( * xFinal)(sqlite3_context * )
  );
  int sqlite3_create_function16(
    sqlite3 *,
    const void * zFunctionName,
    int nArg,
    int eTextRep,
    void *,
```

```
    void ( * xFunc)(sqlite3_context * , int,sqlite3_value * * ),
    void ( * xStep)(sqlite3_context * , int,sqlite3_value * * ),
    void ( * xFinal)(sqlite3_context * )
  );
# define SQLITE_UTF8        1
# define SQLITE_UTF16       2
# define SQLITE_UTF16BE     3
# define SQLITE_UTF16LE     4
# define SQLITE_ANY         5
```

sqlite3_create_function16()和 sqlite_create_function()的不同就在于自定义的函数名一个要求是 UTF-16 编码,而另一个则要求是 UTF-8 编码。

自定义函数传递参数有两种方式,第一种是在注册时用 pUserData 传入,第二种是在调用已经注册的函数时传入参数。

对于简单函数而言,只需要设置 xFunc 参数,而把 xStep 和 xFinal 设为 NULL。但是对于聚合函数而言,则需要设置 xStep 和 xFinal 参数,而把 xFunc 设为 NULL。

其他的用户自定义函数接口主要还有如下几种。

Void(* func)(sqlite3_context * , int, sqlite3_value * *)是一个回调函数,第一个参数表示用户自定义函数的格式,第二个参数表示自定义函数的参数个数,第三个参数表示自定义函数的值。

Void * sqlite3_user_data(sqlite3_context *)函数用以返回用户注册函数时传入的参数 void * pUserData。

用户自定义聚合函数的代码部分主要包含了两个回调函数的编写以及聚合函数的注册,其基本步骤如下:用户自定义所用聚合函数的状态结构,利用 sqlite3_aggregate_context(sqlite3_context * , sizeof(struct_custom_agg))分配状态结构空间,多次调用 xStep(),在查询结果的每一行上运行 xStep()进行数据处理,在 xFinal()中,利用 sqlite3_aggregate_context(sqlite3_context * ,0)得到状态结构,并且设置返回值,利用 sqlite3_create_function()注册聚合函数,在 SQL 语句中调用聚合函数。

下面的函数用来从 sqlite3_value 结构体中提取数据:

```
const void * sqlite3_value_blob(sqlite3_value * );
int sqlite3_value_bytes(sqlite3_value * );
int sqlite3_value_bytes16(sqlite3_value * );
double sqlite3_value_double(sqlite3_value * );
int sqlite3_value_int(sqlite3_value * );
long long int sqlite3_value_int64(sqlite3_value * );
const unsigned char * sqlite3_value_text(sqlite3_value * );
const void * sqlite3_value_text16(sqlite3_value * );
int sqlite3_value_type(sqlite3_value * );
```

上面的函数调用以下的 API 来获得上下文内容和返回结果:

```
void * sqlite3_aggregate_context(sqlite3_context * , int nbyte);
void * sqlite3_user_data(sqlite3_context * );
void sqlite3_result_blob(sqlite3_context * , const void * , int n, void( * )(void * ));
```

```
void sqlite3_result_double(sqlite3_context *, double);
void sqlite3_result_error(sqlite3_context *, const char *, int);
void sqlite3_result_error16(sqlite3_context *, const void *, int);
void sqlite3_result_int(sqlite3_context *, int);
void sqlite3_result_int64(sqlite3_context *, long long int);
void sqlite3_result_null(sqlite3_context * );
void sqlite3_result_text(sqlite3_context *, const char *, int n, void( * )(void * ));
void sqlite3_result_text16(sqlite3_context *, const void *, int n, void( * )(void * ));
void sqlite3_result_value(sqlite3_context *, sqlite3_value * );
void * sqlite3_get_auxdata(sqlite3_context *, int);
void sqlite3_set_auxdata(sqlite3_context *, int, void *, void ( * )(void * ))
```

用户自定义函数注册的流程如图 5-5 所示。

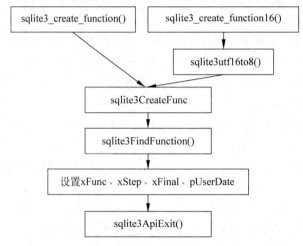

图 5-5　用户自定义函数注册流程图

2. 排序

总体来说,排序包含了对字符的排序以及对字符串的排序。排序通常采用排序序列的方法。一个排序序列就是一个字符清单,清单中的字符已经由确定位置的数字值安排好。这个按顺序排列的清单用于指明字符是如何排序的。排序可以辨别出系统任意给定的两个字符或字符串的先后顺序。

下面的函数用来实现用户自定义的排序规则:

```
int sqlite3_create_collation(
sqlite3 * db,
const char * zName,
int pref16,
void * pUserData,
int( * xcompare)(void *, int, const void *, int, const void * )
);
```

sqlite3_create_collation()函数主要用来声明一个排序序列以及实现它的比较函数。其中,比较函数 int(* xcompare)(void *, int, const void *, int, const void *)只能用来进行文本的比较。

5.8 SQLite 工具

SQLite 提供了 7 个工具帮助用户更好地使用 SQLite。它们分别是：命令行 Shell（在 Windows 中是 sqlite3.exe，以下均是）、数据分析器 Analyzer（sqlite3_analyzer.exe）、RBU、数据库文件比较程序（sqldiff.exe）、数据库哈希（dbhash.exe）、Fossil 以及 SQLite 存档程序（sqlar.exe）。下面分别简要介绍这些工具。

5.8.1 命令行 Shell

启动 sqlite3 程序，仅仅需要敲入带有 SQLite 数据库名字的"sqlite3"命令即可。如果文件不存在，则创建一个新的数据库文件。然后 sqlite3 程序将提示输入 SQL，输入 SQL 语句（以分号";"结束）并按 Enter 键之后，SQL 语句就会执行。

例如，创建一个名字为"test"的 SQLite 数据库，如下：

```
sqlite3 test
SQLite version 3.7.14
Enter ".help" for instructions
sqlite>
```

5.8.2 数据分析器

和 PostgreSQL 非常相似，SQLite 中的数据分析器 sqlite3_analyzer 也同样用于分析数据表和索引中的数据，并将统计结果存放于 SQLite 的内部系统表中，以便根据分析后的统计数据选择最优的查询执行路径，从而提高整个查询的效率。sqlite3_analyzer 程序是一个 TCL 程序，它使用 dbstat 虚拟表来收集关于数据库文件的信息，然后巧妙地格式化这些信息。该工具可以携带参数，如图 5-6 所示。

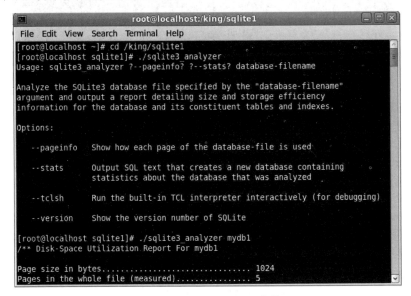

图 5-6   sqlite3_analyzer 参数

图 5-7～图 5-9 显示了对本章使用的 mydb1 数据库的分析信息。

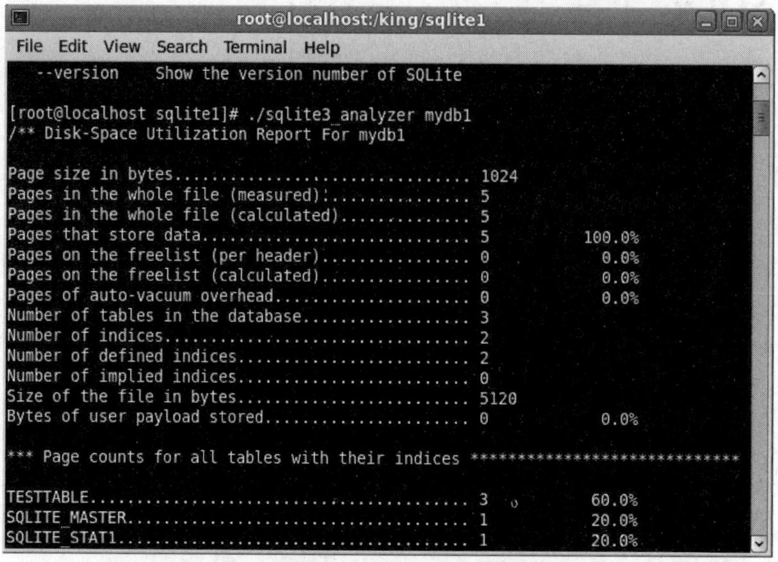

```
root@localhost:/king/sqlite1
File  Edit  View  Search  Terminal  Help
  --version        Show the version number of SQLite

[root@localhost sqlite1]# ./sqlite3_analyzer mydb1
/** Disk-Space Utilization Report For mydb1

Page size in bytes.............................. 1024
Pages in the whole file (measured):............. 5
Pages in the whole file (calculated)............ 5
Pages that store data........................... 5          100.0%
Pages on the freelist (per header).............. 0            0.0%
Pages on the freelist (calculated).............. 0            0.0%
Pages of auto-vacuum overhead................... 0            0.0%
Number of tables in the database................ 3
Number of indices............................... 2
Number of defined indices....................... 2
Number of implied indices....................... 0
Size of the file in bytes....................... 5120
Bytes of user payload stored.................... 0            0.0%

*** Page counts for all tables with their indices *****************************


TESTTABLE....................................... 3           60.0%
SQLITE_MASTER................................... 1           20.0%
SQLITE_STAT1.................................... 1           20.0%
```

图 5-7 sqlite3_analyzer 对 mydb1 数据库分析情况(1)

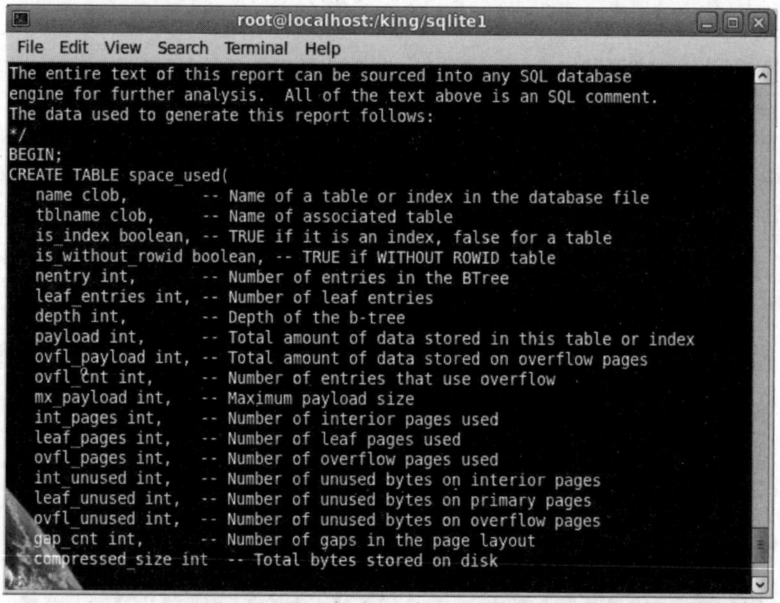

```
root@localhost:/king/sqlite1
File  Edit  View  Search  Terminal  Help
The entire text of this report can be sourced into any SQL database
engine for further analysis.  All of the text above is an SQL comment.
The data used to generate this report follows:
*/
BEGIN;
CREATE TABLE space_used(
  name clob,        -- Name of a table or index in the database file
  tblname clob,     -- Name of associated table
  is_index boolean, -- TRUE if it is an index, false for a table
  is_without_rowid boolean, -- TRUE if WITHOUT ROWID table
  nentry int,       -- Number of entries in the BTree
  leaf_entries int, -- Number of leaf entries
  depth int,        -- Depth of the b-tree
  payload int,      -- Total amount of data stored in this table or index
  ovfl_payload int, -- Total amount of data stored on overflow pages
  ovfl_cnt int,     -- Number of entries that use overflow
  mx_payload int,   -- Maximum payload size
  int_pages int,    -- Number of interior pages used
  leaf_pages int,   -- Number of leaf pages used
  ovfl_pages int,   -- Number of overflow pages used
  int_unused int,   -- Number of unused bytes on interior pages
  leaf_unused int,  -- Number of unused bytes on primary pages
  ovfl_unused int,  -- Number of unused bytes on overflow pages
  gap_cnt int,      -- Number of gaps in the page layout
  compressed_size int  -- Total bytes stored on disk
```

图 5-8 sqlite3_analyzer 对 mydb1 数据库分析情况(2)

5.8.3 可恢复批量更新

可恢复批量更新(Resumable Bulk Update,RBU)实用程序允许以可恢复且不中断正在进行的操作的方式,将一批更改应用于运行在嵌入式硬件上的远程数据库。

RBU 扩展是 SQLite 的一个附加工具,设计用于网络边缘的低功耗设备上的大型 SQLite 数据库文件。RBU 可以用于以下两个不同的任务。

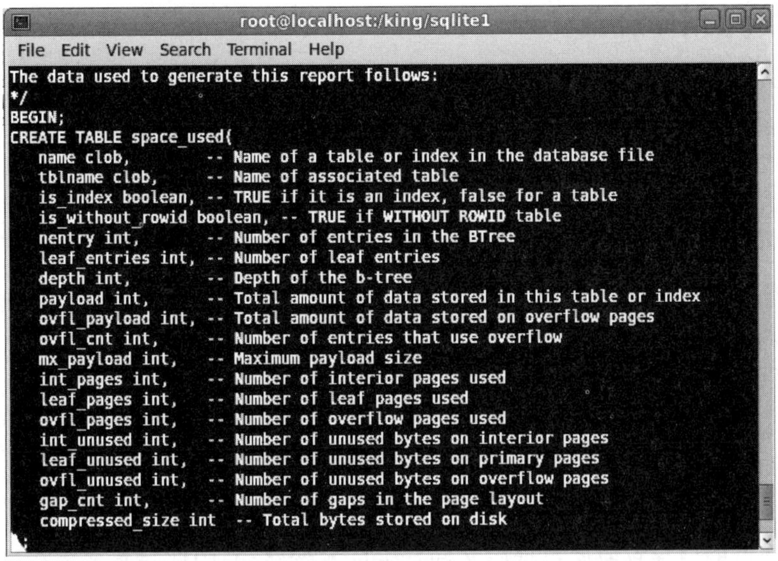

图 5-9 sqlite3_analyzer 对 mydb1 数据库分析情况(3)

（1）RBU 更新操作。RBU 更新是数据库文件的批量更新，可包括对一个或多个表的许多插入、更新和删除操作。

（2）RBU Vacuum 操作。RBU Vacuum 优化和重建整个数据库文件，其结果类似于SQLite 的本机 Vacuum 命令。

5.8.4 数据库文件比较程序

数据库文件比较程序（SQLite Database Diff）比较两个 SQLite 数据库文件，并输出将一个数据库文件转换成另一个数据库文件所需的 SQL 脚本。下面是它的指令格式：

```
sqldiff [options] database1.sqlite database2.sqlite
```

通常的输出是一个将 database1.sqlite（源数据库）转换成 database2.sqlite（目标数据库）的 SQL 脚本。

SQLite Database Diff 的参数情况如图 5-10 所示。

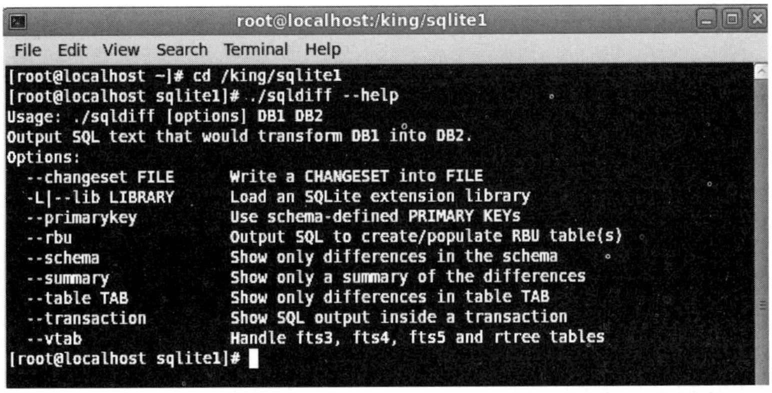

图 5-10 SQLite Database Diff 的参数

5.8.5　数据库哈希

数据库哈希(Database Hash,Dbhash)程序演示了如何计算 SQLite 数据库内容的散列。Dbhash 实用程序是一个命令行程序,用于计算 SQLite 数据库的模式和内容的 SHA1 哈希。

Dbhash 忽略无关的格式细节,只散列数据库模式和内容。因此,即使数据库文件被修改为:

```
VACUUM
PRAGMA page_size
PRAGMA journal_mode
REINDEX
ANALYZE
copied via the backup API
...
```

上述操作可能会导致原始数据库文件发生巨大变化,并因此导致文件级别的 SHA1 哈希非常不同。由于数据库文件中表示的内容通过这些操作没有改变,因此由 Dbhash 计算的散列也没有改变。

Dbhash 可以用来比较两个数据库,以确认它们是等价的,即使它们在磁盘上的表示是完全不同的。Dbhash 也可以用来验证远程数据库的内容,而不必通过慢速链接传输远程数据库的全部内容。

5.8.6　Fossil

Fossil 版本控制系统是一个分布式 VCS,专门设计用于支持 SQLite 开发。Fossil 使用 SQLite 作为存储。

5.8.7　SQLite 存档程序

SQLite 存档程序(SQLite Archiver)是一个使用 SQLite 进行存储的类似 ZIP 的归档程序。该程序(名为"sqlar")的操作非常类似于"zip",只是它构建的压缩存档文件存储在 SQLite 数据库中,而不是 ZIP 存档文件中。

5.9　实例代码

本节介绍几个 SQLite 的实例。

5.9.1　获取表的 Schema 信息

主要步骤如下。

(1) 动态创建表。

(2) 根据 SQLite3 提供的 API,获取表字段的信息,如字段数量以及每个字段的类型。

(3) 删除该表。

过程见以下代码及关键性注释:

```cpp
#include <sqlite3.h>
#include <string>
using namespace std;
void doTest() {
sqlite3 * conn = NULL;
//1. 打开数据库
int result = sqlite3_open("/sqlite1/mytest.db",&conn);
if (result != SQLITE_OK) {
sqlite3_close(conn);
return;
}
const char * createTableSQL = "CREATE TABLE TESTTABLE (int_col INT, float_col
REAL, string_col TEXT)";
sqlite3_stmt * stmt = NULL;
int len = strlen(createTableSQL);
/* 2. 准备创建数据表,如果创建失败,需要用 sqlite3_finalize 释放 sqlite3_stmt 对象,以防止内
存泄漏 */
if (sqlite3_prepare_v2(conn,createTableSQL,len,&stmt,NULL) != SQLITE_OK) {
if (stmt)
sqlite3_finalize(stmt);
sqlite3_close(conn);
return;
}
/* 3. 通过 sqlite3_step 命令执行创建表的语句. 对于 DDL 和 DML 语句而言,sqlite3_step 执行正确
的返回值只有 SQLITE_DONE,对于 SELECT 查询而言,如果有数据返回 SQLITE_ROW,当到达结果集末尾
时则返回 SQLITE_DONE */
if (sqlite3_step(stmt) != SQLITE_DONE) {
sqlite3_finalize(stmt);
sqlite3_close(conn);
return;
}
//4. 释放创建表语句对象的资源
sqlite3_finalize(stmt);
printf("Succeed to create test table now.\n");
//5. 构造查询表数据的 sqlite3_stmt 对象
const char * selectSQL = "SELECT * FROM TESTTABLE WHERE 1 = 0";
sqlite3_stmt * stmt2 = NULL;
if (sqlite3_prepare_v2(conn,selectSQL,strlen(selectSQL),&stmt2,NULL)
!= SQLITE_OK) {
if (stmt2)
sqlite3_finalize(stmt2);
sqlite3_close(conn);
return;
}
//6. 根据 select 语句的对象,获取结果集中的字段数量
int fieldCount = sqlite3_column_count(stmt2);
printf("The column count is %d.\n",fieldCount);
//7. 遍历结果集中每个字段 meta 信息,并获取其声明时的类型
for (int i = 0; i < fieldCount; ++i) {
```

```
/* 由于此时 Table 中并不存在数据,再有就是 SQLite 中的数据类型本身是动态的,所以在没有数据
//时无法通过 sqlite3_column_type 函数获取,此时 sqlite3_column_type 只会返回 SQLITE_NULL,直
//到有数据时才能返回具体的类型,因此这里使用了 sqlite3_column_decltype 函数来获取表声明时
//给出的声明类型 */
string stype = sqlite3_column_decltype(stmt2,i);
stype = strlwr((char *)stype.c_str());
if (stype.find("int") != string::npos) {
printf("The type of %dth column is INTEGER.\n",i);
} else if (stype.find("char") != string::npos || stype.find("text") != string::npos) {
printf("The type of %dth column is TEXT.\n",i);
} else if (stype.find("real") != string::npos || stype.find("floa") != string::npos
|| stype.find("doub") != string::npos ) {
printf("The type of %dth column is DOUBLE.\n",i);
}
}
sqlite3_finalize(stmt2);
/* 8. 为了方便下一次测试运行,我们这里需要删除该函数创建的数据表,否则在下次运行时将无法
创建该表,因为它已经存在 */
const char * dropSQL = "DROP TABLE TESTTABLE";
sqlite3_stmt * stmt3 = NULL;
if (sqlite3_prepare_v2(conn,dropSQL,strlen(dropSQL),&stmt3,NULL) != SQLITE_OK)
{
if (stmt3)
sqlite3_finalize(stmt3);
sqlite3_close(conn);
return;
}
if (sqlite3_step(stmt3) == SQLITE_DONE) {
printf("The test table has been dropped.\n");
}
sqlite3_finalize(stmt3);
sqlite3_close(conn);
}
int main() {
doTest();
return 0;
}
//输出结果为:
//Succeed to create test table now.
//The column count is 3.
//The type of 0th column is INTEGER.
//The type of 1th column is DOUBLE.
//The type of 2th column is TEXT.
//The test table has been dropped.
```

5.9.2 数据插入

主要步骤如下。

(1) 创建测试数据表。

（2）通过 INSERT 语句插入测试数据。

（3）删除测试表。

过程见以下代码及关键性注释：

```
#include <sqlite3.h>
#include <string>
#include <stdio.h>
using namespace std;
void doTest() {
sqlite3 * conn = NULL;
//1. 打开数据库
int result = sqlite3_open("/sqlite1/mytest.db ",&conn);
if (result != SQLITE_OK) {
sqlite3_close(conn);
return;
}
const char * createTableSQL = "CREATE TABLE TESTTABLE (int_col INT,
float_col REAL, string_col TEXT)";
sqlite3_stmt * stmt = NULL;
int len = strlen(createTableSQL);
/* 2. 准备创建数据表,如果创建失败,需要用 sqlite3_finalize 释放 sqlite3_stmt 对象,以防止内
存泄漏 */
if (sqlite3_prepare_v2(conn,createTableSQL,len,&stmt,NULL) != SQLITE_OK) {
if (stmt)
sqlite3_finalize(stmt);
sqlite3_close(conn);
return;
}
/* 3. 通过 sqlite3_step 命令执行创建表的语句. 对于 DDL 和 DML 语句而言,sqlite3_step 执行正确
的返回值只有 SQLITE_DONE,对于 SELECT 查询而言,如果有数据返回 SQLITE_ROW,当到达结果集末尾
时则返回 SQLITE_DONE */
if (sqlite3_step(stmt) != SQLITE_DONE) {
sqlite3_finalize(stmt);
sqlite3_close(conn);
return;
}
//4. 释放创建表语句对象的资源
sqlite3_finalize(stmt);
printf("Succeed to create test table now.\n");
int insertCount = 10;
//5. 构建插入数据的 sqlite3_stmt 对象
const char * insertSQL = "INSERT INTO TESTTABLE VALUES(%d,%f,'%s')";
const char * testString = "this is a test.";
char sql[1024];
sqlite3_stmt * stmt2 = NULL;
for (int i = 0; i < insertCount; ++i) {
sprintf(sql,insertSQL,i,i * 1.0,testString);
if (sqlite3_prepare_v2(conn,sql,strlen(sql),&stmt2,NULL) != SQLITE_OK) {
if (stmt2)
```

```
sqlite3_finalize(stmt2);
sqlite3_close(conn);
return;
}
if (sqlite3_step(stmt2) != SQLITE_DONE) {
sqlite3_finalize(stmt2);
sqlite3_close(conn);
return;
}
printf("Insert Succeed.\n");
}
sqlite3_finalize(stmt2);
/* 6. 为了方便下一次测试运行,我们这里需要删除该函数创建的数据表,否则在下次运行时将无法
创建该表,因为它已经存在 */
const char * dropSQL = "DROP TABLE TESTTABLE";
sqlite3_stmt * stmt3 = NULL;
if (sqlite3_prepare_v2(conn,dropSQL,strlen(dropSQL),&stmt3,NULL) != SQLITE_OK)
{
if (stmt3)
sqlite3_finalize(stmt3);
sqlite3_close(conn);
return;
}
if (sqlite3_step(stmt3) == SQLITE_DONE) {
printf("The test table has been dropped.\n");
}
sqlite3_finalize(stmt3);
sqlite3_close(conn);
}
int main() {
doTest();
return 0;
}
//输出结果如下:
//Succeed to create test table now.
//Insert Succeed.
//Insert Succeed.
//Insert Succeed.
//Insert Succeed.
//Insert Succeed.
//Insert Succeed.
//Insert Succeed.
//Insert Succeed.
//Insert Succeed.
//Insert Succeed.
//The test table has been dropped.
```

5.9.3 数据查询

数据查询是每个关系型数据库都会提供的最基本功能,下面的代码示例将给出如何通过

SQLite API 获取数据。

（1）创建测试数据表。

（2）插入一条测试数据到该数据表,以便于后面的查询。

（3）执行 SELECT 语句检索数据。

（4）删除测试表。

见以下示例代码和关键性注释:

```cpp
#include <sqlite3.h>
#include <string>
#include <stdio.h>
using namespace std;
void doTest() {
sqlite3 * conn = NULL;
//1. 打开数据库
int result = sqlite3_open("/sqlite1/mytest.db ",&conn);
if (result != SQLITE_OK) {
sqlite3_close(conn);
return;
}
const char * createTableSQL =
"CREATE TABLE TESTTABLE (int_col INT, float_col REAL, string_col TEXT)";
sqlite3_stmt * stmt = NULL;
int len = strlen(createTableSQL);
/* 2. 准备创建数据表,如果创建失败,需要用 sqlite3_finalize 释放 sqlite3_stmt 对象,以防止内
存泄漏 */
if (sqlite3_prepare_v2(conn,createTableSQL,len,&stmt,NULL) != SQLITE_OK) {
if (stmt)
sqlite3_finalize(stmt);
sqlite3_close(conn);
return;
}
/* 3. 通过 sqlite3_step 命令执行创建表的语句,对于 DDL 和 DML 语句而言,sqlite3_step 执行正确
的返回值只有 SQLITE_DONE,对于 SELECT 查询而言,如果有数据返回 SQLITE_ROW,当到达结果集末尾
时则返回 SQLITE_DONE */
if (sqlite3_step(stmt) != SQLITE_DONE) {
sqlite3_finalize(stmt);
sqlite3_close(conn);
return;
}
//4. 释放创建表语句对象的资源
sqlite3_finalize(stmt);
printf("Succeed to create test table now. \n");
//5. 为后面的查询操作插入测试数据
```

```
sqlite3_stmt * stmt2 = NULL;
const char * insertSQL = "INSERT INTO TESTTABLE VALUES(20,21.0,'this is a
test.')";
if (sqlite3_prepare_v2(conn,insertSQL,strlen(insertSQL),&stmt2,NULL) !=
SQLITE_OK) {
if (stmt2)
sqlite3_finalize(stmt2);
sqlite3_close(conn);
return;
}
if (sqlite3_step(stmt2) != SQLITE_DONE) {
sqlite3_finalize(stmt2);
sqlite3_close(conn);
return;
}
printf("Succeed to insert test data.\n");
sqlite3_finalize(stmt2);
//6. 执行 SELECT 语句查询数据
const char * selectSQL = "SELECT * FROM TESTTABLE";
sqlite3_stmt * stmt3 = NULL;
if (sqlite3_prepare_v2(conn,selectSQL,strlen(selectSQL),&stmt3,NULL) !=
SQLITE_OK) {
if (stmt3)
sqlite3_finalize(stmt3);
sqlite3_close(conn);
return;
}
int fieldCount = sqlite3_column_count(stmt3);
do {
int r = sqlite3_step(stmt3);
if (r == SQLITE_ROW) {
for (int i = 0; i < fieldCount; ++i) {
/* 这里需要先判断当前记录当前字段的类型,再根据返回的类型使用不同的 API 函数获取实际的数
据值 */
int vtype = sqlite3_column_type(stmt3,i);
if (vtype == SQLITE_INTEGER) {
int v = sqlite3_column_int(stmt3,i);
printf("The INTEGER value is %d.\n",v);
} else if (vtype == SQLITE_FLOAT) {
double v = sqlite3_column_double(stmt3,i);
printf("The DOUBLE value is %f.\n",v);
} else if (vtype == SQLITE_TEXT) {
const char * v = (constch
ar * )sqlite3_column_text(stmt3,i);
printf("The TEXT value is %s.\n",v);
} else if (vtype == SQLITE_NULL) {
printf("This value is NULL.\n");
}
}
} else if (r == SQLITE_DONE) {
```

```
printf("Select Finished.\n");
break;
} else {
printf("Failed to SELECT.\n");
sqlite3_finalize(stmt3);
sqlite3_close(conn);
return;
}
} while (true);
sqlite3_finalize(stmt3);
/* 7. 为了方便下一次测试运行,我们这里需要删除该函数创建的数据表,否则在下次运行时将无法
创建该表,因为它已经存在 */
const char * dropSQL = "DROP TABLE TESTTABLE";
sqlite3_stmt * stmt4 = NULL;
if (sqlite3_prepare_v2(conn,dropSQL,strlen(dropSQL),&stmt4,NULL) != SQLITE_OK)
{
if (stmt4)
sqlite3_finalize(stmt4);
sqlite3_close(conn);
return;
}
if (sqlite3_step(stmt4) == SQLITE_DONE) {
printf("The test table has been dropped.\n");
}
sqlite3_finalize(stmt4);
sqlite3_close(conn);
}
int main() {
doTest();
return 0;
}
//输出结果如下:
//Succeed to create test table now.
//Succeed to insert test data.
//The INTEGER value is 20.
//The DOUBLE value is 21.000000.
//The TEXT value is this is a test..
//Select Finished.
//The test table has been dropped.
```

5.10　小结

本章介绍了嵌入式数据库 SQLite 的功能、特点和 SQLite 数据库的相关基础应用情况。当前嵌入式系统软件开发的重要环节之一就是对各种数据的管理,而嵌入式数据库是实现该目标的重要手段。SQLite 数据库的特点十分适合嵌入式产品开发,而且完全免费开源,值得在日常学习中多实践多研究。

习题

1. 简要叙述 SQLite 数据库的主要特点。

2. 下载 SQLite 源码并尝试在指定嵌入式系统中安装 SQLite。

3. SQLite 与其他数据库最大的不同是它对数据类型的支持,简述 SQLite 数据库支持的数据类型。

4. SQLite 拥有一个模块化的体系结构,请简述它的构成子系统。

5. 设计一个数据库,包含学生信息表、课程信息表和成绩信息表。请写出各个表的数据结构的 SQL 语句,以 CREATE TABLE 开头。

6. 向学生信息表和课程信息表各增加 5 条记录数据。请写出增加数据的 SQL 语句,以 INSERT INTO 开头。

7. 删除学生信息表和课程信息表的个别记录数据。请写出删除数据的 SQL 语句,以 DELETE FROM 开头。

8. 修改学生信息表和课程信息表的个别记录数据。请写出修改数据的 SQL 语句,以 UPDATE 开头。

9. 向成绩信息表增加 10 条记录数据。写出增加数据的 SQL 语句,以 INSERT INTO 开头。

10. 完成以下查询,请写出 SQL 语句,以 SELECT FROM 开头:

(1) 学生信息表中有几位学生;

(2) 成绩信息表中有几位学生是满分;

(3) 没有成绩的学生有哪些;

(4) 至少有一位学生选的课程有哪些;

(5) 查询选了三门课并且平均成绩在 85 分以上的学生名单。

第6章

SQLite 关键技术

第 5 章介绍了嵌入式数据库系统 SQLite 的基础知识,本章首先介绍 SQLite 的体系结构,然后在此基础上介绍该体系结构的核心部分,特别针对虚拟数据库引擎 VDBE 和由 B 树与页面缓存组成的 SQLite 存储体系做了详细介绍,最后讨论了 SQLite 的锁与并发控制机制。

6.1 SQLite 的体系结构

SQLite 拥有一个模块化的体系结构,并引进了一些独特的方法进行关系型数据库的管理。它由被组织在 3 个子系统中的 8 个独立的模块组成,如图 6-1 所示。

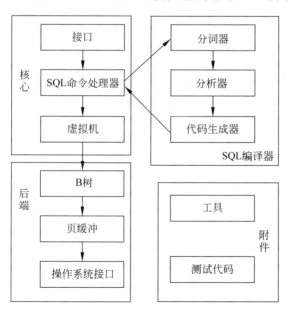

图 6-1 SQLite 的体系结构

如图 6-1 所示,SQLite 主要由核心(Core)、后端(Backend)和附件(Accessories)三个子系统组成。SQLite 通过利用虚拟机(也叫虚拟数据库引擎(VDBE)),使调试、修改和扩展 SQLite 的核心变得更加方便。所有 SQL 语句都被编译成易读的、可以在 SQLite 虚拟机中执行的程序集。SQLite 支持大小高达 2TB 的数据库,每个数据库完全存储在单个磁盘文件中。这些磁盘文件可以在不同字节顺序的计算机之间移动。这些数据以 B 树(B Tree)数据结构的形式存储在磁盘上。SQLite 根据该文件系统获得其数据库权限。

核心子系统由接口、SQL 命令处理器和虚拟机组成。接口(Interface)由 SQLite C/C++ API 以及一些数据结构组成,即无论是程序、脚本语言还是库文件,最终都是通过接口与 SQLite 交互的,如 ODBC/JDBC 最后也会转化为相应 API 的调用。SQL 命令处理器的处理过程从分词器(Tokenizer)和分析器(Parser)开始。它们协作处理文本形式的 SQL 语句,分析其语法有效性,转化为底层能更方便处理的层次数据结构——语法树,然后把语法树传给代码生成器(Code Generator)进行处理。

SQLite 分词器的代码是手工编写的,分析器代码是由 SQLite 定制的分析器生成器(称为 Lemon)生成的。一旦 SQL 语句被分解为串值并组织到语法树中,分析器就将该树下传给代码生成器进行处理。而代码生成器根据它生成一种 SQLite 专用的汇编代码,最后由虚拟机(Virtual Machine)执行。SQLite 架构中最核心的部分是虚拟机,或者称为虚拟数据库引擎(Virtual DataBase Engine,VDBE)。它和 Java 虚拟机相似,解释执行字节代码。虚拟机的字节代码(称为虚拟机语言)由 128 个操作码(Opcodes)构成,主要是进行数据库操作。它的每一条指令或者用来完成特定的数据库操作(如打开一个表的游标、开始一个事务等),或者为完成这些操作做准备。总之,所有的这些指令都是为了满足 SQL 命令的要求。虚拟机的指令集能满足任何复杂 SQL 命令的要求。所有的 SQLite SQL 语句——从选择和修改记录到创建表、视图和索引——都是首先编译成此种虚拟机语言,然后组成一个独立程序,定义如何完成给定的命令。

后端子系统由 B 树、页缓冲(Page Cache、Pager)和操作系统接口(即系统调用)构成。B 树和页缓冲共同对数据进行管理。它们操作的是数据库页,这些页具有相同的大小,就像集装箱。页里面的大量信息包括记录、字段和索引入口等。B 树和页缓冲都无须了解信息的具体内容,只负责"运输"这些页,不关心这些页里面是什么。

B 树维护着各个页之间的复杂的关系,便于快速找到所需数据。为查询而高度优化的 B 树把页组织成树形的结构。页缓冲为 B 树服务,为它提供页。页缓冲(Pager)的主要作用就是通过操作系统接口在 B-树和磁盘之间传递页。由于磁盘操作是计算机较慢的处理操作,因此页缓冲为提高速度采用的方法是把经常使用的页存放到内存当中的页缓冲区里,从而尽量减少操作磁盘的次数。它使用特殊的算法来预测下面要使用哪些页,从而使 B 树能够更快地工作。

附件部分由工具和测试代码(Utilities and Test Code)组成。工具模块中包含各种各样的实用功能,还有一些如内存分配、字符串比较、Unicode 转换之类的公共服务也在工具模块中。工具模块被很多其他模块调用和共享。测试模块中包含了大量的回归测试语句,用来检查数据库代码的每个细微角落。这个模块是 SQLite 性能如此可靠的原因之一。

子系统中的各个模块的具体说明如下。

1) 接口(Interface)

SQLite 库的大部分接口(也叫公共接口)由 main.c、legacy.c 和 vdbeapi.c 源文件中的函数来实现,这些函数依赖于分散在其他文件中的一些程序,因为在这些文件中它们可以访问有文件作用域的数据结构。典型的函数如下所示:sqlite3_get_table()例程在 table.c 中实现,sqlite3_mprintf()可在 printf.c 中找到,sqlite3_complete()则位于 tokenize.c 中。Tcl 接口在 tclsqlite.c 中实现。SQLite 的 C 接口信息可参考 http://sqlite.org/capi3ref.html。

为了避免和其他软件的名字冲突,SQLite 库的所有外部符号都以 sqlite3 为前缀,这些被用来做外部使用的符号(换句话说,这些符号用来形成 SQLite 的 API)是以 sqlite3_ 开头来命名的。

2)分词器(也叫词法分析器,Tokenizer)

当执行一个包含 SQL 语句的字符串时,接口程序要把这个字符串传递给 Tokenizer。Tokenizer 的任务是把原有字符串分割成一个个标识符(Token),并把这些标识符传递给解析器。Tokenizer 是用手工编写的,在 C 文件 tokenize.c 中。

在这个设计中需要注意的是,Tokenizer 调用 Parser。熟悉 YACC 和 BISON 的人们也许会习惯于用 Parser 调用 Tokenizer。SQLite 的设计者已经尝试了这两种方法,并发现用 Tokenizer 调用 Parser 会使程序运行得更好。YACC 会使程序更滞后一些。

3)分析器(也叫语法分析器,Parser)

语法分析器的工作是在指定的上下文中赋予标识符具体的含义。SQLite 的语法分析器使用 Lemon LALR(1)分析程序生成器来产生,Lemon 做的工作与 YACC/BISON 相同,但它使用不同的输入句法,这种句法更不易出错。Lemon 还产生可重入的且线程安全的语法分析器。Lemon 定义了非终结析构器的概念,当遇到语法错误时它不会泄漏内存。

因为 Lemon 是一个在开发机器上不常见的程序,所以 Lemon 的源代码(只是一个 C 文件)被放在 SQLite 的"tool"子目录下。Lemon 的文档放在"doc"子目录下。

4)代码生成器(Code Generator)

语法分析器在把标识符组装成完整的 SQL 语句后,就调用代码生成器产生虚拟机代码,以执行 SQL 语句请求的工作。代码生成器包含许多文件:attach.c、auth.c、build.c、delete.c、expr.c、insert.c、pragma.c、select.c、trigger.c、update.c、vacuum.c 和 where.c。这些文件涵盖了大部分最重要、最有意义的事情。expr.c 处理 SQL 中表达式的代码生成。where.c 处理 SELECT、UPDATE 和 DELETE 语句中 WHERE 子句的代码生成。文件 attach.c、delete.c、insert.c、select.c、trigger.c、update.c 和 vacuum.c 处理同名 SQL 语句的代码生成(这些文件在必要时都调用 expr.c 和 where.c 中的例程)。所有其他 SQL 语句的代码由 build.c 生成。文件 auth.c 实现 sqlite3_set_authorizer()的功能。

5)虚拟机

代码生成器生成的代码由虚拟机来执行。关于虚拟机更详细的信息可参考 http://sqlite.org/opcode.html。总的来说,虚拟机实现一个专为操作数据库文件而设计的抽象计算引擎。它有一个存储中间数据的存储栈,每条指令包含一个操作码和若干操作数。

虚拟机本身被完整地包含在一个单独的文件 vdbe.c 中,它也有自己的头文件,其中 vdbe.h 定义虚拟机与 SQLite 库其他部分之间的接口,vdbeInt.h 定义虚拟机私有的数据结构。文件 vdbeaux.c 包含被虚拟机使用的一些工具,和 SQLite 库的其他部分用来构建 VM 程序的一些接口模块。文件 vdbeapi.c 包含虚拟机的外部接口,如 sqlite3_bind_...族的函数。单独的值(字符串、整数、浮点数、BLOB 对象)被存储在一个叫 Mem 的内部对象中,在 vdbemem.c 中可找到它的实现。

SQLite 使用回调风格的 C 语言程序来实现 SQL 函数,每个内建的 SQL 函数都用这种方式来实现。大多数内建的 SQL 函数(如 coalesce()、count()、substr 等)可在 func.c 中找到。日期和时间转换函数可在 date.c 中找到。

6) B 树

B 树是为磁盘存储而优化了的一种树结构,其一般性说明可参考讲述"数据结构"的书籍。根据实现方法的不同,B 树又分为很多类型。在 SQLite 中,存储表数据用的是 B+树,存储表索引用的是 B—树。由于历史原因,SQLite 在 3.0 版以前只使用 B—树,从 3.0 版开始,才对表数据使用了 B+树。因此,在 SQLite 的官方文档中,有时 B—树表示存储表索引的 B—树,有时又是两种 B 树的统称。为了让读者不至于产生混淆,这里将 B 树作为统称。在 6.3 节中对于存储模块的介绍将 B+树和 B—树分开详细说明。

B 树的实现位于源文件 btree.c 中,所有的 B 树存放在同一个磁盘文件中。文件格式的细节被记录在 btree.c 开头的备注里。B 树子系统的接口在头文件 btree.h 中定义。

7) 页面缓存(也称为页缓冲,Page Cache)

B 树模块以固定大小的数据块形式从磁盘上请求信息,默认的块大小是 1024 字节,但是可以在 512~65 536 字节之间变化。页面缓存负责读、写和缓存这些数据块。页面缓存还提供回滚和原子提交的抽象,并且管理数据文件的锁定。B 树驱动模块从页面缓存中请求特定的页,当它想修改页面、想提交或回滚当前修改时,它也会通知页面缓存。页面缓存处理所有麻烦的细节,以确保请求能够快速、安全而有效地被处理。

页面缓存的代码实现被包含在单一的 C 源文件 pager.c 中。页面高速缓存子系统的接口在头文件 pager.h 中定义。

8) 操作系统接口(OS Interface)

为了在 POSIX 和操作系统之间提供移植性,SQLite 使用一个抽象层来提供操作系统接口。OS 抽象层的接口在 os.h 中定义,每种支持的操作系统有各自的实现:UNIX 使用 os_unix.c,Windows 使用 os_win.c 等。每个特定操作系统的实现通常都有自己的头文件,如 os_unix.h、os_win.h 等。

9) 实用工具(Utilities)

内存分配和字符串比较函数位于 util.c 中。语法分析器使用的符号表用 Hash 表来维护,其实现位于 hash.c 中。源文件 utf.c 包含 Unicode 转换子程序。SQLite 有自己的 printf()实现(带一些扩展功能),在 printf.c 中;还有自己的随机数生成器,在 random.c 中。

10) 测试代码(Test Code)

如果计算回归测试脚本,超过一半的 SQLite 代码将被测试。主要代码文件中有许多 assert()语句。另外,源文件 test1.c 通过 test5.c 和 md5.c 实现只用于测试目的的一些扩展。os_test.c 后端接口用来模拟断电,以验证页面高速缓存的崩溃恢复机制。

在 SQLite 官网的 alternative source codeformats 页面可以选择现在当前 SQLite 最新版本的源代码下载,如图 6-2 所示。表 6-1 列举了版本 SQLite 3.31.1 的主要源码文件结构。

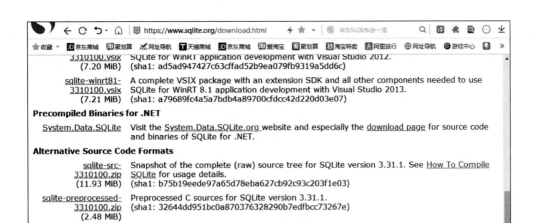

图 6-2　SQLite 最新版本的源代码下载

表 6-1　3.31.1 版本源代码结构描述

SQLite 组成	文 件 名 称	备　注
API	main. c	SQLite Library 的大部分接口
	legacy. c	sqlite3_exec 的实现
	table. c	sqlite3_get_table() 和 sqlite3_free_table() 的实现，它们是 sqlite3_exec 的包装
	preprare. c	主要实现 sqlite3_prepare()
分词器部分 （Tokenizer）	tokenize. c	分词器的实现
语法分析器部分 （Parser）	parser. c	分析器的实现，由 Lemon 实现
	parser. h	分析器内部定义的关键字
代码生成器 （Code Generator）	update. c	处理 UPDATTE 语句
	delete. c	处理 DELETE 语句
	insert. c	处理 INSERT 语句
	trigger. c	处理 TRIGGER 语句
	attach. c	处理 ATTACHT 和 DEATTACH 语句
	select. c	处理 SELECT 语句
	where. c	处理 WHERE 语句
	vacuum. c	处理 VACUUM 语句
	pragma. c	处理 PRAGMA 命令
	expr. c	处理 SQL 语句中的表达式
	auth. c	主要实现 sqlite3_set_authorizer()
	analyze. c	实现 ANALYZE 命令
	alter. c	实现 ALTER TABLE 功能
	build. c	处理以下语法：CREATE TABLE，DROP TABLE，CREATE INDEX，DROP INDEX，creating ID lists，BEGIN TRANSACTION，COMMIT，ROLLBACK
	func. c	实现 SQL 语句的函数语句
	date. c	与日期和时间转换有关的函数

续表

SQLite 组成	文件名称	备注
虚拟机 （Virtual Machine）	vdbeapi. c	虚拟机提供上层模块调用的 API 实现部分
	vdbe. c	虚拟机的主要实现部分
	vdbe. h	定义了 VDBE 的接口
	vdbeaux. c	Vdbe. h 的接口实现
	vdbeInt. h	Vdbe. c 的私有头文件,定义了 VDBE 常用的数据结构:Cursor——虚拟机中使用的游标,Mem——VDBE 在内部把所有的 SQL 值当作一个 Mem 数据结构来处理,VDBE——虚拟机数据结构
	vdbemem. c	操作"Mem"数据结构的函数
B-树部分	btree. h	头文件,定义了 B-树提供的操作接口
	btree. c	B-树部分的主要实现,并定义了以下数据结构:Btree——B 树,BtCursor——使用的游标,BtLock——锁,BtShared——包含了一个打开的数据库的所有信息,MemPage——文件在内存存放在该数据结构中
OS 接口部分	os. h	定义了为上层模块提供的操作函数,并定义了以下数据结构:OsFile——描述一个文件,IoMethod——OsFile 所支持的操作函数(对所有架构都适用的 OS 接口)
	os. c	对 IoMethod 中的函数的包装
	os_win. c	Windows 平台下的 OS 接口
	os_unix. c	UNIX 平台下的 OS 接口
	os_os2. c	OS2 平台下的 OS 接口
其他部分	utf. c	与 UTF 编码有关的函数
	util. c	一些实用函数,如 sqlite3Malloc()、sqlite3FreeX()
	sqlite3. h	SQLite 的头文件,定义了提供给应用使用的 API 和数据结构
	sqliteInt. h	定义了 SQLite 内部使用的接口和数据结构
	printf. c	主要实现与 printf 有关的函数
	random. c	随机数生成
	hash. c	SQLite 使用的 Hash 表
	hash. h	Hash 表头文件

6.2 虚拟数据库引擎

　　虚拟数据库引擎(用 VDBE)实现了一个虚拟的计算机,在这个计算机上运行虚拟机的语言。每条程序的目标都是查询或者修改数据库。出于这个目的,VDBE 的机器语言被特别设计用来进行搜索、读取和修改数据库。

　　SQLite3 之前的版本(如 SQLite2.8)中,每一条指令都包含了 1 个操作码和 3 个操作数,操作数分别用 P1、P2、P3 表示。P1 操作数是一个任意整数,P2 是一个非负整数,P3 可以是一个指向某一数据结构的指针、一个以 NULL 结尾的字符串或者为空。

从 SQLite3 版本开始,每一条指令都包含了 1 个操作码和 5 个操作数,操作数分别用 P1、P2、P3、P4、P5 表示。P1、P2、P3 为 32 位带符号整数,这些操作数经常与栈相关联,P2 经常用来作为跳转操作的跳转地址。P4 可以是一个 32 位的带符号整数、一个 64 位的带符号整数、一个 64 位的浮点型数值、一个字符串、一个 BLOB 字段、一个指向排序序列比较函数(* xCompare)的指针、一个指向执行应用预定义的 SQL 函数的指针等。P5 是一个无符号字符,通常用来起标记作用。所有 VDBE 指令中,只有少数几条指令会用到所有的 5 个操作数,有些指令仅仅使用一两个操作数,有些指令根本不使用操作数,而是使用栈来获取数据或存储结果。

一个 VDBE 程序从指令 0 开始执行,继续执行后继的指令直到下述情况之一出现终止:

(1) 碰到严重错误。

(2) 执行指令。

(3) 自增计数器执行到程序的最后一条指令,即代码运行完毕。

当一个 VDBE 程序执行完毕后,它会关闭所有打开的数据库指针,释放所有分配的内存资源,弹出栈中的所有内容,因此不需要担心内存泄漏或资源未回收等问题。

6.2.1 操作码分析

视频讲解

为了执行一条 SQL 语句,SQLite 库首先从词法和语法上分析、解析语句,然后生成一段指令去执行语句。这样的过程可以简要描述为虚拟机产生程序交由 SQLite 库执行。本节介绍的就是虚拟机在执行指令时所用到的主要操作码。虚拟机的源代码保存在 vdbe.c 源文件中,本节讨论的所有操作码的定义都由该源文件保存。

目前,在 3.31.1 版本中,由虚拟机定义的操作码已经达到 175 个。表 6-2 列举了几种常用的操作码。

表 6-2　VDBE 中的常用操作码

操 作 码	说　明
Init	程序将包含 init 操作码的单个实例作为第一个操作码。如果(通过 sqlite3_trace() 接口)启用了跟踪,则在跟踪回调中会发出 P4 中包含的 UTF-8 字符串。或者如果 P4 为空,则使用 SQL server 3_SQL() 返回字符串。如果 P2 不是零,则跳转到指令 P2
Insert	在游标 P1 所在的表格中写一个入口。如果新入口不存在或者现有入口的数据被覆盖,则创建新入口。该数据是存储在寄存器号 P2 中的值 MEM_Blob。密钥存储在 P3 寄存器中。密钥必须是 MEM 整数
Integer	将 32 位整数值 P1 写入寄存器 P2
OpenWrite	在根页为 P2 的表或索引上打开一个名为 P1 的读/写游标(或者如果 OPFLAG_P2ISREG 位在 P5 中置位,则其根页保存在寄存器 P2 中)
Transaction	开始一个事务,P1 是要打开的数据库的索引。 如果事务尚未激活,请在 P1 数据库上开始事务。如果 P2 非零,则写事务开始,或者如果读事务已经活动,则升级到写事务。如果 P2 为零,则开始读事务
Tablelock	获取特定表上的锁。此指令仅在启用共享缓存功能时使用

续表

操 作 码	说　明
String8	将 P4 指向一个以 NULL 结尾的 UTF-8 字符串。该操作码在第一次执行之前被转换为字符串操作码。在这个转换过程中,字符串 P4 的长度被计算并存储为 P1 参数
Halt	停止退出指令,自动关闭所有打开的游标
Goto	无条件跳转指令,跳转到 P2 指令处执行
Newrowid	获取一个新的整数记录号(也称为"RowID"),用作表的键。记录号以前没有用作光标 P1 指向的数据库表中的键。新的记录号被写入 P2
Makerecord	将从 P1 开始的 P2 寄存器转换为记录格式,用作数据库表中的数据记录或索引中的键

6.2.2　VDBE 程序执行原理及实例研究

先创建一个表,执行语句"create table testtable(name text,num int);",接下来插入一条记录到这个表中,执行语句"insert into testtable values('wang da chui',88);"。我们可以通过使用 SQLite 命令行工具看到 VDBE 程序:首先使用 SQLite 在一个空的数据库中创建表;然后改变 SQLite 的输出格式,使用.explain 命令导出 VDBE 程序;最后,输入上文的 insert 语句,并在语句前面加上 explain 关键字,关键字 explain 使得只打印出 VDBE 程序,但并不执行。VDBE 的整个插入操作过程及打印结果如图 6-3 所示。

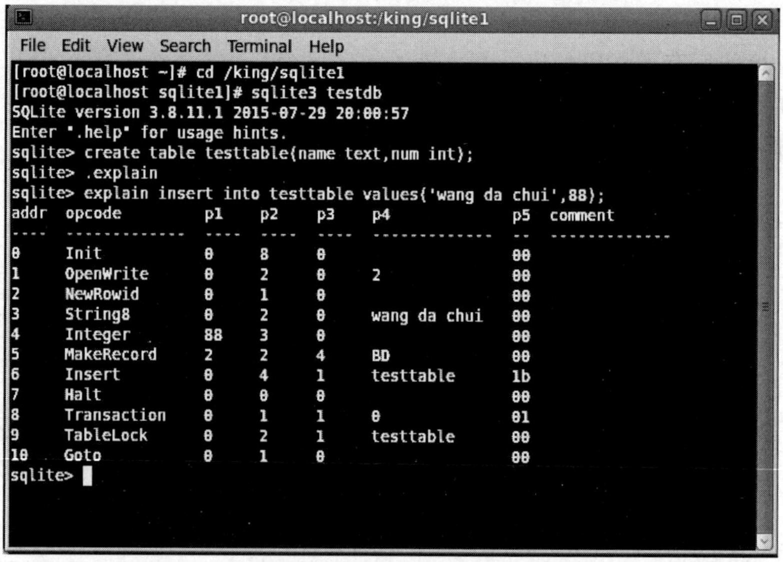

图 6-3　VDBE 的插入操作过程

根据图 6-3 中显示的 VDBE 程序的执行顺序,对 11 条指令分别进行介绍。

0 Init 0 8 0

第 0 条指令实现根据 P2 的值跳转到第 8 条指令的功能。

```
8 Transaction 0 1 1 0 01
9 TableLock   0 2 1 testtable 00
10 Goto       0 1 0         00
```

操作码标识一项事务活动的开始。操作数 P1 保存交互开始时数据库文件的索引,0 表示这个文件是数据库主文件,1 表示这个文件存放的是临时表。操作数 P2 的值不为 0 时开始一个写事务,写事务开始之后,对应的数据库文件获得"write lock"状态,在这项事务进行当中其他进程将无法读取这个文件。P2 的值为 0 时开始一个读事务,事务开始之后,对应的数据库文件获得"read lock"状态。

操作码 tablelock 所在的指令行只在共享缓存模式下使用,为特定的表获取一个锁。操作数 P1 是数据库文件的索引,操作数 P2 保存被锁表的根页面,操作数 P3 的值为 0 时获得一个"read lock"状态,为 1 时获得一个"write lock"状态,操作数 P4 保存了一个指向被锁表名的指针,在未获得锁的情况下产生出错消息。从该实例中可以发现,第 9 行指令将状态设为"write lock",并将指针指向本例中创建的表 testtable。

当执行到第 10 条跳转指令时,整个程序又将跳回至第 1 条指令处继续执行。

```
1 OpenWrite0 2 0 2 00
```

该指令在表或索引中创建一个新的读/写游标,指向操作数 P1。操作数 P2 用于保存根页,其值为 2 是因为数据库文件的第一页上存放的是数据表的索引,而从第二页开始存放的则是每个数据表当中的数据。操作数 P4 的值是一个指向关键信息结构(用于定义内容和排序序列的目录)的指针

```
2 NewRowid 0 1 0    00
```

该指令用来获取一个新的整形记录数作为表的一个键值,操作数中的游标 P1 指向这个先前没有成为数据库表的键值的记录数,新的纪录数在操作数 P2 中保存。操作数 P3 的值只能大于 0 或者等于 0,它保存的是先前产生的记录数中最大的那个值。当此值达到最大时会产生一个 SQLITE_FULL 错误,同时更新 P3 的值。P3 的这些功能主要用于实现 VDBE 计数器的自增特性。

```
3 String8 0 2 0 wang da chui
```

操作码 String8 和 String 功能相似,操作码 String8 所在的指令行中,操作数 P4 保存了一个 UTF-8 制式的字符串。该条指令在首次执行前会将文本形式的字符串转换为 VDBE 可以识别的操作字符串。

```
4 Integer88 3 0   00
```

该指令的执行将 32 位的整形操作数 P1 写入操作数 P2 中。

```
5 MakeRecord 2 2 4 BD 00
```

该指令将操作数 P2 设置为一个单独的入口以适应于在数据库表中使用数据记录或在

索引中使用键值。操作数 P4 可以保存一个字符串用以体现列的亲和度,如果 P4 的值为空,那么所有的索引区域将不具备关系。

```
6 Insert 0 4 1 testtable 1b
```

该指令中的操作码 Insert 只适用于表,为保存表的游标的操作数 P1 写一个入口,当该入口不存在或是一个入口存在的数据被重写时生成一个新的入口。数据值存储在操作数 P2 中。操作数 P3 存储一个只能为整型的键值。操作码 P4 指向一个包含表名的字符串或是一个空结构,如果 P4 非空,那么 VDBE 的更新机制将会提供一个成功的插入。

```
7 Halt 0 0 0   00
```

Halt 操作码所在指令行使得 VDBE 程序立即退出。所有打开的指针、列表、排序等都会自动关闭。操作数 P1 保存由 sqlite_exec()和 sqlite_finalize()返回的结果码。对于一个正常的退出,这个结果码应该是 SQLITE_OK;若有错误出现,该结果码将是其他值。当有错误出现时操作数 P2 决定了是否使用回调。如果操作数 P4 的值非空,那么它将包含错误信息字符串。

到此完成了一条插入语句的整个执行过程,除了插入语句的操作之外,VDBE 程序的查询、更新、删除语句的执行过程也可以帮助读者更好地理解 VDBE 程序的原理,需要指出的是,查询、更新、删除语句中有很多指令与本节中介绍的插入语句相同或相似。限于篇幅,这里不再对每条指令做详细分析,有兴趣的读者可以在 SQLite 的官网上的 https://www.sqlite.org/opcode.html#vdbe_source_code 页面上找到 VDBE 的源码,查看其中的操作码的定义与说明以及更多复杂操作的执行过程。图 6-4 显示了 VDBE 程序查询执行过程。图 6-5 显示了 VDBE 程序更新执行过程。图 6-6 显示了 VDBE 程序删除执行过程。

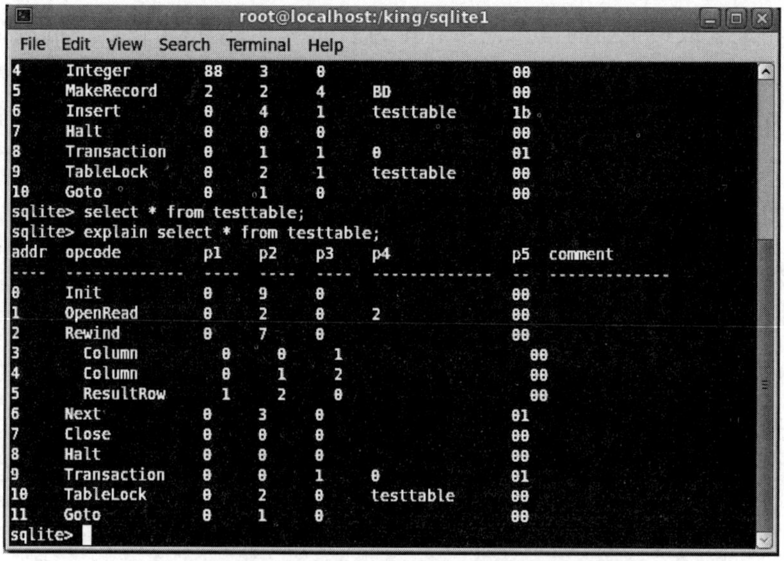

图 6-4　VDBE 程序查询执行过程

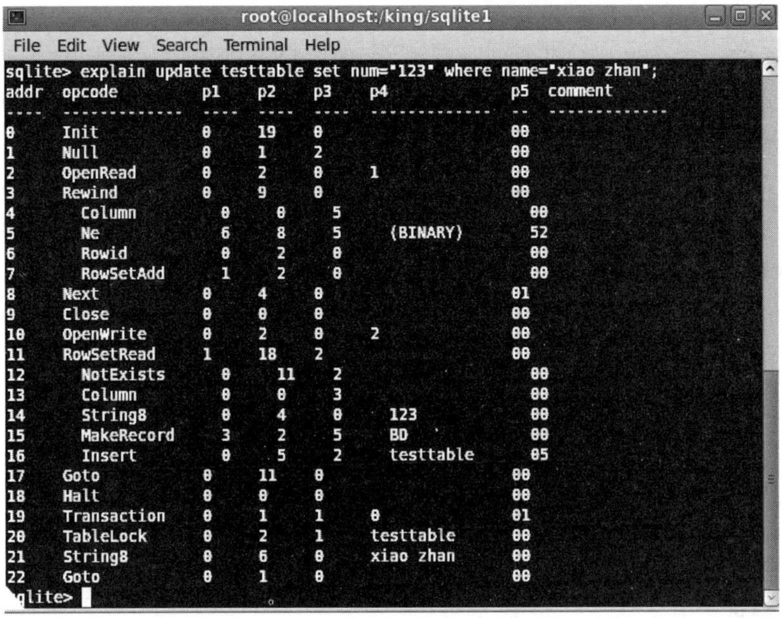

```
root@localhost:/king/sqlite1
File Edit View Search Terminal Help
sqlite> explain update testtable set num="123" where name="xiao zhan";
addr  opcode         p1    p2    p3    p4             p5  comment
----  -------------  ----  ----  ----  -------------  --  -------------
0     Init           0     19    0                    00
1     Null           0     1     2                    00
2     OpenRead       0     2     0     1              00
3     Rewind         0     9     0                    00
4       Column         0     0     5                    00
5       Ne             6     8     5     (BINARY)       52
6       Rowid          0     2     0                    00
7       RowSetAdd      1     2     0                    00
8     Next           0     4     0                    01
9     Close          0     0     0                    00
10    OpenWrite      0     2     0     2              00
11    RowSetRead     1     18    2                    00
12      NotExists      0     11    2                    00
13      Column         0     0     3                    00
14      String8        0     4     0     123            00
15      MakeRecord     3     2     5     BD             00
16      Insert         0     5     2     testtable      05
17    Goto           0     11    0                    00
18    Halt           0     0     0                    00
19    Transaction    0     1     1     0              01
20    TableLock      0     2     1     testtable      00
21    String8        0     6     0     xiao zhan      00
22    Goto           0     1     0                    00
sqlite>
```

图 6-5　VDBE 程序更新执行过程

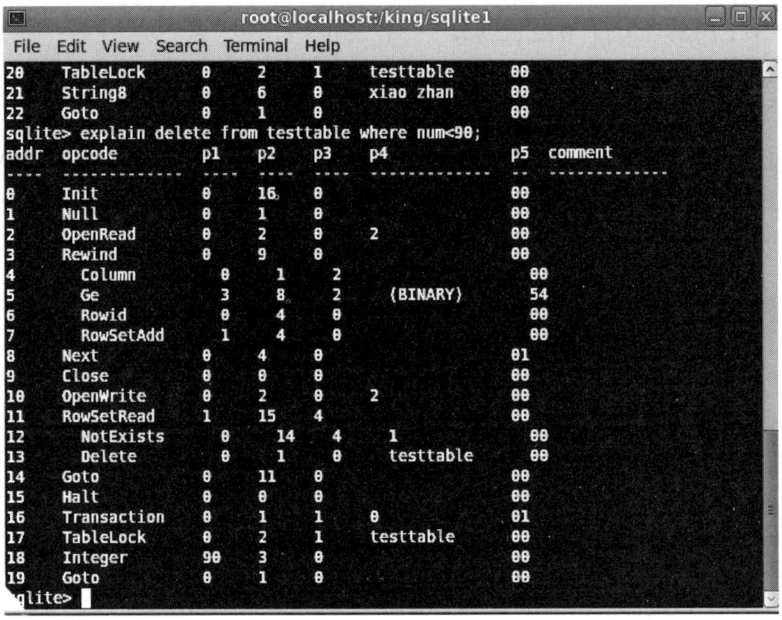

```
root@localhost:/king/sqlite1
File Edit View Search Terminal Help
20    TableLock      0     2     1     testtable      00
21    String8        0     6     0     xiao zhan      00
22    Goto           0     1     0                    00
sqlite> explain delete from testtable where num<90;
addr  opcode         p1    p2    p3    p4             p5  comment
----  -------------  ----  ----  ----  -------------  --  -------------
0     Init           0     16    0                    00
1     Null           0     1     0                    00
2     OpenRead       0     2     0     2              00
3     Rewind         0     9     0                    00
4       Column         0     1     2                    00
5       Ge             3     8     2     (BINARY)       54
6       Rowid          0     4     0                    00
7       RowSetAdd      1     4     0                    00
8     Next           0     4     0                    01
9     Close          0     0     0                    00
10    OpenWrite      0     2     0     2              00
11    RowSetRead     1     15    4                    00
12      NotExists      0     14    4     1              00
13      Delete         0     1     0     testtable      00
14    Goto           0     11    0                    00
15    Halt           0     0     0                    00
16    Transaction    0     1     1     0              01
17    TableLock      0     2     1     testtable      00
18    Integer        90    3     0                    00
19    Goto           0     1     0                    00
sqlite>
```

图 6-6　VDBE 程序删除执行过程

6.3　B 树和页面缓存

SQLite 的存储体系包括 B 树和页面缓存两个模块。B 树为 VDBE 提供了复杂度为 $\log N$ 的查找、插入、删除操作记录以及复杂度为 1 的双向遍历记录。它是自身平衡的，会自动完成存储碎片重组以及空间回收两项功能。B 树本身并没有读写磁盘的概念，它只涉及自身与页面缓存之间的关系。当它需要一个页面或是准备修改一个页面时,它就会告知页面缓存与其通信。在修改一个页面的过程中,页面缓存会确定原始页面是否预先已经在日志文件中备份完毕。当整个写过程完成时,B 树会通知页面缓存,由页面缓存来确定在交互状态下需要做些什么。整个存储体系的任务由 B 树和页面缓存两个模块协作完成。

　　SQLite 存储体系涉及的最重要的数据结构是 B 树,SQLite 文件大体就是许多棵 B 树的集合。每一张数据表、表的每一个索引都是以 B 树的形式存储在文件中的。在 SQLite 中,存储表数据用 B+树,存储表索引用 B−树。表索引和表数据采用不同的 B 树的原因是为了提高 I/O 效率。需要指出的是本书在不区分 B−树和 B+树的地方用 B 树来统称这两种类型。

6.3.1　SQLite 的 B 树结构

　　在 SQLite 的 B 树模块中,包含了作用于索引的 B−树和作用于表的 B+树。

　　SQLite 中的 B−树是一种平衡的多路查找树,一颗 m 阶的 B−树,或为空树,或为满足下列表性特性的 m 叉树:

- 树中的每个节点至多有 m 棵子树;
- 若根节点不是叶子节点,则至少有两棵子树;
- 除了根节点之外的所有非叶子节点至少有 $\lceil m/2 \rceil$ 棵子树;
- 有 k 棵子树的非叶子节点包含 $k-1$ 个关键字;
- 所有的叶子节点都出现在同一层次上,并且不包含任何信息;
- 每个节点中的关键字都是按从小到大的顺序排列。

　　因为叶子节点不包含关键字,所以可以把叶子节点看成在树里实际上并不存在外部节点,指向这些外部节点的指针为空。叶子节点的数目正好等于树中所包含的关键字总个数加 1。B−树节点结构如图 6-7 所示。

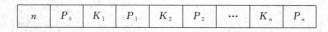

图 6-7　SQLite 的 B−树的节点结构

　　上述节点结构中,从 $K_1,K_2,\cdots,K_n$ 为个按从小到大顺序排列的关键字,$P_0,P_1,\cdots,P_n$ 为 $n+1$ 个指针,用于指向该节点的 $n+1$ 棵子树,P_0 所指向的子树中的所有关键字的值均小于 K_1,P_n 所指向的子树中的所有关键字的值均大于 K_n,$P_i(1\leqslant P_i\leqslant n-1)$ 所指向的子树中的所有关键字的值均大于 K_i 且小于 K_{i+1},$n(n\leqslant m-1)$ 为键值的个数,即子树的个数为 $n+1$。

　　SQLite 中的 B+树是 B−树的变体,也是一种多路查找树,一棵 m 阶的 B+树和 m 阶的 B−树的差异在于:

- 有 n 棵子树的节点中包含有 n 个关键字。
- 所有的叶子节点中包含了全部关键字的信息,以及指向含这些关键字记录的指针,且叶子节点本身以关键字的大小自小而大顺序链接。
- 所有的非叶子节点可以看作索引部分,非叶节点中的每个索引项只含有对应子树的最大关键字和指向该子树的指针,不含有该关键字对应记录的存储地址。

B+树节点结构如图 6-8 所示。

图 6-8 SQLite 的 B+树的节点结构

上述节点结构中一共包含 $n-1$ 个按从小到大顺序排列的关键字 $K_1,K_2,\cdots,K_{n-1}$,以及 n 个指针 $P_1,P_2,\cdots,P_n$。一般情况下,$P_i(1\leqslant i\leqslant n-1)$ 所指向的子树中的所有关键字的值均小于 K_i。

根据给定的关键字 k,先在根节点的关键字的集合中采用顺序(当 m 较小时)或二分(当 m 较大时)查找方法进行查找。若有 $k=K_i$ 则查找成功,否则,若 k 在 K_i 和 K_{i+1} 之间,取指针 P_i 所指的节点,重复这个查找过程,直到在某节点中查找成功,或在某节点处出现 P_i 为空(查找失败)。

在 B—树中插入一个关键字,并不是简单地在树中添加一个叶子节点,而是要首先执行一个从根节点到叶子节点的查找操作,如果关键字 k 已在树中,则不需要再进行其他操作;否则,找出需要插入的位置,然后再进行插入。对于叶子节点处于第 $h+1$ 层的树,插入的位置总是在第 h 层。若节点的关键字的个数不超过 $m-1$,则直接把关键字插入即可;否则,需要进行分裂节点的操作。

在 B—树中删除一个关键字,首先应找到关键字所在的节点,并将其删除。若该节点为最下层的非叶子节点,且其中的关键字的个数不少于 $\lceil m/2\rceil$,则删除完成;否则,需要进行合并节点的操作。

在 B+树上进行查找、插入和删除的过程基本上与 B—树一致。只是在查找时,若非叶子节点上的关键字等于给定值,并不终止,而是继续向下直到叶子节点。下面给出 B+树查找操作的算法。

B+树的插入仅在叶子节点上进行,当节点中的关键字的个数大于 m 时需要分裂成两个节点,且它们的父节点中应同时包含这两个节点中的最大关键字。

B+树的删除同样也是只在叶子节点上进行,当叶子节点中的最大关键字被删除时,它在非叶子节点中的值可以作为一个"分界关键字"存在,若因删除使得节点中关键字的个数少于 $[m/2]$,则会执行节点的合并。

6.3.2 SQLite 数据库文件格式

SQLite3 在使用时,把数据库中的表、索引、视图、触发器、模式等所有对象都保存在同一个独立的系统文件中。SQLite3 数据库文件是普通的操作系统文件,在其所支持的所有硬件体系结构、字节顺序以及操作系统上都是二进制一致的。SQLite3 数据库文件是由默认大小为 1024 字节的"页"组成。一个数据库包含多个 B 树页(B+树页和 B—树页),其中,表使用 B+树,索引使用 B—树。数据库中的页编号以 1 开始递增,其中,B+树和 B—树的根页面编号存储在系统表 sqlite_master 中。

SQLite3 数据库中的页包括 B 树页(B—树页和 B+树页)、溢出页、空闲页、锁页、指针位图页等。当数据库以小文件格式使用时,页主要包括 B 树页;当数据库以大文件格式使用时,单元数据的大小可能超出一页的有效存储空间,页主要包括 B 树页和溢出页。

本节重点介绍 SQLite 数据库文件,主要涉及几个概念:页、RowID 和溢出页。

SQLite 数据库文件由固定大小的"页(Page)"组成。页的大小可以在 512~32 768 范围内(包含这两个值,必须是 2 的指数),默认大小为 1024 字节。页大小可以在数据库刚创建时设置,创建数据库之后,Page 大小不再改变。Page 是 SQLite 中 B 树的结构单元,也是磁盘读写的单元。数据文件中的 Page 从 1 开始编号,顺序排列在文件中,通过 Page 号可以很方便定位出 Page 在文件中的具体位置。

每张表里的每条记录都会有一个唯一的整数 ID:RowID,这个是用于查找记录的关键键值。如果建表时创建了 Integer 型主键,该值就作为 RowID 使用。如果没有创建,则系统自动生成 Integer 的 RowID,RowID 用变长整数来表示。

如前文所述,B 树记录和它的内容是大小不定的,但是页的大小通常是固定不变的。因此,经常会出现一条 B 树记录太大而无法在一个页面中存储的情况。当这种情况发生时,B 树记录多出的部分将会存储在一个与该页相连的溢出页面上,如图 6-9 所示。

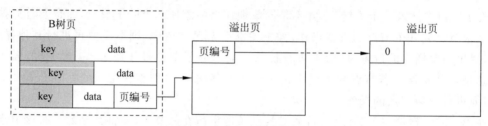

图 6-9　溢出页的逻辑结构

图 6-9 中,普通页面与溢出页面通过使用页编号相关联。该方法主要用于处理大型二进制对象(如 BLOB 类型的文件)。

由图 6-9 可知,B 树页最后一个单元数据的大小超出了有效存储空间的大小,使用溢出页存储剩余的数据。此时,单元区域的最后 4 字节为溢出页链表中第一个溢出页的页编号。对于每一个溢出页,开始处的前 4 字节为下一个溢出页的页编号;若该值为 0,表示此溢出页为溢出页链表的最后一个溢出页。除最后一个溢出页外,每个溢出页全部填充数据(除了开始处存储页编号的 4 字节)。最后一个溢出页可能数据很少,甚至只有 1 字节的数据,但是一个溢出页不会存储来自两个单元的数据。

1. 小文件格式分析

小文件格式的数据库主要由 B 树页组成,每个 B 树页由 4 部分组成:页头、单元指针数组、未使用空间和单元内容区;其中,数据库的第 1 页即 Page1 在页头之前还有一个文件头,Page1 的单元内容区存储的是 sqlite_master 表的内容,如图 6-10 所示。

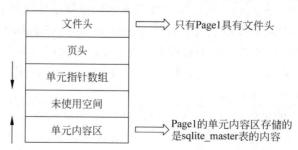

图 6-10　SQLite3 中 B 树页的组成结构图

1）文件头

文件头是数据库第 1 页即 Page1 的前 100 字节,用于说明数据库文件的设置信息,包括了所有创建数据库时设置的永久性参数,如数据库的版本、格式的版本、页大小、编码等。表 6-3 列出了各字节的具体含义说明。

表 6-3　文件头信息说明

偏　移　量	大　　小	含　义　说　明
0	16	文件头字符串："SQLite format 3\000"
16	2	页大小,默认为 1024 字节
18	1	文件格式写版本,默认为 1；2 为 WAL 模式
19	1	文件格式读版本,默认为 1；2 为 WAL 模式
20	1	每页尾部保留的未使用空间的大小,默认为 0
21	1	内部页中单元空间的最大值,固定为 0x40,即 64(25%)
22	1	内部页中单元空间的最小值,固定为 0x20,即 32(12.5%)
23	1	叶子页中单元空间的最小值,固定为 0x20,即 32(12.5%)
24	4	文件修改计数器
28	4	数据库的大小,以页为单位
32	4	空闲页链表的首指针
36	4	文件内空闲页的数量
40	4	Schema 版本：每次 sqlite_master 表被修改时,此值加 1
44	4	Schema 格式号,允许值 1～4,当前默认值为 4
48	4	默认的页缓冲的大小
52	4	对于 auto-vacuum 模式和 incremental-vacuum 模式,此值为数据库中根页编号的最大值；否则,此值为 0
56	4	数据库文本编码方式：1=UTF-8,2=UTF-16le、3=UTF-16be
60	4	用户版本号,由用户自己定义
64	4	对于 incremental-vacuum 模式,此值非 0；否则,此值为 0
68	4	PRAGMA_application_id 设置的 Application ID
72	20	保留字节,未使用,为 0
92	4	版本有效号,即 version-valid-for number
96	4	SQLITE_VERSION_NUMBER

由于 Page1 文件头的前 16 字节是固定的,即字符串"SQLite format 3\000",因此,文件头的前 16 字节用于识别一个文件是否为 SQLite3 数据库文件。

2）页头

页头存储着页的相关信息,它通常位于页的开始处;对于数据库文件的 Page1 来说,页头始于第 101 字节处。B 树页的内部页的页头占用 12 字节,叶子页的页头占用 8 字节。表 6-4 列出了页头中各字节的含义说明。

页头的第 1 字节用于区分页的类型："0x0D"表示 B+树的叶子页;"0x05"表示 B+树的内部页;"0x0A"表示 B—树的叶子页;"0x02"表示 B—树的内部页。

表 6-4　页头的字节含义说明

偏 移 量	大　小	含 义 说 明
0	1	叶类型标志
1	2	第一个自由块的偏移量
3	2	本页的单元数量
5	2	单元内容的起始地址
7	1	单元内容区碎片的字节数
8	4	内部页最右下一级页的页编号

3) 单元

在页的内部以单元为单位组织数据,一个单元包含一个(或部分,当使用溢出页时)B树记录。一个 B 树记录由两个域组成:键值域和数据域。键值域是每个数据库表中所包含的RowID 值或主键值;数据域可以包含任意类型的内容。页内所有的单元集中在页的底部,称为"单元内容区",由下往上增长。每个单元在页内的起始地址(即单元指针)占 2 字节,存储在单元指针数组中,位于页头之后,由上往下增长。单元指针数组和单元内容区相向增长,中间部分为未使用空间。

SQLite3 存储数据真实内容的表使用的是 B+树页。B+树的根页面和内部页节点用于搜索导航,均指向下一层页面。所有的单元数据记录都存储在叶子页中。在叶子页一层中,记录和页按键值排列,以便 B-树游标能够水平遍历,如图 6-11 所示。

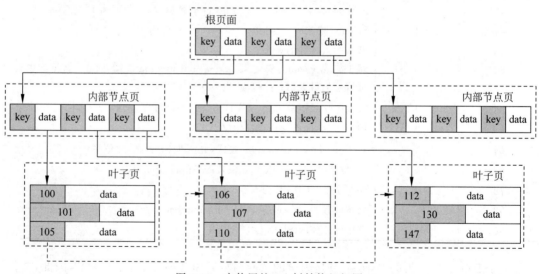

图 6-11　表使用的 B+树结构组织图

内部页(包括根页面)不存储数据库记录的真实内容,其数据域内容分为 2 个部分:前 4字节存储的是当前内部页的儿子页的编号;剩余的字节是用可变长整数表示的键值 key,表示此儿子页的所有键值都小于或等于此键值。

叶子页的单元由 VDBE 控制,以特殊的二进制格式存储着数据库记录的真实内容,这些格式描述了记录中的所有域,其单元格式如图 6-12 所示。单元由单元头和单元内容组成。单元头由记录单元内容大小的 CellSize 和单元记录的行值 RowId 组成。单元内容由逻辑头段和数据段组成。逻辑头段由记录逻辑头段大小的 HeaderSize 和用于描述数据段中存储域类型与大小的 Type 数组组成。Type 数组与 Data 数组一一对应：Type$i$（1＜i＜N）表示 Data$i$ 的类型与大小。Data 数组中存储着数据库记录的真实信息。

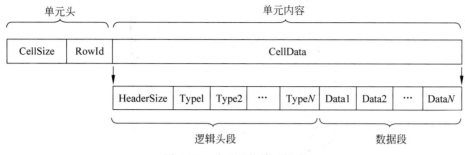

图 6-12　叶子页的单元格式

　　叶子页单元的单元头和单元内容的逻辑头段使用的都是可变长整数，即 CellSize、RowId、HeaderSize 和 Type 数组都是使用可变长整数来表示。可变长整数是 SQLite3 单元数据使用的一种特殊的数据格式，由 1～9 个字节组成，每字节的低 7 位有效，第 8 位是标志位。在组成可变长整数的各字节中，前面字节的第 8 位为 1，只有最低 1 字节的第 8 位为 0，表示可变长整数结束。可变长整数可以不使用全部 9 字节，即使使用了全部的 9 字节，也可以将它转换为一个 64 位的整数。表 6-5 所列的是可变长整数的格式信息，由可变长整数的特殊表示规则可知，其向整数的转换规则为：1 位可变长整数直接转换；2 位可变长整数时，假设高位字节的值为 X、低位字节的值为 Y，则相应的整数为（$X-128$）×128＋Y；3 位可变长整数时，假设从高位字节到低位字节的值依次为 X、Y、Z，则相应的整数为（$X-128$）×16384＋（$Y-128$）×128＋Z；以此类推，可得知其他位可变长整数的转换规则。

　　可变长整数的格式信息如表 6-5 所示。下面是一些可变长整数的例子，例子取自源文件 btree. c 中的注释。

　　0x00 转换为 0x00000000；

　　0x7f 转换为 0x0000007f；

　　0x81 0x00 转换为 0x00000080；

　　0x82 0x00 转换为 0x00000100；

　　0x80 0x7f 转换为 0x0000007f；

　　0x81 0x81 0x81 0x81 0x01 转换为 0x1020408。

表 6-5　可变长整数的格式信息

字　　节	有 效 位 数	值的格式信息	备　　注
1	7	A	
2	14	BA	A=0XXXXXXX
3	21	BBA	1 个标志位，7 位数据
4	28	BBBA	B=1XXXXXXX
5	35	BBBBA	1 个标志位，7 位数据
6	42	BBBBBA	C=XXXXXXXX
7	49	BBBBBBA	8 位数据
8	56	BBBBBBBA	
9	64	BBBBBBBBA	

单元内容逻辑头段中的 Type 数组中的每个值 Type$i$($1<i<N$)描述了数据段中 Data 数组中相应的 Data$i$ 的数据类型和大小。用可变长整数表示的 Type$i$ 描述各 Data$i$ 的数据类型和大小的规则见表 6-6。

表 6-6　Type 数组中值的含义

Type$i$ 的值	Data$i$ 的数据类型	Data$i$ 的数据长度(字节数)
0	NULL	0
1,2,3,4	有符号整数	1,2,3,4
5,6	有符号整数	6,8
7	IEEE	8
8,9	整数常量 0,1	0,0
10,11	未使用	
$N>12$ 并且是偶数	BLOB	$(N-12)/2$
$N>13$ 并且是奇数	文本	$(N-13)/2$

4) sqlite_master 表

SQLite3 数据库 Page1(除去文件头)逻辑上是 sqlite_master 系统表的根页面。

sqlite_master 表存储了数据库的 schema 信息,逻辑上包含 5 个字段,各字段的含义见表 6-7。

表 6-7　sqlite_master 说明

编号	字　　段	说　　明
1	type	值为"table""index""trigger"或"view"之一
2	name	对象名称,值为字符串
3	tbl_name	如果是表或视图对象,此字段值与字段 2 相同;如果是索引或触发器对象,此字段值为与其相关的表名
4	rootpage	对触发器或视图对象,此字段值为 0;对表或索引对象,此字段值为其根页的编号
5	SQL	字符串,创建此对象时所使用的 SQL 语句

对于存储 SQLite3 数据记录的表来说,其数据表的名称存储在 sqlite_master 表的字段 2 中;数据表的根页面编号存储在 sqlite_master 表的字段 4 中;创建此表使用的 SQL 语句存储在 sqlite_master 表的字段 5 中,由创建表的 SQL 语句可以得知此数据表包含的字段类型以及字段数目。

5) 示例说明

通过示例可以直观地分析验证以上对数据库格式的分析。通过以下步骤准备数据库以及数据记录:首先创建一个数据库 test.db;然后创建一张表 test(id integer primary key, value text);再插入 2 个数据(1,'embedded database')和(2,'Good news Bad news')。

此时,test.db 大小为 2KB,使用 Ultra Edit 打开 test.db,前 100 字节如图 6-13 所示。

由前文文件头的分析可知:前 16 字节为文件头字符串"SQLite format 3";第 17、18 字节为页大小,即 0x0400=1024 字节;第 19、20 字节分别为文件格式的写版本和读版本,都为 1;第 21 字节为页尾部保留的空间大小,为 0;第 22 字节固定为 0x40 即 64;第 23 字节

图 6-13　Page1 的前 100 字节

固定为 0x20 即 32；第 24 字节固定为 0x20 即 32；第 25～28 字节表示文件修改次数为 3 次（一次创建表，两次插入数据）；第 29～32 字节表示数据库文件大小为 2 页，即 2KB；第 33～36 字节表示空闲页的首指针为 0，即没有空闲页；第 37～40 字节表示空闲页的总数量为 0；第 41～44 字节表示 sqlite_master 表被修改 1 次；第 45～48 字节表示文件格式为 4，即文件格式正确；第 57～60 字节表示数据库文本编码方式为 1，即 UTF-8 编码；第 93～96 字节表示数据库总共修改了 3 次；第 97～100 字节"0x002DE600"表示 SQLite 版本号为 3008000（与源码一致）；其余字节的值默认都为 0。

数据库的第一页 Page1 为 sqlite_master 系统表的根页，文件头之后便是页头，从第 101 字节开始。第 101 字节为"0x0D"，表示此页为 B+树的叶子页，页头占 8 个字节，即第 101～108 字节"0D 0000 0001 03B6 00"；第 102、103 字节的值为 0，表示当前页没有自由块；第 104、105 字节的值为 1，表示当前页只有 1 个单元数据；第 106、107 字节表示单元内容区的起始地址为"0x03B6"；第 108 字节值为 0，表示当前页没有碎片。

页头之后是单元指针数组，由于当前页只有 1 个单元数据，所以单元指针数组只有 1 个指针，即第 109、110 字节，为"0x03B6"。从单元内容区起始地址"0x03B6"开始到当前页结束处的字节如图 6-14 所示。

图 6-14　sqlite_master 表的内容

由前文 sqlite_master 表格式的分析可知：字节"0x48"表示单元数据的长度为 72 字节，从"0x0617"开始到"0x7429"；字节"0x01"表示表 test 在 sqlite_mster 系统表中的 row_id 值为 1；字节"0x06"表示记录头的长度为 6 字节，为"061715150175"；字节"17"表示字段 1 为文本类型，占用（23−13）/2＝5 字节，字段为"table"；字节"15"表示字段 2 为文本类型，占用（21−13）/2＝4 字节，字段为"test"；字节"15"表示字段 3 为文本类型，占用（21−13）/2＝4 字节，字段为"test"；字节"01"表示字段 4 占用 1 字节，值为"02"，表示当前表 B+tree 的根页编号为 2；字节"0x75"表示字段 5 为文本类型，占用（117−13）/2＝52 字节，从"0x4352"开始到"0x7429"，字段内容为创建表 test 的 SQL 语句"CREATE TABLE test(id integer primary key,value text)"。

数据库文件第 2 页 Page2 的页头和单元指针数组的信息如图 6-15 所示。由图 6-15 可知：第 1 字节为"0x0D"，表示此页为 B+树的叶子页，页头占 8 字节，即"0D 0000 0002 03D3 00"；第 2、3 字节表示当前页没有自由块；第 4、5 字节表示当前页有 2 个单元数据；第 6、

7 字节表示单元内容区的起始位置相对于页头的偏移量为"03D3",即起始位置为"07D3";
第 8 字节表示当前页没有碎片。

```
000003e0h: 20 69 6E 74 65 67 65 72 20 70 72 69 6D 61 72 79 ;  integer primary
000003f0h: 20 6B 65 79 2C 76 61 6C 75 65 20 74 65 78 74 29 ;  key,value text)
00000400h: 0D 00 00 00 02 03 D3 00 03 EA 03 D3 00 00 00 00 ; ......?.??....
00000410h: 00 00 00 00 00 00 00 00 00 00 00 00 00 00 00 00 ; ................
00000420h: 00 00 00 00 00 00 00 00 00 00 00 00 00 00 00 00 ; ................
```

图 6-15 小文件格式时 Page2 的页头和单元指针数组

页头之后是单元指针数组,当前页有 2 个指针:第 1 个单元数据相对于页头的偏移量
为"03EA",即起始位置为"07EA";第 2 个单元数据相对于页头的偏移量为"03D3",即起始
位置为"07D3"。图 6-16 显示的是相对应的单元内容区。

```
000007c0h: 00 00 00 00 00 00 00 00 00 00 00 00 00 00 00 00 ; ................
000007d0h: 00 00 00 15 02 03 00 31 47 6F 6F 64 20 6E 65 77 ; .......1Good new
000007e0h: 73 20 42 61 64 20 6E 65 77 73 14 01 03 00 2F 65 ; s Bad news...../e
000007f0h: 6D 62 65 64 64 65 64 20 64 61 74 61 62 61 73 65 ; mbedded database
```

图 6-16 小文件格式时 Page2 的单元内容区

由图 6-16 可知,第 1 个单元数据从"0x1401"开始到"0x7365";字节"0x14"表示单元数
据的长度为 20 字节,从"0x0300"开始到"0x7365";字节"0x01"表示此记录的 row_id 为 1;
字节"0x03"表示记录头的长度为 3 字节,即"0x03002F";字节"0x00"表示字段 1 的类型为
NULL,长度为 0,因为字段 1 被指定为自增长的主键;字节"0x2F"表示字段 2 为文本类型,长
度为(47−13)/2=17 字节,从"0x656D"开始到"0x7365",字段内容为"embeddeddatabase"。同
样的方法可以分析出第 2 个记录的内容为"Good news Bad news"。

2. 大文件格式分析

大文件格式的数据库主要由 B 树页和溢出页组成。B 树页的结构组成与小文件格式使
用时相同,由文件头(仅 Page1 有此部分)、页头、单元指针数组、未使用空间、单元内容区组
成。小文件格式时,数据库的页只有叶子页,没有内部页,逻辑比较简单。大文件格式时,数
据库的页既有叶子页,又有内部页(包含根页),逻辑相对复杂;而且当单元数据的大小超出
页所能存储数据的有效空间大小时,数据库开始使用溢出页存储剩余的数据。

在数据库的管理机制中,当用户成功删除一条数据记录时,其数据并未真正删除,删除
数据的单元只是变成了自由块或未使用空间的一部分。由于随机地插入和删除单元数据,
将会导致一个页上单元数据和自由块互相交错,所以单元内容区域中的自由块收集起来形
成一个自由块链表,这些自由块按照它们的地址升序排列。页头偏移为 1 的 2 字节指向第
一个自由块。一个自由块的开始 4 字节存储控制信息:前 2 字节指向下一个自由块,后 2
字节为该自由块的大小。最后一个自由块的前 2 字节的值为 0,表示自由块链表的结束。
因此,每个自由块至少占 4 字节。单元内容区中不足 4 字节的自由空间,称为碎片,不能存
在于自由块链表中。所有碎片的总字节数将记录在页头偏移为 7 的位置。

当删除的单元数据的总大小超过页大小时,数据库文件中可能会产生空闲页。空闲页
有 2 种类型:主干页和叶子页。文件头偏移为 32 处的指针指向空闲页链表的第一个主干
页,每个主干页指向多个叶子页;偏移为 36 处的 4 字节为空闲页的总数量,包括所有的主
干页和叶子页。空闲页链表的结构如图 6-17 所示。

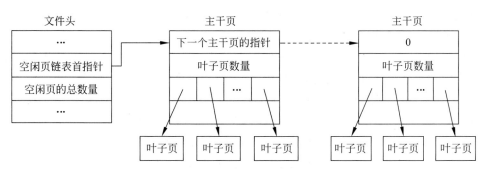

图 6-17　空闲页链表的结构

主干页的前 4 字节表示的是下一个主干页的页编号,值为 0 表示此页为空闲页链表的最后一页;第 5~8 字节表示的是当前页的叶子页数量;从第 9 字节开始存储的是每个叶子页的页编号,每个页编号占 4 字节;剩余字节为空闲页的空闲空间。

前面分析的数据库 test.db 中只有 2 条记录,继续向数据库中插入 90 条记录;此时,数据库中总共有 92 条记录,大小为 4KB。使用 Ultra Edit 打开 test.db,前 100 字节的文件头与小文件格式分析时基本相同,不同之处为:第 25~28 字节变为"0x0000005D",表示文件修改次数为 93 次(1 次创建表,92 次插入数据);第 29~32 字节变为"0x00000004",表示数据库文件大小为 4 页,即 4KB;第 93~96 字节变为"0x0000005D",表示数据库总共修改了93 次。

由于数据库的第 1 页 Page1 存储的是 sqlite_master 表的数据,数据库表的基本结构并没有变化,所以此时 Page1 的页头、单元指针数组、单元内容区与小文件格式分析时相同,没有变化,除非改变数据库的表结构。数据库文件第 2 页 Page2 的分析与小文件格式时的Page2 分析类似,图 6-18 显示的是大文件格式时 Page2 的页头信息。

```
00000400h: 05 00 00 00 01 03 FB 00 00 00 00 04 03 FB 03 B1 ; ......?......??
00000410h: 03 A2 03 92 03 88 03 76 03 66 03 57 03 47 03 3D ; .???v.f.W.G.=
00000420h: 03 2B 03 1B 03 0C 02 FC 02 F2 02 E0 02 D0 02 C1 ; .+.....?????
00000430h: 02 B1 02 A7 02 95 02 83 02 76 02 66 02 5C 02 4A ; .????v.f.\.J
```

图 6-18　大文件格式时 Page2 的页头信息

由图 6-18 可知:第 1 字节为"0x05",表示此页为 B+树的内部页,页头占 12 字节,即"05 0000 0001 03FB 00 00000004";第 2、3 字节表示当前页没有自由块;第 4、5 字节表示当前页有 1 个单元数据;第 6、7 字节表示单元内容区的起始位置相对于页头的偏移量为"03FB",即起始位置为"07FB";第 8 字节表示当前页没有碎片;第 9~12 字节表示当前页的最右儿子页的页编号为 4,即 Page2 有 2 个儿子页 Page3 和 Page4。

由以上分析可知 Page2 为 B+树内部页,所以此页只存储键值,不存储数据。页头之后是单元指针数组,只有 1 个单元指针"03FB",即单元内容的起始位置为"07FB",如图 6-19 所示。

```
000007d0h: 6E 63 68 15 02 03 00 31 47 6F 6F 64 20 6E 65 77 ; nch....1Good new
000007e0h: 73 20 42 61 64 20 6E 65 77 73 14 01 03 00 2F 65 ; s Bad news...../e
000007f0h: 6D 62 65 64 64 65 64 20 64 61 74 00 00 00 03 3A ; mbedded dat....:
00000800h: 0D 00 00 00 3A 00 88 00 03 EA 03 D3 03 C1 03 B1 ; ....:.?.????
00000810h: 03 A2 03 92 03 88 03 76 03 66 03 57 03 47 03 3D ; .???v.f.W.G.=
```

图 6-19　大文件格式时 Page2 的单元内容区

单元内容为"00000003 3A",前 4 字节表示 Page2 的第 1 个儿子页为 Page3；可变长整数"3A"表示 Page3 中的所有键值都小于或等于"0x3A"。单元指针数组和单元内容区之间是未使用空间,从图 6-19 中可以看出未使用空间中也有一些数据,这些数据是由于 Page2 在未成为内部页时存储过一些数据与指针,再次使用时将会覆盖这些数据。

Page3 和 Page4 都是 Page2 的儿子页,同时也是叶子页,存储着数据库中的 92 条记录,其结构与小文件格式时的 B+树叶子页相同,在此不再详细分析。删除数据库中 id>10 的记录,此时 test.db 中只有 10 条记录。Page1 的文件头第 33～40 字节为"00000004 00000002":前 4 字节表示空闲页链表的第一页为 Page4；后 4 字节表示总共有 2 个空闲页。Page4 开始 12 字节为"00000000 00000001 00000003":第 1～4 字节表示此空闲页为空闲页链表的最后一页；第 5～8 字节表示此空闲页为主干页,有 1 个子空闲页；第 9～12 字节表示此空闲页的子空闲页为 Page3。

新建一个数据库 test2.db,表结构为 test2(id integer primary key,type text,value blob)。向表中插入一条记录,字段 id 为 1,字段 type 为 jpg,字段 value 为大小约为 47KB 的一张.jpg 图片。此时,数据库 test2.db 大小为 48KB,使用 Ultra Edit 打开 test2.db,分析文件的结构。数据库的 Page1 分析与以前相同；Page2 的前 8 字节为"0D 0000 0001 0260 00",可知 Page2 为叶子页,只有一个单元数据,单元数据起始位置偏移量为"0260",即起始位置为"0660",如图 6-20 所示。

图 6-20　具有溢出页的 Page2 的单元内容区

由图 6-20 可知：可变长整数"82F160"转换为整数为 47328,即单元数据的长度为 47 328 字节；字节"01"表示记录的 row_id 为 1；字节"06"表示记录头的长度为 6 字节,即 "06 00 13 85E33A"；可变长整数"00"表示字段 1 的类型为 NULL,长度为 0,因为自增长主键的值已经存储,即 row_id=1；可变长整数"13"表示字段 2 的类型为 text,长度为 3 字节,字段内容为"jpg"；可变长整数"85E33A"转换为整数为 94650,表示字段 3 的类型为 BLOB,长度为 47 319 字节,超出了 Page2 的有效空间,需要使用溢出页。此时,Page2 的最后 4 字节为"00000003",表示溢出页链表的第一页为 Page3。Page3 的前 4 字节为 "00000004",表示溢出页链表的下一个溢出页为 Page4；以此类推,直到 Page48。Page48 的前 4 字节为"00000000",表示 Page48 为溢出页链表的最后一页。因此,Page2 总共有 46 个溢出页,用于存储长度为 47 319 字节的.jpg 图像。同样的方法,可以分析其他的大文件格式的数据库。

6.4　锁和并发控制

在 SQLite 中,锁和并发控制机制都是由 pager_module 模块负责处理的,如 ACID (Atomic,Consistent,Isolated,and Durable)。在含有数据修改的事务中,该模块将确保或者所有的数据修改全部提交,或者全部回滚。与此同时,该模块还提供了一些磁盘文件的内存 Cache 功能。

事实上,pager_module 模块并不关心数据库存储的细节,如 B一树、编码方式、索引等,它只是将其视为由统一大小(通常为 1024 字节)的数据块构成的单一文件,其中每个块被称为一个页(page)。在该模块中页的起始编号为 1,即第一个页的索引值是 1,其后的页编号以此类推。

6.4.1　文件锁

在 SQLite 的当前版本中,主要提供了以下五种方式的文件锁状态。

```
#define SQLITE_LOCK_NONE        0
#define SQLITE_LOCK_SHARED      1
#define SQLITE_LOCK_RESERVED    2
#define SQLITE_LOCK_PENDING     3
#define SQLITE_LOCK_EXCLUSIVE   4
```

下面分别进行解释。

1. SQLITE_LOCK_NONE

文件没有持有任何锁,即当前数据库不存在任何读或写的操作。其他的进程可以在该数据库上执行任意的读写操作。此状态为默认状态。

2. SQLITE_LOCK_SHARED(共享锁)

在此状态下,该数据库可以被读取但是不能被写入。在同一时刻可以有任意数量的进程在同一个数据库上持有共享锁,因此读操作是并发的。也就是说,只要有一个或多个共享锁处于活动状态,就不再允许有数据库文件写入的操作存在。

3. SQLITE_LOCK_RESERVED(保留锁)

假如某个进程在将来的某一时刻打算在当前的数据库中执行写操作,但此时只是从数据库中读取数据,那么就可以简单地理解为数据库文件此时已经拥有了保留锁。当保留锁处于活动状态时,该数据库只能有一个或多个共享锁存在,即同一数据库的同一时刻只能存在一个保留锁和多个共享锁。在 Oracle 中此类锁称为预写锁,不同的是 Oracle 中锁的粒度可以细化到表甚至到行,因此该种锁在 Oracle 中对并发的影响程度不像 SQLite 中这样大。

4. SQLITE_LOCK_PENDING

PENDING 锁是指当某个进程准备在该数据库上执行写操作时,由于该数据库中存在很多共享锁(读操作),那么该写操作就必须处于等待状态,即等待所有共享锁消失为止,与此同时,新的读操作将不再被允许,以防止写锁饥饿的现象发生。在此等待期间,该数据库文件的锁状态为 PENDING,在等到所有共享锁消失以后,PENDING 锁状态的数据库文件将在获取排他锁之后进入 EXCLUSIVE 状态。

5. SQLITE_LOCK_EXCLUSIVE(排他锁)

在执行写操作之前,该进程必须先获取该数据库的排他锁。而一旦拥有了排他锁后,任何其他锁类型都不能与之共存。因此,为了最大化并发效率,SQLite 将会最小化排他锁被持有的时间总量。

最后需要说明的是,和其他关系型数据库相比,如 MySQL、Oracle 等,SQLite 数据库中所有的数据都存储在同一文件中,与此同时,它却仅仅提供了粗粒度的文件锁,因此,SQLite 在并发性和伸缩性等方面和其他关系型数据库是无法比拟的。由此可见,SQLite 有其自身的适用场景,就如在第 5 章中指出的,SQLite 和其他关系型数据库之间的互换性还是非常有限的。

6.4.2 回滚日志

当一个进程要改变数据库文件的时候,它首先将未改变之前的内容记录到回滚日志(Rollback Journal)文件中。如果 SQLite 中的某一事务正在试图修改多个数据库中的数据,那么此时每一个数据库都将生成一个属于自己的回滚日志文件,用于分别记录属于自己的数据改变,与此同时还要生成一个用于协调多个数据库操作的主数据库日志文件,在主数据库日志文件中将包含各个数据库回滚日志文件的文件名,在每个回滚日志文件中也同样包含了主数据库日志文件的文件名信息。对于不需要主数据库日志文件的回滚日志文件,其中也会保留主数据库日志文件的信息,只是此时该信息的值为空。

可以将回滚日志视为"HOT"日志文件,因为它的存在就是为了恢复数据库的一致性状态。当某一进程正在更新数据库时,应用程序或操作系统突然崩溃,这样更新操作就不能顺利完成。因此"HOT"日志只有在异常条件下才会生成,如果一切都非常顺利的话,该文件将永远不会存在。

6.4.3 数据写入

如果某一进程想要在数据库上执行写操作,那么必须先获取共享锁,在共享锁获取之后再获取保留锁。因为保留锁则预示着在将来某一时刻该进程将会执行写操作,所以在同一时刻只有一个进程可以持有一把保留锁,但是其他进程可以继续持有共享锁以完成数据读取的操作。如果要执行写操作的进程不能获取保留锁,那么说明另一进程已经获取了保留锁。在此种情况下,写操作将失败,并立即返回 SQLITE_BUSY 错误。在成功获取保留锁之后,该写进程将创建回滚日志。

在对任何数据做出改变之前,写进程会将待修改页中的原有内容先行写入回滚日志文件中,然而,这些数据发生变化的页起初并不会直接写入磁盘文件,而是保留在内存中,这样其他进程就可以继续读取该数据库中的数据了。或者是因为内存中的 Cache 已满,或者是应用程序已经提交了事务,最终,写进程将数据更新到数据库文件中。然而在此之前,写进程必须确保没有其他的进程正在读取数据库,同时回滚日志中的数据确实被物理地写入到磁盘文件中了,其步骤如下。

(1) 确保所有的回滚日志数据被物理地写入磁盘文件,以便在出现系统崩溃时可以将数据库恢复到一致的状态。

(2) 获取 PENDING 锁,再获取排他锁,如果此时其他的进程仍然持有共享锁,写入线程将不得不被挂起并等待直到那些共享锁消失之后,才能进而得到排他锁。

(3) 将内存中持有的修改页写出到原有的磁盘文件中。

如果写入到数据库文件的原因是因为 Cache 已满,那么写入进程将不会立刻提交,而是继续对其他页进行修改。但是在接下来的修改被写入到数据库文件之前,回滚日志必须被再一次写到磁盘中。还要注意的是,写入进程获取到的排他锁必须被一直持有,直到所有的改变被提交时为止。这也意味着,从数据第一次被刷新到磁盘文件开始,直到事务被提交之前,其他的进程不能访问该数据库。

当写入进程准备提交时,将遵循以下步骤。

（4）获取排他锁,同时确保所有内存中的变化数据都被写入到磁盘文件中。

（5）将所有数据库文件的变化数据物理地写入到磁盘中。

（6）删除日志文件。如果在删除之前出现系统故障,进程在下一次打开该数据库时仍将基于该 HOT 日志进行恢复操作。因此只有在成功删除日志文件之后才可以认为该事务成功完成。

（7）从数据库文件中删除所有的排他锁和 PENDING 锁。

这里要注意的是,一旦 PENDING 锁被释放,其他的进程就可以开始再次读取数据库了。如果一个事务中包含多个数据库的修改,那么它的提交逻辑将更为复杂,上诉步骤（4）～（7）将不再执行,执行如下步骤（4）～（10）。

（4）确保每个数据库文件都已经持有了排他锁和一个有效的日志文件。

（5）创建主数据库日志文件,同时将每个数据库的回滚日志文件的文件名写入到该主数据库日志文件中。

（6）再将主数据库日志文件的文件名分别写入到每个数据库回滚日志文件的指定位置中。

（7）将所有的数据库变化持久化到数据库磁盘文件中。

（8）删除主日志文件,如果在删除之前出现系统故障,进程在下一次打开该数据库时仍将基于该 HOT 日志进行恢复操作。因此只有在成功删除主日志文件之后才可以认为该事务成功完成。

（9）删除每个数据库各自的日志文件。

（10）从所有数据库中删除排他锁和 PENDING 锁。

最后需要说明的是,在 SQLite2 中,如果多个进程正在从数据库中读取数据,也就是说该数据库始终都有读操作发生,即在每一时刻该数据库都持有至少一把共享锁,这样将会导致没有任何进程可以执行写操作,因为在数据库持有读锁的时候是无法获取写锁的,我们将这种情形称为"写饥饿"。在 SQLite3 中,通过使用 PENDING 锁有效地避免了"写饥饿"情形的发生。当某一进程持有 PENDING 锁时,已经存在的读操作可以继续进行,直到其正常结束,但是新的读操作将不会再被 SQLite 接受,所以在已有的读操作全部结束后,持有 PENDING 锁的进程就可以被激活并试图进一步获取排他锁以完成数据的修改操作。

6.4.4　SQL 级别的事务控制

SQLite3 在实现上确实针对锁和并发控制做出了一些精巧的变化,特别是对于事务这一 SQL 语言级别的特征。在默认情况下,SQLite3 会将所有的 SQL 操作置于 autocommit 模式下,这样所有针对数据库的修改操作都会在 SQL 命令执行结束后被自动提交。在 SQLite 中,SQL 命令 BEGIN TRANSACTION 用于显式地声明一个事务,即其后的 SQL 语句在执行后都不会自动提交,而是需要等到 SQL 命令 COMMIT 或 ROLLBACK 被执行时,才考虑提交还是回滚。

由此可以得到,在 BEGIN 命令被执行后并没有立即获得任何类型的锁,而是在执行第一个 SELECT 语句时才得到一个共享锁,或者是在执行第一个 DML 语句时才获得一个保留锁。至于排他锁,只有在数据从内存写入磁盘时开始,直到事务提交或回滚之前才能持有。

如果多个 SQL 命令在同一个时刻同一个数据库连接中被执行,autocommit 将会被延迟执行,直到最后一个命令完成。例如,一个 SELECT 语句正在被执行,在这个命令执行期间,需要返回所有检索出来的行记录,如果此时处理结果集的线程因为业务逻辑的需要被暂时挂起并处于等待状态,而其他的线程此时或许正在该连接上对该数据库执行 INSERT、UPDATE 或 DELETE 命令,那么所有这些命令做出的数据修改都必须等到 SELECT 检索结束后才能被提交。

6.5　小结

有关嵌入式数据库系统的研究与应用在国外已经有多年的历史了,而在国内是近些年才兴起的。即便如此,嵌入式数据库 SQLite 的研究与应用也已经广泛并且深入地渗透到了各个领域中。SQLite 的版本发展也非常迅速,本章对于 SQLite 的主要技术的分析希望起到抛砖引玉的作用,读者可以在 SQLite 官网上对文档部分进行深入阅读,以期更好地理解 SQLite 的工作原理和核心技术。具体可参阅 https://www.sqlite.org/docs.html。

习题

1. 查阅 SQLite 官网上对于 VDBE 操作码的相关知识,了解 VDBE 程序的删除过程。
2. 查阅 SQLite 官网上对于 VDBE 操作码的相关知识,了解 VDBE 程序的更新过程。
3. 试比较 SQLite 的锁机制与 Linux 的锁机制有何不同。
4. 试比较 SQLite 的日志文件与嵌入式 Linux 的日志文件有何不同。
5. 请阐述 B+树与 B-树有何不同。
6. SQLite 数据库文件由什么组成?

第7章

SQLite 典型应用实例

嵌入式数据库已逐渐成为数据库与嵌入式技术研究中一个非常引人关注的交叉研究领域,其应用已进入快速发展阶段。嵌入式数据库不但具有嵌入式的特性,而且还具有传统数据库的主要功能,目前嵌入式数据库 SQLite 广泛应用在平板计算机、移动通信设备等嵌入式平台中。嵌入式操作系统 Android、Windows Mobile、QNX、Palm OS、Symbin、Linux、Windows CE、VxWorks 所使用的数据库大部分是 SQLite,它已经被多家厂商所使用,如Adobe、Microsoft、Apple 和 SONY 等。

本章对 SQLite 在几个典型使用环境下的应用情况展开阐述,分别是 Linux、Android、Qt、可视化管理工具以及物联网边缘计算中本地数据库的使用情况。

7.1 Linux 中的 SQLite 应用

7.1.1 SQLite 安装

视频讲解

SQLite 网站(www. sqlite. org)同时提供 SQLite 的已编译版本和源程序。编译版本可同时适用于 Windows 和 Linux。图 7-1 显示了 SQLite 的安装文件下载页面。

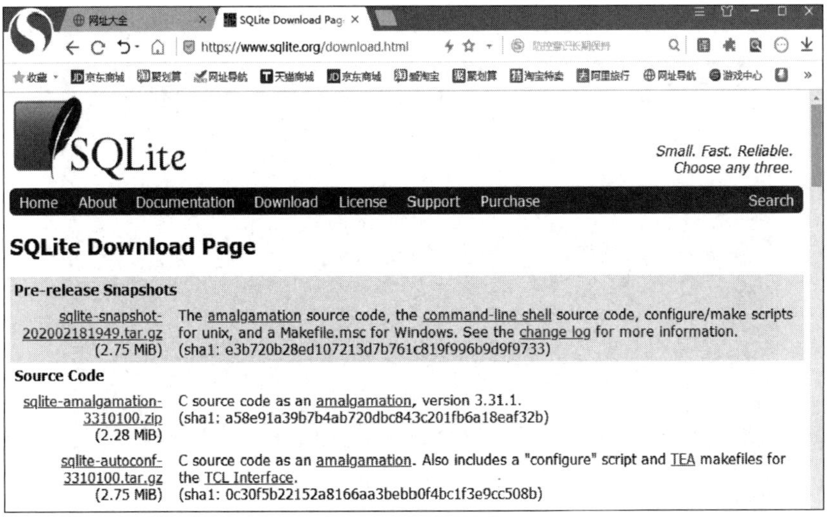

图 7-1 SQLite 的安装文件下载页面

有几种形式的二进制包供选择，以适应 SQLite 的不同使用方式，包括：静态链接的命令行程序(CLP)、SQLite 动态链接库(DLL)和 Tcl 扩展。

　　SQLite 源代码以两种形式提供，以适应不同的平台。一种为了在 Windows 下编译，另一种为了在 POSIX 平台(如 Linux、BSD、Solaris)下编译，这两种形式下源代码本身是没有差别的。值得注意的是，在一些发行版的 Linux 中，可以通过系统携带的命令完成 SQLite 的安装，如在 Ubuntu 中可以通过 sudo apt-get install sqlite3 来安装。下面介绍通过源码编译的方法来移植到 ARM 的平台上。首先下载源码，在官方的 Download 页面上有最新的下载，如本书下载的是当前版本 3.31.1。图 7-2 显示了 Windows 环境的下载版本页面。

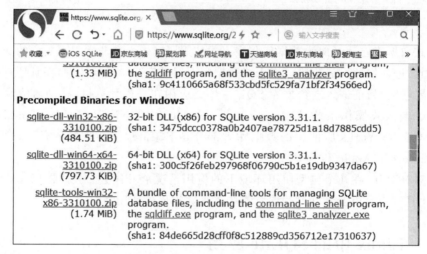

图 7-2　SQLite 的 Windows 环境的下载版本页面

　　在 Linux 下有多种方法，这里介绍以下两种。

　　方法 1：在 sqlite-tools-linux-x86-3310100 的链接中下载，会出现 3 个文件：sqldiff、sqlite3 和 sqlite3_analyzer。SQLite3 可以在 Linux 直接运行。该过程如图 7-3 所示。

图 7-3　SQLite 的 Linux 环境下的安装方法

方法 2：解压源码并编译（本例中 Linux 内核版本为 2.6.38）。

```
# tar xf sqlite - autoconf - 3310100.tar.gz
# mv sqlite - autoconf - 3310100 sqlite
# sqlite]$ mkdir install
# ./configure -- prefix = /home/work/proj4/sqlite/install -- host = arm - linux
# make
# make install
# arm - linux - strip install/bin/sqlite3
```

为了配合后面的 ARM-Linux 移植,这里在通过 configure 文件生成 makefile 的过程中将 host 指定为 arm-linux。

编译安装成功后,即可进入 sqlite 命令行,实现对数据库的管理。

```
# ./sqlite3
SQLite version 3.3.31 2015 - 05 - 09 12:14:55
Enter ".help" for usage hints.
Connected to a transient in - memory database.
Use ".open FILENAME" to reopen on a persistent database.
sqlite >
```

7.1.2　SQLite 在 ARM-Linux 上的移植与测试

视频讲解

编译和安装完成后,在工作目录/home/work/proj4/sqlite/install 中会生成四个目标文件夹,分别是 bin、include、lib 和 share。然后分别将 bin 下的文件下载到开发板的/usr/bin 目录中,lib 下的所有文件下载到开发板的/lib 目录中即可。include 目录下是 SQLite 的 C 语言 API 的头文件,编程时会用到,把 include 目录下文件复制到交叉编译器的 include 目录下。其中主要用到的文件有 ./bin/sqlite3、./include/sqlite3.h 以及 ./lib/下的库文件。

视频讲解

bin 文件夹下的 sqlite3 是 SQLite 可执行应用程序,下载到 ARM 开发板 Linux 系统下的/bin 目录或者/usr/bin 目录下并添加文件可执行权限。在 ARM 开发板 Linux 系统命令行下执行：# chmod + x sqlite3。

./lib/文件夹下是有关 SQLite 的静态链接库和动态链接库。

```
# ls lib/ libsqlite3.a  libsqlite3.la  libsqlite3.so  libsqlite3.so.0  libsqlite3.so.0.8.6
  pkgconfig
```

其中 libsqlite3.so 和 libsqlite3.so.0 都是 libsqlite3.so.0.8.6 的软链接文件。真正需要下载到 ARM 开发板目录/lib 下的动态库是 libsqlite3.so.0.8.6。下载到 ARM 开发板后还需对它建立软链接文件。

复制 sqlite3：

```
[root@FriendlyARM work]# tftp - g - r proj4/bin/sqlite3 192.168.0.119
proj4/bin/sqlite3    100 % |*****************************| 681k -- : -- : -- ETA
[root@FriendlyARM work]# chmod + x sqlite3
```

```
[root@FriendlyARM work]# ./sqlite3
SQLite version 3.8.10.1 2015 - 05 - 09 12:14:55
Enter ".help" for usage hints.
Connected to a transient in - memory database.
Use ".open FILENAME" to reopen on a persistent database.
sqlite>
```

按 Ctrl+D 快捷键退出。

复制 sqlite3 库文件：

```
[root@FriendlyARM work]# tftp - g - r proj4/lib/libsqlite3.a 192.168.0.119
proj4/lib/libsqlite3 100% |*****************************| 2654k -- : -- : -- ETA
[root@FriendlyARM work]# tftp - g - r proj4/lib/libsqlite3.la 192.168.0.119
proj4/lib/libsqlite3 100% |*****************************| 1024 -- : -- : -- ETA
[root@FriendlyARM work]# tftp - g - r proj4/lib/libsqlite3.so.0.8.6 192.168.0.119
proj4/lib/libsqlite3 100% |*****************************| 2292k -- : -- : -- ETA
[root@FriendlyARM work]# cp libsqlite3.* /lib
[root@FriendlyARM work]# cd /lib/
[root@FriendlyARM /lib]# ln - s libsqlite3.so.0.8.6 libsqlite3.so
[root@FriendlyARM /lib]# ln - s libsqlite3.so.0.8.6 libsqlite3.so.0
```

到此,SQLite 的移植工作已经完成,完成后应编写测试程序进行相关测试,以便对移植工作进行评估。

下面给出一个基于交叉编译的较完整的简单测试例子。首先编辑 test.c 源代码。

```c
# include < stdio.h >
# include < sqlite3.h >
static int callback(void * NotUsed, int argc, char ** argv, char ** azColName){
  int i;
  for(i = 0; i < argc; i++){
    printf("%s = %s\n", azColName[i], argv[i] ? argv[i] : "NULL");
  }
  printf("\n");
  return 0;
}
int main(int argc, char ** argv){
  sqlite3 * db;
  char * zErrMsg = 0;
  int rc;
  char * dbfile = "test.db";
  char * sqlcmd;
  rc = sqlite3_open(dbfile, &db);
  if( rc ){
    fprintf(stderr, "Can't open database: %s\n", sqlite3_errmsg(db));
    sqlite3_close(db);
    return - 1;
  }
```

```
sqlcmd = "create table user(id int primary key,username text,email text,tel nchar(11));";
rc = sqlite3_exec(db, sqlcmd, callback, 0, &zErrMsg);
if( rc!= SQLITE_OK ){
    fprintf(stderr, "SQL error: % s\n", zErrMsg);
    sqlite3_free(zErrMsg);
}
sqlcmd = "insert into user values (1,'xiaoming','xiaoming@qq.com','12345678901');";
rc = sqlite3_exec(db, sqlcmd, callback, 0, &zErrMsg);
if( rc!= SQLITE_OK ){
    fprintf(stderr, "SQL error: % s\n", zErrMsg);
    sqlite3_free(zErrMsg);
}
sqlcmd = "select * from user;";
rc = sqlite3_exec(db, sqlcmd, callback, 0, &zErrMsg);
if( rc!= SQLITE_OK ){
    fprintf(stderr, "SQL error: % s\n", zErrMsg);
    sqlite3_free(zErrMsg);
}
sqlite3_close(db);
return 0;
}
```

在上述源码中可以看到代码建立了一个 SQLite 数据库并插入了一条记录。然后在 PC
系统上编译出 SQLite。

```
[king@localhost proj4]$ make
arm - linux - gcc - L./lib - lsqlite3 - o sqlite   sqlite.c
```

将编译出的 SQLite 程序下载到开发板上运行。

```
[root@FriendlyARM work]# tftp - g - r proj4/sqlite 192.168.0.123
proj4/sqlite        100 % |*****************************|   8192   -- : -- : --  ETA
[root@FriendlyARM work]# chmod + x sqlite
[root@FriendlyARM work]# ./sqlite
id = 1
username = xiaoming
email = xiaoming@qq.com
tel = 12345678901
[root@FriendlyARM work]# ls
client                libsqlite3.so.0.8.6   sqlite3
libsqlite3.a          server                test.db
libsqlite3.la         test                  thread
```

从主机运行结果看,程序中创建的 test.db 数据库文件已经建立。

如图 7-4 所示,从目标机运行结果来看,已经对数据库产生了相应插入操作。

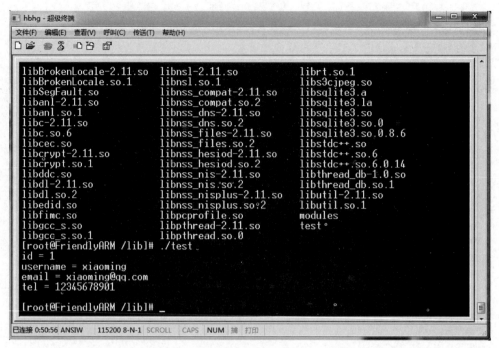

图 7-4　测试程序在目标机的运行效果

7.2　Android 中的 SQLite 应用

Android 提供了创建和使用 SQLite 数据库的 API。SQLiteDatabase 代表一个数据库对象,提供了操作数据库的一些方法。在 Android 的 SDK 目录下有 SQLite3 工具,可以利用它创建数据库、创建表和执行一些 SQL 语句。表 7-1 列举了 SQLiteDatabase 的常用方法。

表 7-1　SQLiteDatabase 的常用方法

方 法 名 称	方法表示含义
openOrCreateDatabase（String　path，SQLiteDatabase. CursorFactory factory）	打开或创建数据库
insert(String table,String nullColumnHack,ContentValues values)	插入一条记录
delete(String table,String whereClause,String[] whereArgs)	删除一条记录
query（String　table，String［］ columns，String　selection，String［］ selectionArgs,String groupBy,String having,String orderBy)	查询一条记录
update(String table,ContentValues values,String whereClause,String[] whereArgs)	修改记录
execSQL(String sql)	执行一条 SQL 语句
close()	关闭数据库

7.2.1 SQLiteDatabase

1. 打开或者创建数据库

在 Android 中使用 SQLiteDatabase 的静态方法 openOrCreateDatabase(String path, SQLiteDatabae.CursorFactory factory)打开或者创建一个数据库。它会自动检测是否存在这个数据库，如果存在则打开，不存在则创建一个数据库；创建成功则返回一个SQLiteDatabase 对象，否则抛出异常 FileNotFoundException。

下面是创建名为 stu.db 的数据库的代码：

```
openOrCreateDatabase(String  path,SQLiteDatabae.CursorFactory  factory)
```

参数 1：数据库创建的路径。

参数 2：一般设置为 null。

```
db = SQLiteDatabase.openOrCreateDatabae("/data/data/com.lingdududu.db/databases/stu.db",
null);
```

2. 创建表

编写创建表的 SQL 语句，调用 SQLiteDatabase 的 execSQL()方法来执行 SQL 语句。

下面的代码创建了一张用户表，属性列为：id(主键并且自动增加)、sname(学生姓名)、snumber(学号)。

```
private void createTable(SQLiteDatabase db){
//创建表 SQL 语句
String stu_table = "create table usertable(_id integer primary key autoincrement,sname text,
snumber text)";
//执行 SQL 语句
db.execSQL(stu_table);
}
```

3. 插入数据

插入数据有以下两种方法。

(1) SQLiteDatabase 的 insert(String table,String nullColumnHack,ContentValues values)方法。

参数 1：表名称。

参数 2：空列的默认值。

参数 3：ContentValues 类型，一个封装了列名称和列值的 Map。

第一种方法的代码如下：

```
private void insert(SQLiteDatabase db){
//实例化常量值
ContentValues cValue = new ContentValues();
//添加用户名
```

```
cValue.put("sname","xiaoming");
//添加密码
cValue.put("snumber","01005");
//调用 insert()方法插入数据
db.insert("stu_table",null,cValue);
}
```

(2) 编写插入数据的 SQL 语句,直接调用 SQLiteDatabase 的 execSQL()方法来执行。

第二种方法的代码如下:

```
private void insert(SQLiteDatabase db){
//插入数据 SQL 语句
String stu_sql = "insert into stu_table(sname,snumber) values('xiaoming','01005')";
//执行 SQL 语句
db.execSQL(sql);
}
```

4. 修改数据

修改数据有以下两种方法。

(1) 调用 SQLiteDatabase 的 update(String table,ContentValues values,String whereClause,String[] whereArgs)方法。

参数 1:表名称。

参数 2:ContentValues 类型的键值对 Key-Value。

参数 3:更新条件(where 子句)。

参数 4:更新条件数组。

第一种方法的代码如下:

```
private void update(SQLiteDatabase db) {
//实例化内容值 ContentValues values = new ContentValues();
//在 values 中添加内容
values.put("snumber","101003");
//修改条件
String whereClause = "id = ?";
//修改添加参数
String[] whereArgs = {String.valuesOf(1)};
//修改
db.update("usertable",values,whereClause,whereArgs);
}
```

(2) 编写更新的 SQL 语句,调用 SQLiteDatabase 的 execSQL 执行更新。

第二种方法的代码如下:

```
private void update(SQLiteDatabase db){
//修改 SQL 语句
String sql = "update stu_table set snumber = 654321 where id = 1";
//执行 SQL
```

```
db.execSQL(sql);
}
```

5. 查询数据

在 Android 中查询数据是通过 Cursor 类来实现的,当使用 SQLiteDatabase. query()方法时,会得到一个 Cursor 对象,Cursor 指向的就是每一条数据。它提供了很多有关查询的方法,具体方法如下:

```
public    Cursor query (String table, String [ ] columns, String selection, String [ ]
selectionArgs,String groupBy,String having,String orderBy,String limit);
```

各个参数的意义说明如下。

参数 table:表名称。

参数 columns:列名称数组。

参数 selection:条件子句,相当于 where。

参数 selectionArgs:条件子句,参数数组。

参数 groupBy:分组列。

参数 having:分组条件。

参数 orderBy:排序列。

参数 limit:分页查询限制。

参数 Cursor:返回值,相当于结果集 ResultSet。

Cursor 是一个游标接口,提供了遍历查询结果的方法,如移动指针方法 move(),获得列值方法 getString()等。表 7-2 列举了 Cursor 游标常用方法。

表 7-2　Cursor 游标常用方法

方 法 名 称	方 法 描 述
getCount()	获得总的数据项数
isFirst()	判断是否第一条记录
isLast()	判断是否最后一条记录
moveToFirst()	移动到第一条记录
moveToLast()	移动到最后一条记录
move(int offset)	移动到指定记录
moveToNext()	移动到下一条记录
moveToPrevious()	移动到上一条记录
getColumnIndexOrThrow(String columnName)	根据列名称获得列索引
getInt(int columnIndex)	获得指定列索引的 int 类型值
getString(int columnIndex)	获得指定列索引的 String 类型值

用 Cursor 来查询数据库中的数据的具体代码如下:

```
private void query(SQLiteDatabase db) {
//查询获得游标
```

```
Cursor cursor = db.query ("usertable",null,null,null,null,null,null);
//判断游标是否为空
if(cursor.moveToFirst() {
//遍历游标
for(int i = 0;i < cursor.getCount();i++){
cursor.move(i);
//获得 ID
int id = cursor.getInt(0);
//获得用户名
String username = cursor.getString(1);
//获得密码
String password = cursor.getString(2);
//输出用户信息
System.out.println(id + ":" + sname + ":" + snumber);
}
}
}
```

6. 删除指定表

编写插入数据的 SQL 语句,直接调用 SQLiteDatabase 的 execSQL()方法来执行。

```
private void drop(SQLiteDatabase db){
//删除表的 SQL 语句
String sql = "DROP TABLE stu_table";
//执行 SQL
db.execSQL(sql);
}
```

7.2.2   SQLiteOpenHelper

该类是 SQLiteDatabase 一个辅助类。这个类主要生成一个数据库,并对数据库的版本进行管理。当在程序当中调用这个类的 getWritableDatabase()方法或者 getReadableDatabase()方法的时候,如果当时没有数据,那么 Android 系统就会自动生成一个数据库。SQLiteOpenHelper 是一个抽象类,通常需要继承它,并且实现里面以下 3 个函数。

1. onCreate(SQLiteDatabase)

在数据库第一次生成的时候会调用这个方法,也就是说,只有在创建数据库的时候才会调用,当然也有一些其他的情况,一般是在这个方法中生成数据库表。

2. onUpgrade(SQLiteDatabase,int,int)

当数据库需要升级的时候,Android 系统会主动地调用这个方法。一般我们在这个方法中删除数据表,并建立新的数据表,当然是否还需要做其他的操作,完全取决于应用的需求。

3. onOpen(SQLiteDatabase)

打开指定数据库。

7.2.3 实例

下面这个操作数据库的实例实现了创建数据库、创建表以及数据库的增删改查的操作。

该实例有两个类：com. lingdududu. testSQLite 调试类和 com. lingdududu. testSQLiteDb 数据库辅助类。

下面是具体代码：

```java
MainActivity. java
package com. djp. magpietest. sqlitedatabase;
import android. database. Cursor;
import android. database. sqlite. SQLiteDatabase;
import android. support. v7. app. AppCompatActivity;
import android. os. Bundle;
import android. view. View;
import android. widget. Button;
import android. widget. ProgressBar;
import android. widget. Toast;
import java. security. PublicKey;
import pl. com. salsoft. sqlitestudioremote. SQLiteStudioService;
public class MainActivity extends AppCompatActivity {
    //声明各个按钮
    private Button createButton;
    private Button insertButton;
    private Button updateButton;
    private Button queryBtn;
    private Button deleteBtn;
    private Button ModifyBtn;
     @Override
    protected void onCreate(Bundle savedInstanceState) {
        super. onCreate(savedInstanceState);
        // SQLiteStudioService. instance(). start(this);        //使用 SQLite 调试数据库
        setContentView(R. layout. activity_main);
        //初始化界面
        initView();
        //监听事件
        setListener();
    }
    /**
     * 初始化界面
     */
    private void initView() {
        createButton = findViewById(R. id. createDatabase);
        insertButton = findViewById(R. id. insert);
        updateButton = findViewById(R. id. updateDatabas);
        queryBtn   = findViewById(R. id. query);
        deleteBtn = findViewById(R. id. delete);
        ModifyBtn = findViewById(R. id. update);
    }
```

```java
/**
 * 监听事件
 */
private void setListener() {
    createButton.setOnClickListener(new CreateListener());
    updateButton.setOnClickListener(new UpdateListener());
    insertButton.setOnClickListener(new InsertListener());
    ModifyBtn.setOnClickListener(new ModifyListener());
    queryBtn.setOnClickListener(new QueryListener());
    deleteBtn.setOnClickListener(new DeleteListener());
}
/**
 * 数据库的创建
 */
private class CreateListener implements View.OnClickListener {
    @Override
    public void onClick(View v) {
        //创建 StuDBHelper 对象
        StuDBHelper dbHelper = new StuDBHelper(MainActivity.this,"stu_db",null,1);
        //得到一个可读的 SQLiteDatabase 对象
        SQLiteDatabase db = dbHelper.getReadableDatabase();
        Toast.makeText(MainActivity.this,"创建数据库成功",Toast.LENGTH_LONG).show();
    }
}
/**
 * 数据的插入
 */
private class InsertListener implements View.OnClickListener {
    @Override
    public void onClick(View v) {
        StuDBHelper dbHelper = new StuDBHelper(MainActivity.this,"stu_db",null,1);
        SQLiteDatabase db = dbHelper.getWritableDatabase();
        //插入数据 SQL 语句
        String sql = "insert into stu_table(id,sname,sage,ssex) values(1,'zhangshan',23,
'male')"; //插入单条数据
        //String sql = "INSERT INTO stu_table(id,sname,sage,ssex) SELECT 2,'liming',28,
'male' UNION ALL SELECT 3,'wanghong',29,'male'";         //插入多条数据
        //执行 SQL 语句
        db.execSQL(sql);
        Toast.makeText(MainActivity.this,"插入数据成功!",Toast.LENGTH_LONG).show();
    }
}
/**
 * 数据的删除
 */
private class DeleteListener implements View.OnClickListener {
    @Override
    public void onClick(View v) {
        StuDBHelper dbHelper = new StuDBHelper(MainActivity.this,"stu_db",null,1);
```

```
            //得到一个可写的数据库
            SQLiteDatabase db = dbHelper.getReadableDatabase();
            //删除 SQL 语句
            String sql1 = "delete from stu_table where id = 1";
            //执行 SQL 语句
            db.execSQL(sql1);
            Toast.makeText(MainActivity.this,"删除数据成功!",Toast.LENGTH_LONG).show();
        }
    }
    /**
     * 数据的更新
     */
    private class ModifyListener implements View.OnClickListener {
        @Override
        public void onClick(View v) {
            StuDBHelper dbHelper = new StuDBHelper(MainActivity.this,"stu_db",null,1);
            //得到一个可写的数据库
            SQLiteDatabase db = dbHelper.getWritableDatabase();
            //修改 SQL 语句
            String sql = "update stu_table set sname = 'djp' where id = 1";
            //执行 SQL
            db.execSQL(sql);
            Toast.makeText(MainActivity.this,"数据库更新成功",Toast.LENGTH_LONG).show();
        }
    }
    /**
     * 数据库版本的更新
     */
    private class UpdateListener implements View.OnClickListener {
        @Override
        public void onClick(View v) {
            // 数据库版本的更新,由原来的 1 变为 2
            StuDBHelper dbHelper = new StuDBHelper(MainActivity.this,"stu_db",null,2);
            SQLiteDatabase db = dbHelper.getReadableDatabase();
            Toast.makeText(MainActivity.this,"数据库版本更新成功",Toast.LENGTH_LONG).
show();
        }
    }
    /**
     * 数据的查询
     */
    private class QueryListener implements View.OnClickListener {
        @Override
        public void onClick(View v) {
            StuDBHelper dbHelper = new StuDBHelper(MainActivity.this,"stu_db",null,1);
            //得到一个可写的数据库
            SQLiteDatabase db = dbHelper.getReadableDatabase();
            //参数1:表名
            //参数2:想要显示的列
```

```
                //参数 3:where 子句
                //参数 4:where 子句对应的条件值
                //参数 5:分组方式
                //参数 6:having 条件
                //参数 7:排序方式
                Cursor cursor = db.query("stu_table", new String[]{"id","sname","sage",
"ssex"}, null, null, null, null, null);
                while(cursor.moveToNext()){
                    String name = cursor.getString(cursor.getColumnIndex("sname"));
                    String age = cursor.getString(cursor.getColumnIndex("sage"));
                    String sex = cursor.getString(cursor.getColumnIndex("ssex"));
                    System.out.println("查询------->" + "姓名:" + name + " " + "年龄:" + age
+ " " + "性别:" + sex);
                }
                Toast.makeText(MainActivity.this,"查询数据库成功",Toast.LENGTH_LONG).show();
                //关闭数据库
                db.close();
            }
        }
    }
}
StuDBHelper.java
package com.djp.magpietest.sqlitedatabase;
import android.content.Context;
import android.database.sqlite.SQLiteDatabase;
import android.database.sqlite.SQLiteOpenHelper;
import android.util.Log;
public class StuDBHelper extends SQLiteOpenHelper {
    //必须要有构造函数
    public StuDBHelper( Context context, String name,SQLiteDatabase.CursorFactory factory,
int version) {
        super(context, name, factory, version);
    }
    //当第一次创建数据库的时候,调用该方法
    @Override
    public void onCreate(SQLiteDatabase db) {
        String sql =  "create table stu_table(id integer  PRIMARY KEY AUTOINCREMENT ,sname
varchar(20),sage int,ssex varchar(10))";
        //输出创建数据库的日志信息
        Log.i("this", "create Database-------------->");
        //execSQL 函数用于执行 SQL 语句
        db.execSQL(sql);
    }
    //当更新数据库的时候执行该方法
    @Override
    public void onUpgrade(SQLiteDatabase db, int oldVersion, int newVersion) {
        //输出更新数据库的日志信息
        Log.i("this", "update Database-------------->");
    }
}
```

```xml
main.xml
<?xml version = "1.0" encoding = "utf - 8"?>
< LinearLayout xmlns:android = "http://schemas.android.com/apk/res/android"
     android:orientation = "vertical"
     android:layout_width = "fill_parent"
     android:layout_height = "fill_parent"
     >
     < TextView
         android:layout_width = "fill_parent"
         android:layout_height = "wrap_content"
         android:text = "数据库管理"
         android:gravity = "center"
         android:textSize = "30sp"
         />
     < Button
         android:id = "@ + id/createDatabase"
         android:layout_width = "fill_parent"
         android:layout_height = "wrap_content"
         android:text = "创建数据库"
         />
     < Button
         android:id = "@ + id/updateDatabas"
         android:layout_width = "fill_parent"
         android:layout_height = "wrap_content"
         android:text = "更新数据库"
         />
     < Button
         android:id = "@ + id/insert"
         android:layout_width = "fill_parent"
         android:layout_height = "wrap_content"
         android:text = "插入数据"
         />
     < Button
         android:id = "@ + id/update"
         android:layout_width = "fill_parent"
         android:layout_height = "wrap_content"
         android:text = "更新数据"
         />
     < Button
       android:id = "@ + id/query"
       android:layout_width = "fill_parent"
       android:layout_height = "wrap_content"
       android:text = "查询数据"
       />
     < Button
         android:id = "@ + id/delete"
         android:layout_width = "fill_parent"
         android:layout_height = "wrap_content"
         android:text = "删除数据"
         />
</LinearLayout >
```

图 7-5 为程序效果图。

图 7-5　程序效果图

7.2.4　Google Room 框架

如 7.2.1 节所述,Android 采用 SQLite 作为数据库存储。SQLite 代码写起来繁琐且容易出错,所以开源社区里逐渐出现了各种 ORM(Object Relational Mapping)库。这些开源 ORM 库都是为了方便 SQLite 的使用,包括数据库的创建、升级、增删改查等。常见的 ORM 有 ORMLite,GreenDAO 等。Google 也意识到了推出自家 ORM 的必要性,于是有了 Room。Room 和其他 ORM 库一样,也是在 SQLite 上提供了一层抽象。

Room 的使用包含以下几个重要概念。

Entity:这是一个 Model 类,对应于数据库中的一张表。Entity 类是 SQLite 表结构在 Java 类的映射。

Dao:(Data Access Objects)数据访问对象,顾名思义,我们可以通过它来访问数据。

一个 Entity 代表着一张表,而每张表都需要一个 Dao 对象,以方便对这张表进行各种操作(增删改查)。

接下来介绍如何在项目中使用 Room。

(1) 在 app 的 build.gradle 中加入 Room 的相关依赖。

```
def room_version = "2.2.0 - alpha01"
implementation "androidx.room:room - runtime: $ room_version"
annotationProcessor "androidx.room:room - compiler: $ room_version"
```

(2) 创建一个关于学生的 Entity,即创建一张学生表。

在类文件的最上方需要加上@Entity 标签,通过该标签将该类与 Room 中表关联起来。tableName 属性可以为该表设置名字,如果不设置,则表名与类名相同。@PrimaryKey 标签用于指定该字段作为表的主键。@ColumnInfo 标签可用于设置该字段存储在数据库表中的名字并指定字段的类型。@Ignore 标签用来告诉系统忽略该字段或者方法。

```java
@Entity(tableName = "student")
public class Student
{
    @PrimaryKey(autoGenerate = true)
    @ColumnInfo(name = "id", typeAffinity = ColumnInfo.INTEGER)
    public int id;
    @ColumnInfo(name = "name", typeAffinity = ColumnInfo.TEXT)
    public String name;
    @ColumnInfo(name = "age", typeAffinity = ColumnInfo.TEXT)
    public String age;
    /**
     * Room 会使用这个构造器来存储数据,也就是当用户从表中得到 Student 对象时,Room 会使用
这个构造器。
     **/
    public Student(int id, String name, String age)
    {
        this.id = id;
        this.name = name;
        this.age = age;
    }
    /**
     * 由于 Room 只能识别和使用一个构造器,如果希望定义多个构造器,可以使用 Ignore 标签,让
Room 忽略这个构造器。同样,@Ignore 标签还可用于字段,使用@Ignore 标签标记过的字段,Room
不会持久化该字段的数据。
     **/
    @Ignore
    public Student(String name, String age)
    {
        this.name = name;
        this.age = age;
    }
}
```

（3）针对以上学生 Entity,需要定义一个 Dao 接口文件,以完成对 Entity 的访问。注意：在文件的上方,需要加入@Dao 标签。

```java
@Dao
public interface StudentDao
{
    @Insert
    void insertStudent(Student student);
    @Delete
    void deleteStudent(Student student);
    @Update
    void updateStudent(Student student);
    @Query("SELECT * FROM student")
    List < Student > getStudentList();
```

```
    @Query("SELECT * FROM student WHERE id = :id")
    Student getStudentById(int id);
}
```

(4) 定义好 Entity 和 Dao 后,接下来就是创建数据库。

```
@Database(entities = {Student.class}, version = 1)
public abstract class MyDatabase extends RoomDatabase
{
    private static final String DATABASE_NAME = "my_db";
    private static MyDatabase databaseInstance;
    public static synchronized MyDatabase getInstance(Context context)
    {
        if(databaseInstance == null)
        {
            databaseInstance = Room
                    .databaseBuilder(context.getApplicationContext(), MyDatabase.class,
                            DATABASE_NAME)
                    .build();
        }
        return databaseInstance;
    }
    public abstract StudentDao studentDao();
}
```

　　@Database 标签用于告诉系统这是 Room 数据库对象。entities 属性用于指定该数据库有哪些表,若需建立多张表,应以逗号相隔开。version 属性用于指定数据库版本号,后续数据库的升级正是依据版本号来判断的。该类需要继承自 RoomDatabase,在类中,通过 Room.databaseBuilder()结合单例设计模式,完成数据库的创建工作。另外,创建的 Dao 对象,在这里以抽象方法的形式返回,只需一行代码即可。

　　使用 Room 框架的其中一个好处是,如果创建过程中有问题,在编译期间编辑器就会提示你,而不用等到程序运行时。至此,数据库和表的创建工作完成了。接下来,看看 Room 框架下数据库的增删改查。

　　本节采用单例模式来实例化数据库,所以可以这样得到数据库对象:

```
MyDatabase myDatabase = MyDatabase.getInstance(this);
```

插入数据:

```
myDatabase.studentDao().insertStudent(new Student(name, age));
```

更新数据:

```
myDatabase.studentDao().updateStudent(new Student(id, name, age));
```

删除数据:

```
myDatabase.studentDao().deleteStudent(student);
```

查询所有学生：

```
myDatabase.studentDao().getStudentList();
```

查询某个学生：

```
myDatabase.studentDao().getStudentById(id);
```

这些对数据库的操作方法都是之前在 Dao 文件中已经定义好的。需要注意的是,不能
直接在 UI 线程中执行这些操作,需要放在工作线程中进行。例如,可以使用 AsyncTask 来
进行查询操作。

```
private class QueryStudentTask extends AsyncTask < Void, Void, Void >
{
    public QueryStudentTask()
    {
    }
    @Override
    protected Void doInBackground(Void... arg0)
    {
        studentList.clear();
        studentList.addAll(myDatabase.studentDao().getStudentList());
        return null;
    }
    @Override
    protected void onPostExecute(Void result)
    {
        super.onPostExecute(result);
        studentAdapter.notifyDataSetChanged();
    }
}
```

至此,已经完成如何在 Android 项目中利用 Room 创建数据库,以及对数据库进行增删
改查等基本操作。Room 使得在 Android 中使用 SQLite 变得非常容易,但对数据库的访问
还需要在工作线程中进行。每次数据库发生变化,都需要开启一个工作线程,对数据库进行
查询。那么,能否在数据库发生变化时,自动收到通知呢？答案是肯定的,通过 LiveData 就
能实现这一点。限于篇幅,想进一步了解 Room 相关知识的读者可以在 Google 官网及开源
社区中查阅到更多知识,在此不再赘述。

7.3　Qt 数据库应用

Qt 是一个跨平台应用程序和图形用户界面(GUI)开发框架。使用 Qt 只需一次性开发
应用程序,无须重新编写源代码,便可跨不同桌面和嵌入式操作系统部署这些应用程序。
Qt 是挪威 Trolltech 公司的标志性产品,于 1991 年推出。2008 年,Trolltech 被诺基亚公司
收购,QT 也因此成为诺基亚旗下的编程语言工具。2012 年 8 月芬兰 IT 业务供应商 Digia
全面收购诺基亚 Qt 业务及其技术。

2009 年 3 月诺基亚发布了 Qt 4.5,并为 Qt 增添了开源 LGPL 授权选择。

Qt 5 是进行 Qt C++软件开发基本框架的最新版本,其中 Qt Quick 技术处于核心位置。同时 Qt 5 能继续提供给开发人员使用原生 Qt C++实现精妙的用户体验和让应用程序使用 OpenGl/OpenGL ES 图形加速的全部功能。通过 Qt 5 提供的用户接口,开发人员能够更快地完成开发任务,针对触摸屏和平板计算机的 UI 转变与移植需求,也变得更加容易实现。

学习 Qt,最标准的教程就是帮助文档,最规范的程序就是示例程序,而且如何开始学习,Qt 文档中都给了入口。Qt 帮助文档对于初学者以及开发人员都是很有用的工具。这里我们通过"帮助"来了解 Qt 5 的组成——模块知识。

打开 Qt Creator,进入帮助模式,然后选择 qt reference 进行搜索。选择 All Modules 选项来查看所有的 Qt 模块,如图 7-6 所示。

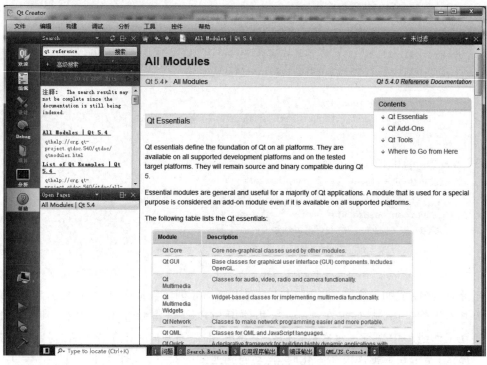

图 7-6　"帮助"页面中的模块介绍

在 All Modules 页面,可以发现 Qt 的模块被分为了三部分:Qt 基本模块(Qt Essentials)、Qt 扩展模块(Qt Add-Ons)和 Qt 工具(Qt Tools)。Qt 基本模块中包含了 Qt 核心基础的功能。Qt 扩展模块的内容比较丰富,除了包含 Qt 4 中的一些模块,如 QtDBus、QtXML、QtScript 等,还增加了若干新的特殊功能模块,如图形效果(Qt Graphical Effects)、串口(Qt Serial Port)等。Qt 工具由 Qt 设计器(Qt Designer)、Qt 帮助(Qt Help)和 Qt 界面工具(Qt UI Tools)三部分内容组成。Qt 设计师可以用拖拽的方式将 Widget 排放在界面上,支持版面配置,支持信号与槽编辑。

下面主要介绍 Qt 基本模块的组成情况。表 7-3 列举了 Qt 基本模块的组成。

表 7-3　Qt 基本模块组成

模　　块	描　　述
Qt Core	使用其他模块的核心非图形类
Qt GUI	图形用户界面(GUI)组件的基础类,包括 OpenGL
Qt Multimedia	处理音频、视频、广播、摄像头功能的类
Qt Network	使网络编程更容易、更方便的类
Qt QML	QML 和 JavaScript 的类
Qt Quick	自定义用户界面构建高度动态的应用程序的声明性框架
Qt SQL	使用 SQL 集成数据库的类
Qt Test	进行 Qt 应用程序和库单元测试的类
Qt WebKit	基于 WebKit2 实现的一个新的 QML API 类
Qt WebKit Widgets	Qt 4 中,WebKit1 和 QWidget-based 类
Qt Widgets	用 C++部件扩展 Qt 图形界面的类

　　Qt 中的 Qt SQL 模块提供了对数据库的支持,该模块中的众多类基本上可以分为三层,分别是驱动层、SQL 接口层和用户接口层。其中,驱动层为具体的数据库和 SQL 接口层之间提供了底层的桥梁;SQL 接口层提供了对数据库的访问,其中的 QSqlDatabase 类用来创建连接,QSqlQuery 类可以使用 SQL 语句来实现与数据库交互,其他类对该层提供了支持;用户接口层的几个类实现了将数据库中的数据链接到窗口部件上,这些类使用模型/视图(model/view)框架实现,它们是更高层次的抽象,即便不熟悉 SQL 也可以操作数据库。想要了解数据库部分的内容,可以在帮助中查看 SQL Programming 关键字。

7.3.1　数据库驱动

　　Qt SQL 模块使用数据库驱动来和不同的数据库接口进行通信。由于 Qt 的 SQL 模型的接口是独立于数据库的,所以所有数据库特定的代码都包含在了这些驱动中。Qt 现在支持的数据库驱动见表 7-4。

视频讲解

表 7-4　Qt 支持的数据库驱动

数据库驱动名称	对应 DBMS
QDB2	IBM DB2(版本 7.1 及以上)
QIBASE	Borland InterBase
QMYSQL	MySQL
QOCI	Oracle 调用接口驱动
QODBC	ODBC
QPSQL	PostgreSQL(版本 7.3 及以上)
QSQLITE2	SQLITE2
QSQLITE	SQLITE3
QTDS	Sybase 自适应服务器

　　需要说明的是,由于 GPL 许可证的兼容性问题,并不是这里列出的所有驱动插件都提供给了 Qt 的开源版本。

　　也可以通过代码来查看本机 Qt 支持的数据库,一种典型代码如下。

（1）新建 Qt console 应用，名称为 sqldriverscheck。

（2）完成后将 sqldriverscheck. pro 项目文件中第一行代码更改为：

```
QT += core sql
```

表明使用了 SQL 模块。

（3）将 main. cpp 文件的内容更改如下：

```
#include < QCoreApplication >
#include < QSqlDatabase >
#include < QDebug >
#include < QStringList >
int main( int argc, char * argv[ ])
{
    QCoreApplication app( argc, argv);
    qDebug() << "Available drivers:";
    QStringList drivers = QSqlDatabase::drivers();
    foreach(QString driver, drivers)
        qDebug() << driver;
    return app. exec();
}
```

这里先使用 drivers( )函数获取了现在可用的数据库驱动，然后分别进行了输出。运行程序，结果如图 7-7 所示。

可见，这台主机上 Qt 可实现对图 7-7 中 7 种数据库驱动的支持。接下来介绍 Qt 与 SQLite 数据库的连接。

图 7-7　测试机器的 Qt 数据库驱动

7.3.2　Qt 与 SQLite 数据库的连接

与 SQLite3 数据库连接的驱动程序是 QSQLITE。下面的这段代码中先创建了一个 SQLite 数据库的默认连接，设置数据库名称时使用了":memory:"，表明这个是建立在内存中的数据库，程序结束即销毁。下面使用 open( )函数将数据库打开，如果打开失败，则弹出提示对话框。最后使用 QSqlQuery 创建了一个 student 表，并插入了包含 id 和 name 两个属性的两条记录。其中，id 属性是 int 类型的，primary key 表明该属性是主键，它不能为空，且不能有重复的值；而 name 属性是 varchar 类型的，并且不大于 30 个字符。

```
QSqlDatabase db = QSqlDatabase::addDatabase("QSQLITE");
db. setDatabaseName(":memory:");
if (!db.open()) {
    QMessageBox::critical(0, qApp -> tr("Cannot open database"),
        qApp -> tr("Unable to establisha database connection."
                    ), QMessageBox::Cancel);
    return false;
}
QSqlQuery query;
```

视频讲解

```
query.exec("create table student (id int primary key, "
           "name varchar(30))");

query.exec("insert into student values(0, 'first')");
query.exec("insert into student values(1, 'second')");
```

数据库连接和表建立完毕后就可以进行查询等数据库操作。如：

```
query.exec("SELECT * FROM student");
```

exec()方法执行后就可以对查询的结果集进行设置。结果集就是查询到的所有记录的集合。在QSqlQuery类中提供了多个函数来操作这个集合，需要注意这个集合中的记录是从0开始编号的。最常用的操作如下。

seek(int n)：query指向结果集的第 n 条记录；

first()：query指向结果集的第一条记录；

last()：query指向结果集的最后一条记录；

next()：query指向下一条记录，每执行一次该函数，便指向相邻的下一条记录；

previous()：query指向上一条记录，每执行一次该函数，便指向相邻的上一条记录；

record()：获得现在指向的记录；

value(int n)：获得属性的值。其中 n 表示查询的第 n 个属性，比如上面使用"select * from student"就相当于"select id,name from student"，那么value(0)返回id属性的值，value(1)返回name属性的值。该函数返回QVariant类型的数据，关于该类型与其他类型的对应关系，可以在帮助中查看QVariant。

at()：获得现在query指向的记录在结果集中的编号。

7.3.3　SQL 模型

除了QSqlQuery类外，Qt还提供了三种用于访问数据库的高层SQL模型，见表7-5。Qt中使用了这些模型来避免使用SQL语句，为用户提供了更简便的可视化数据库操作及数据显示模型，有效地减少了开发工作量。

表 7-5　SQL 模型

类　　名	用　　途
QSqlQueryMdoel	基于任意 SQL 语句的只读模型
QSqlTableModel	基于单个表的读/写模型
QSqlReltionalTableModel	QSqlTableModel 的子类，增加了外键支持

这三个模型在不涉及数据库的图形表示时可以单独使用，进行数据库操作。同时也可以作为数据源映射到QListView和QTableView等基于视图模式的Qt类中表示出来。

用户可以根据自己的需要来选择使用哪个模型。如果熟悉SQL语法，又不需要将所有的数据都显示出来，那么只需要使用QSqlQuery就可以。对于QSqlTableModel，它主要是用来显示一个单独的表格，而QSqlQueryModel可以用来显示任意一个结果集。QSqlRelationalTableModel继承自QSqlTableModel，并且对其进行了扩展。

接下来描述 SQL 模型的三个例子都用到了头文件 Connection.h,源码如下:

```cpp
# ifndef CONNECTION_H
# define CONNECTION_H
# include < QMessageBox >
# include < QSqlDatabase >
# include < QSqlError >
# include < QSqlQuery >
static bool createConnection()
{
    QSqlDatabase db = QSqlDatabase::addDatabase("QSQLITE");
    db.setDatabaseName(":memory:");
    if (!db.open()) {
        QMessageBox::critical(0, qApp -> tr("Cannot open database"),
            qApp -> tr("Unable to establish a database connection.\n"
                    "This example needs SQLite support. Please read "
                    "the Qt SQL driver documentation for information how "
                    "to build it.\n\n"
                    "Click Cancel to exit."), QMessageBox::Cancel);
        return false;
    }
    QSqlQuery query;
    query.exec("create table person (id int primary key, "
            "firstname varchar(20), lastname varchar(20))");
    query.exec("insert into person values(101, 'Danny', 'Young')");
    query.exec("insert into person values(102, 'Christine', 'Holand')");
    query.exec("insert into person values(103, 'Lars', 'Gordon')");
    query.exec("insert into person values(104, 'Roberto', 'Robitaille')");
    query.exec("insert into person values(105, 'Maria', 'Papadopoulos')");
    query.exec("create table items (id int primary key,"
                                    "imagefile int,"
                                    "itemtype varchar(20),"
                                    "description varchar(100))");
    query.exec("insert into items "
            "values(0, 0, 'Qt',"
            "'Qt is a full development framework with tools designed to "
            "streamline the creation of stunning applications and   "
            "amazing user interfaces for desktop, embedded and mobile "
            "platforms.')");
    query.exec("insert into items "
            "values(1, 1, 'Qt Quick',"
            "'Qt Quick is a collection of techniques designed to help "
            "developers create intuitive, modern - looking, and fluid "
            "user interfaces using a CSS & JavaScript like language.')");
    query.exec("insert into items "
            "values(2, 2, 'Qt Creator',"
            "'Qt Creator is a powerful cross - platform integrated "
            "development environment (IDE), including UI design tools "
            "and on - device debugging.')");
    query.exec("insert into items "
```

```
                    "values(3, 3, 'Qt Project',"
                    "'The Qt Project governs the open source development of Qt, "
                    "allowing anyone wanting to contribute to join the effort "
                    "through a meritocratic structure of approvers and "
                    "maintainers.')");
    query.exec("create table images (itemid int, file varchar(20))");
    query.exec("insert into images values(0, 'images/qt-logo.png')");
    query.exec("insert into images values(1, 'images/qt-quick.png')");
    query.exec("insert into images values(2, 'images/qt-creator.png')");
    query.exec("insert into images values(3, 'images/qt-project.png')");
    return true;
}
#endif
```

在该头文件中创建了 QSQLITE 型数据库 db,并建立了含有 3 个属性的 person 表,其主键为 id,然后插入了 5 条记录。

1. QSqlQueryMdoel

QSqlQueryMdoel 模型是基于任意 SQL 语句的只读模型。下面的源码中新建了 QSqlQueryModel 类对象 plainModel,在 initializeModel 函数中用 setQuery()函数执行了 SQL 语句"("select * from person");"用来查询整个 person 表的内容,可以看到,该类并没有完全避免 SQL 语句。然后设置了表中属性显示时的名字。最后建立了一个视图 createView,并将这个 model 模型关联到视图中,这样数据库中的数据就能在窗口上的表中显示出来了。主要源码均在 Main.cpp 中,如下所示:

```
#include <QtWidgets>
#include "../connection.h"
void initializeModel(QSqlQueryModel * model)
{
    model->setQuery("select * from person");
    model->setHeaderData(0, Qt::Horizontal, QObject::tr("ID"));
    model->setHeaderData(1, Qt::Horizontal, QObject::tr("First name"));
    model->setHeaderData(2, Qt::Horizontal, QObject::tr("Last name"));
}
QTableView * createView(QSqlQueryModel * model, const QString &title = "")
{
    QTableView * view = new QTableView;
    view->setModel(model);
    static int offset = 0;
    view->setWindowTitle(title);
    view->move(100 + offset, 100 + offset);
    offset += 20;
    view->show();
    return view;
}
int main(int argc, char * argv[])
{
    QApplication app(argc, argv);
```

```
        if (!createConnection())
            return 1;
    QSqlQueryModel plainModel;
    initializeModel(&plainModel);
        createView(&plainModel, QObject::tr("Plain Query Model"));
        return app.exec();
}
```

	ID	First name	Last name
1	101	Danny	Young
2	102	Christine	Holand
3	103	Lars	Gordon
4	104	Roberto	Robitaille
5	105	Maria	Papadopoulos

图 7-8　程序执行结果

运行程序,效果如图 7-8 所示。

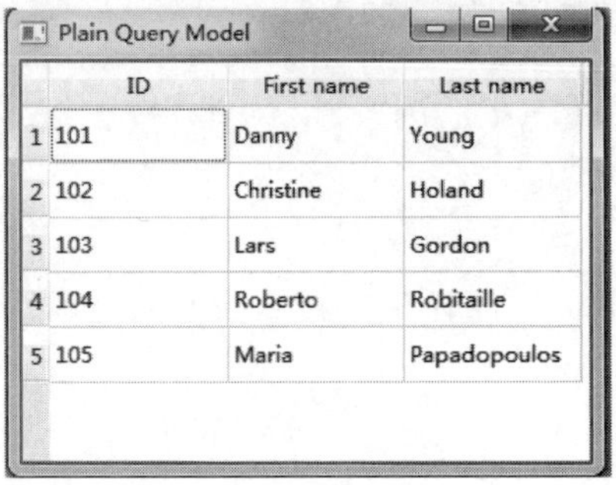

2. QSqlTableModel

QSqlTableModel 是基于单个表的可读可写模型。下面的源码中创建了一个 QSqlTableModel 后,在 initializeModel 函数中只需使用 setTable()来为其指定数据库表,然后使用 select()函数进行查询,调用这两个函数就等价于执行了"select * from student"这个 SQL 语句。这里还可以使用 setFilter()来指定查询时的条件。然后建立了一个视图 createView,并将这个 model 模型关联到视图中,这样数据库中的数据就能在窗口上的表中显示出来了。源码如下所示:

```
Tablemodel.cpp
# include < QtWidgets >
# include < QtSql >
# include "../connection.h"
void initializeModel(QSqlTableModel * model)
{
    model - > setTable("person");
    model - > setEditStrategy(QSqlTableModel::OnManualSubmit);
    model - > select();

    model - > setHeaderData(0, Qt::Horizontal, QObject::tr("ID"));
    model - > setHeaderData(1, Qt::Horizontal, QObject::tr("First name"));
    model - > setHeaderData(2, Qt::Horizontal, QObject::tr("Last name"));
}
QTableView * createView(QSqlTableModel * model, const QString &title = "")
{
    QTableView * view = new QTableView;
    view - > setModel(model);
    view - > setWindowTitle(title);
    return view;
}
int main(int argc, char * argv[])
{
    QApplication app(argc, argv);
    if (!createConnection())
        return 1;
```

```
    QSqlTableModel model;
    initializeModel(&model);
    QTableView * view1 = createView(&model, QObject::tr("Table Model (View 1)"));
    QTableView * view2 = createView(&model, QObject::tr("Table Model (View 2)"));
    view1->show();
    view2->move(view1->x() + view1->width() + 20, view1->y());
    view2->show();
    return app.exec();
}
```

运行程序,效果如图 7-9 所示。

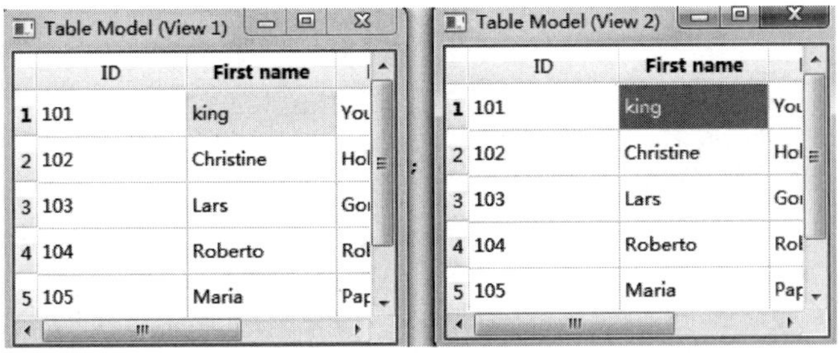

图 7-9 程序执行结果

可以看到,这个模型已经完全脱离了 SQL 语句,只需要执行 select()函数就能查询整张表。同时本例中创建了两个视图 view1 和 view2,两个视图在记录上的操作保持同步。

3. QSqlRelationalTableModel

QSqlRelationalTableModel 继承自 QSqlTableModel,并且对其进行了扩展,提供了对外键的支持。源码如下所示:

```
Relationaltablemodel.cpp
# include <QtWidgets>
# include <QtSql>
# include "../connection.h"
void initializeModel(QSqlRelationalTableModel * model)
{
//! [0]
    model->setTable("employee");
//! [0]
    model->setEditStrategy(QSqlTableModel::OnManualSubmit);
//! [1]
    model->setRelation(2, QSqlRelation("city", "id", "name"));
//! [1] //! [2]
    model->setRelation(3, QSqlRelation("country", "id", "name"));
//! [2]
//! [3]
    model->setHeaderData(0, Qt::Horizontal, QObject::tr("ID"));
    model->setHeaderData(1, Qt::Horizontal, QObject::tr("Name"));
    model->setHeaderData(2, Qt::Horizontal, QObject::tr("City"));
    model->setHeaderData(3, Qt::Horizontal, QObject::tr("Country"));
```

```
//! [3]
    model->select();
}
QTableView *createView(const QString &title, QSqlTableModel *model)
{
//! [4]
    QTableView *view = new QTableView;
    view->setModel(model);
    view->setItemDelegate(new QSqlRelationalDelegate(view));
//! [4]
    view->setWindowTitle(title);
    return view;
}
void createRelationalTables()
{
    QSqlQuery query;
    query.exec("create table employee(id int primary key, name varchar(20), city int, country
int)");
    query.exec("insert into employee values(1, 'Espen', 5000, 47)");
    query.exec("insert into employee values(2, 'Harald', 80000, 49)");
    query.exec("insert into employee values(3, 'Sam', 100, 1)");
    query.exec("create table city(id int, name varchar(20))");
    query.exec("insert into city values(100, 'San Jose')");
    query.exec("insert into city values(5000, 'Oslo')");
    query.exec("insert into city values(80000, 'Munich')");
    query.exec("create table country(id int, name varchar(20))");
    query.exec("insert into country values(1, 'USA')");
    query.exec("insert into country values(47, 'Norway')");
    query.exec("insert into country values(49, 'Germany')");
}

int main(int argc, char *argv[])
{
    QApplication app(argc, argv);
    if (!createConnection())
        return 1;
    createRelationalTables();
    QSqlRelationalTableModel model;
    initializeModel(&model);
    QTableView *view = createView(QObject::tr("Relational Table Model"), &model);
    view->show();
    return app.exec();
}
```

在源码中建立了三个表：employee、city、country。Employee 表主键为 int 型 id。这与关联表 city 和 country 表的 id 类型相同。这样通过外键建立起了关系，并在视图中关联显示。该模型为可读可写模型，提供了如 combo box 的组件对已存在的记录可进行选择应用的功能。

运行程序，效果如图 7-10 所示。

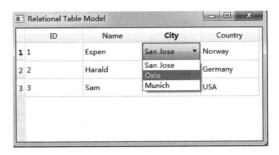

图 7-10　程序执行结果

7.4　SQLite 数据库管理工具

本节介绍几个可视化的 SQLite 数据库管理工具。这几个可视化工具功能强大、界面友好,读者可以在其官网上找到免费版本学习使用。

7.4.1　SQLite Expert

SQLite Expert 提供两个版本,分别是个人版和专业版。其中个人版是免费的,提供了大多数基本的管理功能。SQLite Expert 可以让用户管理 SQLite3 数据库,并支持在不同数据库间复制、粘贴记录和表等;完全支持 Unicode,编辑器支持皮肤。

下面的例子,创建一张表用来存储用户的用户名和密码;数据库名为 users,表名为 user_accounts,有三个列:row_id INTEGER——自增类型的主键,usernameTEXT 类型用来保存用户名,passwordTEXT 类型,用来保存用户密码。

为了创建一张表首先要有一个数据库文件,选择 File→New Database,然后选择文件的路径,单击 OK 按钮便创建了一个数据库文件,创建完数据库之后创建表格,右击数据库文件名选择 New Table 选项,如图 7-11 所示。

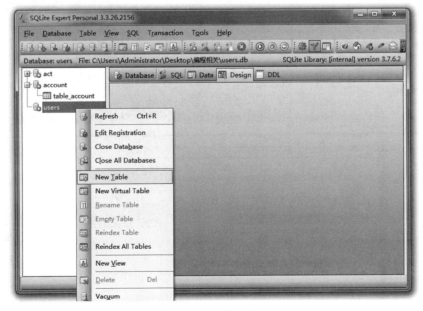

图 7-11　创建一张表

这时便进入了"设计状态",填写表名(user_accounts),单击 Add 按钮,在 Name 中填写 row_id,Type 选择 INTEGER,如图 7-12 所示。

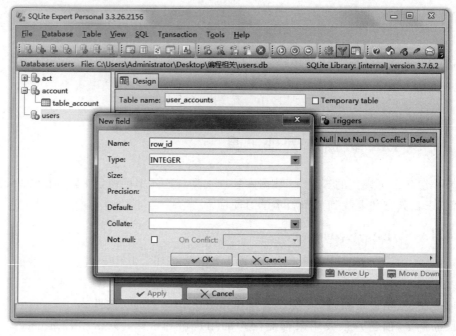

图 7-12 设计状态

row_id 这个列比较特殊,是索引的主键,所以还要单击 Indexes 选项卡,之后会看到如图 7-13 所示图片。

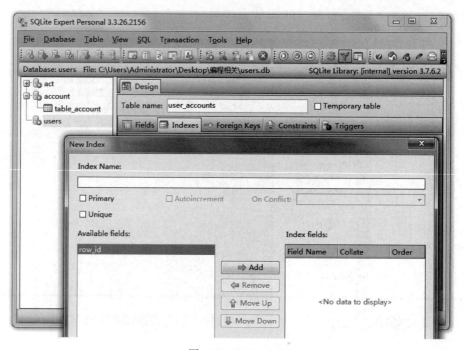

图 7-13 Indexes

左边的 Available fields 中有刚刚创建的 row_id,单击 Add 按钮把 row_id 加入右边的 Index fields 当中。这时上面的 Primary 和 Autoincrement 会变成可选状态,勾选 Primary 和 Autoincrement 并单击 OK 按钮,如图 7-14 所示。

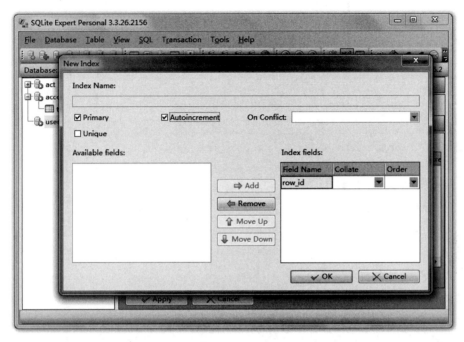

图 7-14　row_id

再回到 Field 当中创建其他两列,分别为 username 类型为 TEXT,password 类型也为 TEXT,但不需要创建 Index;完成之后单击 Apply 按钮,这样我们便使用 SQLite Expert 创建了一张表,单击 DDL 选项卡,可以看到 SQLite Expert 已经生成所需的 SQL 语句,如图 7-15 所示。

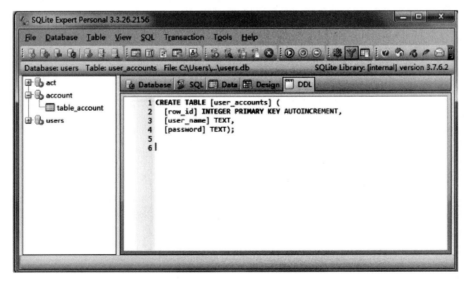

图 7-15　SQL 语句

在上述工作完成后,就可以实现增删改查的一些功能了,如下面的介绍。限于篇幅,这里没有显示图片,请读者自行实践观察。

1. 增加用户

单击 SQL 选项卡,执行以下 SQL 语句,为表格增加一个用户。

```
INSERT INTO user_accounts(row_id,username,password) VALUES(001,'John','abcdef');
```

单击 Data 选项卡会发现数据库里边增加了一个用户名为 John 的用户。

为了练习,不妨再增加两个用户,David 和 Sarah。

```
INSERT INTO user_accounts(row_id,username,password) VALUES(002,'David','123456');
INSERT INTO user_accounts(row_id,username,password) VALUES(003,'Sarah','00000000');
```

2. 删除用户

执行下面的语句删除用户 David。

```
DELETE FROM user_accounts WHERE username = 'David';
```

3. 修改密码

执行以下语句修改 Sarah 的密码。

```
update user_accounts SET password = '666666' WHERE username = 'Sarah';
```

4. 查看所用户信息

可以使用如下语句查看表内所有用户的信息。

```
SELECT * FROMM user_accounts;
```

一般来讲,select * 的语句只在测试的时候使用,在正式代码中不推荐使用。

5. 查看指定列的内容

执行以下语句查看所有用户的用户名和密码。

```
SELECT username,password FROM user_accounts;
```

这时会发现 row_id 列没有显示出来。

6. 查询特定条件的信息

SQL 可以通过给定查询条件进行精确查找。例如,若只需要 John 的密码,就可以使用以下这样的语句。

```
SELECT password FROM user_accounts  WHERE  username = 'John';
```

7.4.2 SQLite Administrator

SQLite Administrator 是一款轻量级的 SQLite 可视化工具,主要可用来管理 SQLite

数据库文件,可进行创建、设计和管理等操作,具有创建数据库、表、视图、索引、触发器、查询等内容的功能。SQLite Administrator 提供的代码编辑器具有自动完成和语法着色的功能,支持中文,可用于记录个人资料及开发 SQLite 数据。图 7-16 是 SQLite Administrator 的主界面。

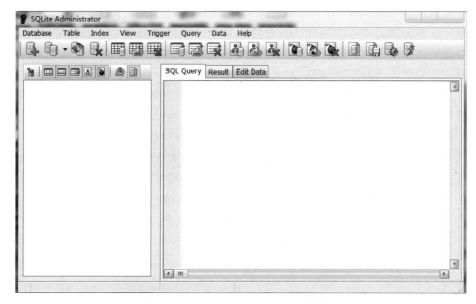

图 7-16　SQLite Administrator 主界面

其主要功能特点为:支持表格的创建、修改和删除;支持索引的创建、修改和删除;支持视图的创建、修改和删除;支持触发器的创建、修改和删除;支持根据表别名完成代码补全功能;支持语法高亮、SQL 错误定位、从 CSV 文件导入数据;输出数据格式包括:XLS/CSV/HTML/XML;支持用户查询功能;支持搜索用户查询;支持图片存储到 BLOB 字段(JPG、BMP);支持显示 SQL 的数据库项目;支持移动 SQLite2 数据库到 SQLite3;当修改表内容之后,同步保持索引和触发器一致。

7.4.3　SQLite Database Browser

视频讲解

SQLite Database Browser 是一个 SQLite 数据库的轻量级 GUI 客户端,基于 Qt 库开发,是为非技术用户创建、修改和编辑 SQLite 数据库的工具,使用向导方式实现。

7.4.4　SQLiteSpy

SQLiteSpy 是一个快速和紧凑的数据库 SQLite 的 GUI 管理软件。它的图形用户界面使得它很容易探讨、分析和操纵 SQLite3 数据库,支持 Unicode。

7.4.5　SQLite Manager 0.8.0 Firefox Plugin

这是一个 Firefox 浏览器的插件,用来直接通过浏览器管理 SQLite 数据库。这是一个简单和有用的功能,能完成日常大多数管理工作。

7.5　边缘计算与 SQLite

　　边缘计算(Edge Computing)又称为边缘运算,是一种分散式运算的架构,将应用程序、数据资料与服务的运算,由网络中心节点,移往网络逻辑上的边缘节点来处理。边缘节点是指在数据产生源头和云中心之间任一具有计算资源和网络资源的节点。例如,手机就是人与云中心之间的边缘节点,网关是智能家居和云中心之间的边缘节点。边缘计算将原本完全由中心节点处理的大型服务加以分解,切割成更小与更容易管理的部分,分散到边缘节点去处理。边缘节点更接近于用户终端装置,可以加快资料的处理与传送速度,减少延迟。在这种架构下,资料的分析与知识的产生,更接近于数据资料的来源。

　　对物联网而言,边缘计算技术取得突破,意味着许多控制将通过本地设备实现而无须交由云端,处理过程将在本地边缘计算层完成。这无疑将大大提升处理效率,减轻云端的负荷。由于更加靠近用户,还可为用户提供更快的响应,将需求在边缘端解决。

　　图 7-17 是现在物联网快速发展下的边缘计算范式。边缘节点(包括智能家电、手机、平板等)产生数据,上传到云中心,服务提供商也产生数据上传到云中心。边缘节点发送请求到云中心,云中心返还相关数据给边缘节点。

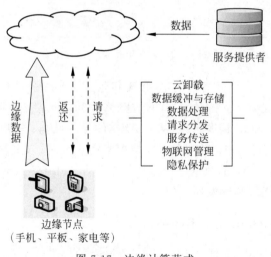

图 7-17　边缘计算范式

　　下面以阿里云体系中的物联网边缘计算与嵌入式数据库 SQLite 为例,介绍嵌入式数据库在物联网边缘计算中的应用。当然,除了阿里云中的应用之外,很多厂商推出的云产品中也有 SQLite 的身影。例如,华为的开源边缘计算框架 KubeEdge 打通了云、边、端的整体流程。在 KubeEdge 中的模块 DeviceTwin 能处理设备元数据的设备软件镜像,该模块有助于处理设备状态并将其同步到云上。它还为应用程序提供查询接口,它连接到一个轻量级数据库(SQLite)。

　　物联网边缘计算,又名 Link IoT Edge,是阿里云能力在边缘端的拓展。它继承了阿里云安全、存储、计算、人工智能的能力,可部署于不同量级的智能设备和计算节点中,通过定义物模型连接不同协议、不同数据格式的设备,提供安全可靠、低延时、低成本、易扩展、弱依赖的本地计算服务。

阿里云物联网边缘计算主要涉及设备端、边缘计算端和云端三个部分。

1）设备端

开发者使用设备接入 SDK，将非标设备转换成标准物模型，就近接入网关，从而实现设备的管理和控制。

2）边缘计算端

设备连接到网关后，网关可以采集、流转、存储、分析和上报设备数据至云端，同时网关提供规则引擎、函数计算引擎，方便场景编排和业务扩展。

3）云端

设备数据上传云端后，可以结合阿里云功能，如大数据、AI 学习等，通过标准 API 接口，实现更多功能和应用。

阿里云物联网边缘计算的产品架构如图 7-18 所示。

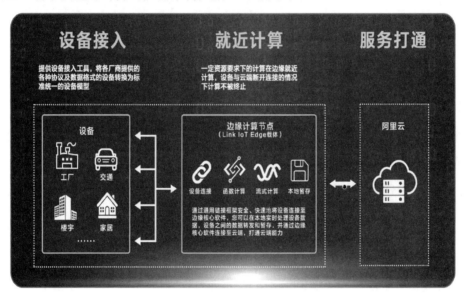

图 7-18　阿里云物联网边缘计算的产品架构

下面介绍一个阿里云物联网边缘计算的实例。在生产中常需要结合传感器的历史数据和行业的算法模型，在边缘端进行分析和判断现场状态。实现此操作首先需要把设备上报的数据存储到本地数据库。

该过程需要函数计算，这里对它简要解释。函数计算应用是一种依托于阿里云函数计算服务的边缘应用类型，可以在云端完成代码开发，到边缘端执行代码。函数计算应用继承了阿里云函数计算事件驱动的编程模型，同时作为 Serverless 计算框架，让用户专注于业务逻辑开发，无须为程序启动、消息流转、日志查询、进程保活等基础工作耗费精力。

函数计算应用的代码来源有两种：使用阿里云函数计算服务开发的函数和本地开发的函数，其中本地开发的函数必须遵循函数开发指南中的要求。

函数计算应用的示意图如图 7-19 所示。

边缘函数计算提供本地数据库存储助手，根据 ProductKey_DeviceName 格式，将设备上报数据分为不同的表，并存储到本地 SQLite 数据库，供函数计算中的其他函数（算法逻

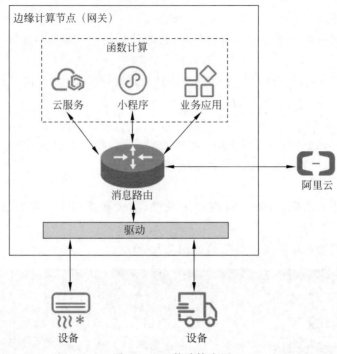

图 7-19   函数计算应用

辑)查询。同时,因为边缘设备的存储空间受限,本地数据库存储助手还提供数据库单表存储上限配置(默认为 1 万条记录)和数据写满回滚机制。

7.5.1   创建本地数据库存储函数

(1)下载本地数据库存储函数——saveSqliteDB-code. zip。

(2)登录阿里云函数计算控制台。其中,服务名称必须填写,此处设置为 EdgeFC,其余参数可根据需求设置,也可以不设置。

(3)创建服务成功后,在"服务"→"函数"页面单击"新建函数"按钮,并使用事件函数方式创建函数。

(4)设置本地数据库存储函数的基础管理配置参数。其余参数的值请根据需求设置,也可以不设置。

表 7-6 列举了本地数据库存储函数的基础管理配置参数。

表 7-6   本地数据库存储函数的基础管理配置参数

参　　数	描　　述
所在服务	选择已创建的 EdgeFC 服务
函数名称	设置为 saveSqliteDB
运行环境	设置函数的运行环境,此示例中选择 python3
函数入口	使用默认值 index. handler
函数执行内存	设置为 512MB
超时时间	设置为 10s
实例并发度	保持默认值

（5）确认函数信息后，单击"完成"按钮。创建函数完成后，系统自动跳转到函数详情页面。在代码执行页签下选择代码包上传，单击"选择文件"，上传步骤（1）中下载的saveSqliteDB-code.zip 代码包，然后单击保存。

（6）配置数据库参数。SaveSqliteDB 是一个设备数据存储到本地 SQLite 数据库的参考示例，用户可以按需调整和更改示例。目前预留的可调整参数如下。

db_file_path：SQLite 文件路径，默认为/linkedge/run/fc-runtime-data/。

db_file_name：SQLite 文件名称，默认为 device-data-sqlite3.db。

table_max_entries：数据库单表最大记录条数，默认为 1 万条。

table_retain_count：数据库记录到达上限，清理数据库时需要保留的最近记录数，默认为 6000 条。

7.5.2 分配函数到边缘实例

视频讲解

（1）在物联网平台控制台左侧导航栏，选择"边缘计算→应用管理"。

（2）参考函数计算应用内容，使用 7.5.1 节中已创建的函数，创建函数计算类型的边缘应用。

表 7-7 列举了应用信息参数及说明。

表 7-7 应用信息参数及说明

参 数	描 述
应用名称	设置应用的名称，如 saveSqliteDB
应用类型	选择函数计算
地域	选择创建的服务所在的地域
服务	选择 EdgeFC 服务
函数	选择 saveSqliteDB 函数
授权	选择 AliyunIOTAccessingFCRole
应用版本	设置应用的版本，必须是该应用唯一的版本号，即一个应用不可以设置两个相同的版本号

表 7-8 列举了函数配置及说明。

表 7-8 函数配置及说明

参 数	描 述
运行模式	运行模式有两种，此处选择持续运行模式，程序部署后会立即执行
内存限制	函数运行可使用的内存资源上限，单位为 MB，此处设置为 512MB。当函数使用内存超出该限制时，该函数计算程序会被强制重启
超时限制	函数收到事件后的最长处理时间，此处使用默认值 5s。如超过该时间函数仍未返回结果，该函数计算程序将会被强制重启
定时运行	使用默认配置：关闭

其余参数无须配置。

（3）左侧导航栏选择"边缘计算"→"边缘实例"。在实例详情页面，选择边缘应用，单击分配应用。

（4）将已创建的本地数据库存储函数 saveSqliteDB 分配到边缘实例中，单击关闭。

7.5.3　配置消息路由

（1）将设备上报的数据发送给 saveSqliteDB 函数处理，通过 saveSqliteDB 函数将设备数据存储到本地数据库。

（2）在实例详情页面，选择消息路由。

（3）单击添加路由，添加 LightSensor 设备到函数计算的消息路由。

（4）按照界面提示，设置如表 7-9 所示的参数，参数设置完成后单击确定。

表 7-9 列举了路由的参数。

表 7-9　路由的参数

参　　数	描　　述
路由名称	设置一个消息路由名称
消息来源	此处选择设备，选择"光照度传感器"→LightSensor
消息主题过滤	此处选择全部
消息目标	此处选择"函数计算和 EdgeFC"→saveSqliteDB

7.5.4　部署边缘实例

在实例详情页面，单击右上角部署后在弹出的对话框中单击"确定"按钮，将子设备、函数计算等资源下发到边缘端。通过单击部署详情查看部署进度及结果。

实例部署成功后，本地数据库存储函数作为一个后台服务存在，将 LightSensor 设备上报的数据存储到 SQLite 数据库中。用户可以在网关设备上查看/linkedge/run/fc-runtime-data/device-data-sqlite3.db 文件内容。也可以登录网关，执行 tail-f/linkedge/run/logger/fc-base/saveSqliteDB/log.INFO 命令，查看该函数的日志来观察实际函数运行情况。运行情况如图 7-20 所示。

```
[root@          /]#tail -f /linkedge/run/logger/fc-base/saveSqliteDB/log.INFO
-- Save MeasuredIlluminance:5450 to table a1    HG_LightSensor
-- Table a1    HG_LightSensor total items = 2054
2019-04-13 22:52:53.644065 [INFO] [saveSqliteDB(pid=7972) (read_pipe_msg@fc_main.c:25-
ce\":{\"value\":5400,\"time\":1555167173635}}","topic":"/sys/a1    oy/Sensor_device
-- Table Name : a1    oy_Sensor_device1
-- Save MeasuredIlluminance:5400 to table a1    oy_Sensor_device1
-- Table a1    oy_Sensor_device1 total items = 2054
2019-04-13 22:52:53.651123 [INFO] [saveSqliteDB(pid=7972) (read_pipe_msg@fc_main.c:25-
ce\":{\"value\":5400,\"time\":1555167173636}}","topic":"/sys/a1    HG/LightSensor"
-- Table Name : a1    HG_LightSensor
-- Save MeasuredIlluminance:5400 to table a1    HG_LightSensor
-- Table a1    HG_LightSensor total items = 2055
```

图 7-20　运行情况

7.6　SQLite 在 iOS 中的应用实例

随着 iPhone 应用程序的发展，用户可以免费使用 SQLite 实现一个自包含、无服务器、零配置事务的 SQL 数据引擎。本节通过两个实例介绍在 iOS 系统中的 SQLite 数据库的典型的两种应用方法。

7.6.1 第一个实例

程序设计的目标是产生如图 7-21 所示的界面,并当运行
应用程序时,可以在其中添加及查找学生的详细信息。

实例步骤如下。

(1) 创建一个简单的 View based application。

(2) 选择项目文件,然后选择目标,添加 libsqlite3. dylib
库到选择框架。

(3) 通过选择 File→New→File→Objective C class 创建
新文件,单击“下一步”按钮。

(4) sub class of 为 NSObject,类命名为 DBManager。

(5) 选择“创建”选项。

(6) 更新 DBManager. h,如下所示。

图 7-21　程序运行界面

```objectivec
#import < Foundation/Foundation. h >
#import < sqlite3. h >
@interface DBManager : NSObject
{
    NSString * databasePath;
}
+ (DBManager * )getSharedInstance;
- (BOOL)createDB;
- (BOOL) saveData:(NSString * )registerNumber name:(NSString * )name
  department:(NSString * )department year:(NSString * )year;
- (NSArray * ) findByRegisterNumber:(NSString * )registerNumber;
@end
```

(7) 更新 DBManager. m,如下所示。

```objectivec
#import "DBManager. h"
static DBManager * sharedInstance = nil;
static sqlite3  * database = nil;
static sqlite3_stmt * statement = nil;
@implementation DBManager
+ (DBManager * )getSharedInstance{
    if (!sharedInstance) {
        sharedInstance = [[super allocWithZone:NULL]init];
        [sharedInstance createDB];
    }
    return sharedInstance;
}
- (BOOL)createDB{
    NSString * docsDir;
    NSArray * dirPaths;
    // Get the documents directory
```

```objectivec
        dirPaths = NSSearchPathForDirectoriesInDomains
        (NSDocumentDirectory, NSUserDomainMask, YES);
        docsDir = dirPaths[0];
        // Build the path to the database file
        databasePath = [[NSString alloc] initWithString:
        [docsDir stringByAppendingPathComponent: @"student.db"]];
        BOOL isSuccess = YES;
        NSFileManager * filemgr = [NSFileManager defaultManager];
        if ([filemgr fileExistsAtPath: databasePath ] == NO)
        {
            const char * dbpath = [databasePath UTF8String];
            if (sqlite3_open(dbpath, &database) == SQLITE_OK)
            {
                char * errMsg;
                const char * sql_stmt =
                "create table if not exists studentsDetail (regno integer
                primary key, name text, department text, year text)";
                if (sqlite3_exec(database, sql_stmt, NULL, NULL, &errMsg)
                    != SQLITE_OK)
                {
                    isSuccess = NO;
                    NSLog(@"Failed to create table");
                }
                sqlite3_close(database);
                return  isSuccess;
            }
            else {
                isSuccess = NO;
                NSLog(@"Failed to open/create database");
            }
        }
        return isSuccess;
}

- (BOOL) saveData:(NSString * )registerNumber name:(NSString * )name
  department:(NSString * )department year:(NSString * )year;
{
    const char * dbpath = [databasePath UTF8String];
    if (sqlite3_open(dbpath, &database) == SQLITE_OK)
    {
        NSString * insertSQL = [NSString stringWithFormat:@"insert into
        studentsDetail (regno,name, department, year) values
        (\"% d\",\"% @\", \"% @\", \"% @\")",[registerNumber integerValue],
        name, department, year];
        const char * insert_stmt = [insertSQL UTF8String];
        sqlite3_prepare_v2(database, insert_stmt, -1, &statement, NULL);
        if (sqlite3_step(statement) == SQLITE_DONE)
        {
            return YES;
        }
```

```
        else {
            return NO;
        }
        sqlite3_reset(statement);
    }
    return NO;
}


- (NSArray *) findByRegisterNumber:(NSString *)registerNumber
{
    const char *dbpath = [databasePath UTF8String];
    if (sqlite3_open(dbpath, &database) == SQLITE_OK)
    {
        NSString *querySQL = [NSString stringWithFormat:
        @"select name, department, year from studentsDetail where
        regno = \"%@\"",registerNumber];
        const char *query_stmt = [querySQL UTF8String];
        NSMutableArray *resultArray = [[NSMutableArray alloc]init];
        if (sqlite3_prepare_v2(database,
            query_stmt, -1, &statement, NULL) == SQLITE_OK)
        {
            if (sqlite3_step(statement) == SQLITE_ROW)
            {
                NSString *name = [[NSString alloc] initWithUTF8String:
                 (const char *) sqlite3_column_text(statement, 0)];
                [resultArray addObject:name];
                NSString *department = [[NSString alloc] initWithUTF8String:
                (const char *) sqlite3_column_text(statement, 1)];
                [resultArray addObject:department];
                NSString *year = [[NSString alloc]initWithUTF8String:
                (const char *) sqlite3_column_text(statement, 2)];
                [resultArray addObject:year];
                return resultArray;
            }
            else{
                NSLog(@"Not found");
                return nil;
            }
            sqlite3_reset(statement);
        }
    }
    return nil;
}
```

（8）如图 7-22 所示，更新 ViewController.xib 文件。

（9）为上述文本字段创建 IBOutlets。

（10）为上述按钮创建 IBAction。

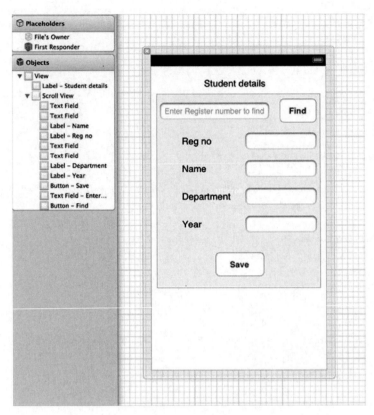

图 7-22   设计界面

(11) 如下所示,更新 ViewController.h。

```
# import <UIKit/UIKit.h>
# import "DBManager.h"
@interface ViewController : UIViewController<UITextFieldDelegate>
{
    IBOutlet UITextField * regNoTextField;
    IBOutlet UITextField * nameTextField;
    IBOutlet UITextField * departmentTextField;
    IBOutlet UITextField * yearTextField;
    IBOutlet UITextField * findByRegisterNumberTextField;
    IBOutlet UIScrollView * myScrollView;
}
-(IBAction)saveData:(id)sender;
-(IBAction)findData:(id)sender;
@end
```

(12) 更新 ViewController.m,如下所示。

```
# import "ViewController.h"
@interface ViewController ()
@end
@implementation ViewController
```

```
- (id)initWithNibName:(NSString *)nibNameOrNil bundle:(NSBundle *)
  nibBundleOrNil
{
    self = [super initWithNibName:nibNameOrNil bundle:nibBundleOrNil];
    if (self) {
        // Custom initialization
    }
    return self;
}
- (void)viewDidLoad
{
    [super viewDidLoad];
    // Do any additional setup after loading the view from its nib.
}
- (void)didReceiveMemoryWarning
{
    [super didReceiveMemoryWarning];
    // Dispose of any resources that can be recreated.
}
- (IBAction)saveData:(id)sender{
    BOOL success = NO;
    NSString *alertString = @"Data Insertion failed";
    if (regNoTextField.text.length>0 &&nameTextField.text.length>0 &&
    departmentTextField.text.length>0 &&yearTextField.text.length>0 )
    {
        success = [[DBManager getSharedInstance]saveData:
        regNoTextField.text name:nameTextField.text department:
        departmentTextField.text year:yearTextField.text];
    }
    else{
        alertString = @"Enter all fields";
    }
    if (success == NO) {
        UIAlertView *alert = [[UIAlertView alloc]initWithTitle:
        alertString message:nil
        delegate:nil cancelButtonTitle:@"OK" otherButtonTitles:nil];
        [alert show];
    }
}
- (IBAction)findData:(id)sender{
    NSArray *data = [[DBManager getSharedInstance]findByRegisterNumber:
    findByRegisterNumberTextField.text];
    if (data == nil) {
        UIAlertView *alert = [[UIAlertView alloc]initWithTitle:
        @"Data not found" message:nil delegate:nil cancelButtonTitle:
        @"OK" otherButtonTitles:nil];
        [alert show];
        regNoTextField.text = @"";
        nameTextField.text = @"";
        departmentTextField.text = @"";
```

```
            yearTextField.text = @"";
        }
        else{
            regNoTextField.text = findByRegisterNumberTextField.text;
            nameTextField.text = [data objectAtIndex:0];
            departmentTextField.text = [data objectAtIndex:1];
            yearTextField.text = [data objectAtIndex:2];
        }
    }
# pragma mark - Text field delegate
- (void)textFieldDidBeginEditing:(UITextField * )textField{
    [myScrollView setFrame:CGRectMake(10, 50, 300, 200)];
    [myScrollView setContentSize:CGSizeMake(300, 350)];
}
- (void)textFieldDidEndEditing:(UITextField * )textField{
    [myScrollView setFrame:CGRectMake(10, 50, 300, 350)];
}
- (BOOL) textFieldShouldReturn:(UITextField * )textField{
    [textField resignFirstResponder];
    return YES;
}
@end
```

7.6.2　iOS 开发中的 SQLite 的重要框架 FMDB

FMDB 是一个和 iOS 的 SQLite 数据库操作相关的第三方框架。FMDB 主要把 C 语言操作数据库的代码用 OC 进行了封装。使用者只需调用该框架的 API 就能用来创建并连接数据库,创建表、查询等。

使用 FMDB 的好处有以下三点。

(1) 轻量级、灵活,不消耗太多性能。

(2) FMDB 将 C 语言的 iOS 系统的 SQLite 数据库的操作代码用 OC 进行封装,面向对象,容易理解和使用。

(3) 提供了线程不安全的解决方案。

FMDB 框架有以下三个重要的类。

1. FMDatabase

一个 FMDatabase 对象就代表一个单独的 SQLite 数据库,例如可以通过下面代码添加一个 FMDatabase。

首先,声明为对象。

```
///创建一个 dataBase 的一个全局对象
    var db : FMDatabase?
```

然后,在 openDB 方法中初始化。

```
func openDB(dbName : String){
            let path = NSSearchPathForDirectoriesInDomains (. DocumentDirectory, .
UserDomainMask, true).last!
  print(path)
        ///创建一个 dbBase 的数据库的对象
  db = FMDatabase(path:"\(path)/\(dbName)")
        ///判断是否创建成功,需要强制解包
  if db!.open() {
        print("数据库创建成功")
  }else{
        print("数据库创建失败")
  }
}
```

2. FMResultSet

使用 FMDatabase 执行查询后,得到结果集。

3. FMDatabaseQueue

用于解决线程不安全的类,以避免每个线程创建一个数据库,导致数据库冗余。

下面的例子常用于执行 SQLite 语句,在插入数据和查询数据时都需要使用到该方法。

```
///查询数据
  class func query() -> [[String : AnyObject]]{

    let sql = "SELECT * FROM t_emotion"
    var resultArray: [[String : AnyObject]] = []
FMDBQueueManager. shareFMDBQueueManager. dbQueue?. inDatabase({ (db) -> Void in
    ///执行查询
    if let result = try? db.executeQuery(sql, values: []){
    ///简历查询后的数据
      while result.next(){
        ///获取数据
      let png = result.stringForColumn("png")
      let text = result.stringForColumn("text")
        let dict = ["png": png, "text": text]
        resultArray.append(dict)
      }
    }
  })
  ///查找到数据后将数据返回
  return resultArray
  }
```

下面这一段代码是 FMBD 的常见用法,首先使用 FMDB 框架来创建一个本地数据库,然后给该数据库中插入 100 条数据。最后执行查询方法,来查找需要用到的数据。

在 ViewController 中调用插入数据和查询数据的方法。

```
import UIKit
class ViewController: UIViewController {
  override func viewDidLoad() {
    super.viewDidLoad()
    insert()
    query()
  }
  func insert(){
    for i in 0...100 {
      let emotion = FMDBModel(dict: ["png" : "wangyibo\(i).png","text": "hahh\(i)"])
      emotion.insert()
    }
  }
  func query(){
    let dataArray = FMDBModel.query()
    print(dataArray)
  }
}
```

下面这一段代码是一个 FMDBQueueManager 管理类,在管理类中用 openDB 打开数据库,然后用 creatTable 创建一个表格。

```
import UIKit
import FMDB
class FMDBQueueManager: NSObject {
  static let shareFMDBQueueManager = FMDBQueueManager()
  var dbQueue : FMDatabaseQueue?
  func openDB(dbName : String){
     let path = NSSearchPathForDirectoriesInDomains(.DocumentDirectory, .UserDomainMask,
true).last!
    print(path)
    dbQueue = FMDatabaseQueue(path: "\(path)/\(dbName)")
    createTable()
  }
  func createTable () {
    let sql = "CREATE TABLE IF NOT EXISTS t_emotion ('id' integer NOT NULL, 'png' text NOT NULL,
'text' text NOT NULL,PRIMARY KEY('id'))"
    dbQueue?.inDatabase({ (db) -> Void in
      try! db.executeUpdate(sql, values: [])
    })
  }
```

7.7　小结

本章介绍的几个应用实例均应用到了嵌入式数据库 SQLite,每个实例的开发环境、使用工具和设计方法都各不相同,读者可以根据实际项目的需求,参考设计实现。另外,各大开源社区和 Github 上也有众多资源和 Demo,有兴趣的读者可以进一步查阅。

习题

1. 试在 SQLite 官网上下载 Windows 版本的 SQLite 安装文件，并在主机上安装及编写测试文件进行测试。

2. 试在 SQLite 官网上下载 Linux 版本的 SQLite 安装文件，并在主机上安装及编写测试文件进行测试。

3. 移植 SQLite 到 ARM-Linux 平台上，并编写测试程序分别显示在主机端和目标机端。

4. 根据 7.2 节的方法与实例，编写一个在 Android 平台上的个人通讯录程序。

5. 根据 7.3 节的方法，编写几个基于 Qt 的学生信息管理系统。

6. 下载 7.4 节提示的 SQLite 可视化管理工具，并完成习题 3 和习题 4 的内容。

7. 根据 7.6 节的方法与实例，编写一个在 iOS 平台上的图书馆管理系统程序。

第8章

SQLite 场景应用

嵌入式数据库技术目前正在从研究领域向更为广泛的应用领域发展,随着移动通信技术的进步和人们对移动数据处理和管理需求的不断提高,与各种智能设备紧密结合的嵌入式数据库技术已经得到了学术界、工业界、军事领域、民用部门等各方面的重视。

本章较为详细地介绍了 SQLite 在几个项目中的相关运用,由于近年来新兴的计算机技术,如物联网、智能化硬件等的迅猛发展以及各领域对新兴计算机技术的需求旺盛,因而与嵌入式数据库相关的大量交叉学科和领域的应用也应时而生。

8.1　Web 服务器中的嵌入式数据库

自 WWW 建立以来 Web 就与数据库有着极其紧密的关系。可以说,整个 Internet 就是一个大的数据库,在世界的任何一个角落,人们都可以浏览共享世界各地的信息,查找自己所需要的各种信息,这极大地方便了人类信息的交流。而嵌入式系统接入 Internet 也是大势所趋,这使得嵌入式系统可以使用 TCP/IP 技术所带来的种种便利,其中嵌入式 Web 服务器就是嵌入式设备接入网络的一个典型应用。

同时,随着嵌入式系统的处理能力的不断增强,对数据的处理已经成为嵌入式系统的重要功能之一。越来越多的厂商及个人开发出性能各异的嵌入式数据库产品,并且在实际应用中不断地得到发展和完善。数据库作为数据存储和处理的一个典型代表,在嵌入式系统的数据处理领域占有重要的地位。而嵌入式设备凭借其体积小、高性能、低功耗等特点不断扩大自身的应用范围,伴随着互联网技术的迅猛发展,嵌入式设备已经广泛运用在远程管理、安防监控等领域。含有嵌入数据库的嵌入式 Web 服务器正是嵌入式技术/数据库技术与网络技术在远程管理、监控领域的有效结合。

Web 服务器本质是一个软件,通常在 PC 或者工作站上运行。传统 Web 服务器主要用于处理大量客户端的并发访问,对处理器能力和服务器存储空间提出了很高的要求,而嵌入式平台由于自身处理器性能和内存容量的限制无法达到传统 Web 服务器的要求。

为适应不断向前发展的移动互联技术,嵌入式 Web 服务器得以出现并迅速发展。嵌入式 Web 服务器是指将 Web 服务器引入到现场测试和控制设备中,在相应的硬件平台和软件系统的支持下,使传统的测试和控制设备转变为以底层通信协议、Web 技术为核心的基于互联网的网络测试和控制设备。嵌入式 Web 服务器采用的是 B/S(Browser/Server)结构。连接到 Internet 的计算机或者其他移动终端通过浏览器访问嵌入式 Web 服务器,实现对目标信息的检测与控制。该模式与传统的 C/S 模式相比,使用简单,便于维护,扩展性好。

通常,Web 服务器的环境由硬件环境和软件环境组成。在嵌入式 Web 服务器的平台构建上,ARM 内核处理器以其高性能、低功耗的特点成为嵌入式处理器的代表。而嵌入式 Linux 内核凭借源码开放、可移植性好、免费等特点成为一种广泛应用的嵌入式操作系统。所以选择"ARM+Linux"的模式搭建硬软件平台,为嵌入式 Web 服务器的实现构建适合的系统环境。本书中基于 ARM 的嵌入式 Web 服务器的设计方案是在分析嵌入式 Web 服务器的定义和进行了系统可行性分析及可靠需求分析的基础上提出的,方案采用了三星(Samsung)公司的 ARM Cortex-A8 芯片 S5PV210 作为核心搭建嵌入式 Web 服务器硬件平台,在此基础上进行了嵌入式 Linux 内核的移植和相关设备的驱动程序开发,完成了嵌入式 Web 服务器的软硬件环境搭建。然后在该系统平台上实现了 Boa 服务器的移植,以及基于 CGI(通用网关接口)的数据动态交互等功能。

8.1.1 系统环境搭建

视频讲解

系统平台的搭建主要进行了两方面的工作。一是基于 ARM 的嵌入式硬件平台的构建。以 ARM Cortex-A8 芯片 S5PV210 为核心,构建硬件平台。硬件平台应具有丰富的外设接口,包括 RS-232 串口、DEBUG 口、红外接口、数码管、触摸屏、LCD、按键、JTAG 调试口、USB host/device 接口、AC97 音频接口、网络接口、无线传感器网络接口等。二是嵌入式软件平台的构建,这部分工作主要分为三个部分:移植开发 BootLoader 作为系统引导程序,这里使用的是 superboot 作为本系统的 BootLoader;移植 Linux 内核到硬件平台,采用 Linux 内核版本为 Linux-3.0.8;开发移植嵌入式平台上各外设驱动。

视频讲解

1. 嵌入式硬件平台介绍

该项目采用了 Samsung 公司基于 ARM Cortex-A8 处理器核的 S5PV210 处理器作为核心处理器。实际开发中选择了博嵌公司的 ARM Cortex-A8 SOC 产品作为核心板,在此基础上采用了"核心板+扩展板"的模式进行硬件平台构建。

该核心板的主要指标如下。

CPU 处理器:

- Samsung S5PV210,基于 CortexTM-A8,运行主频 1GHz。
- 内置 PowerVR SGX540 高性能图形引擎。
- 支持流畅的 2D/3D 图形加速。
- 最高可支持 1080p@30fps 硬件解码视频流畅播放,格式可为 MPEG4、H.263、H.264 等。
- 最高可支持 1080p@30fps 硬件编码(Mpeg-2/VC1)视频输入。

DDR2 RAM 内存:

- Size:512MB,32 位数据总线,单通道,运行频率 200MHz。

Flash 存储器:MLC NAND Flash(2GB)。

在板资源:

- 4×User LEDs(Green)、1×Power LED(Red)、板载声卡 WM8960、板载以太网卡 DM9000。

图 8-1 显示了 ARM Cortex-A8 核心板模块框图。

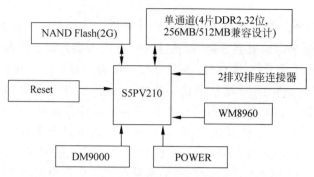

图 8-1　ARM Cortex-A8 核心板模块框图

2. 移植开发 BootLoader-superboot 的烧写

开发平台出厂时默认安装的是 Linux 系统＋Qt 图形界面(superboot.bin、qt_tp.img)，

图 8-2　SD-Flasher.exe 烧写软件
的选择窗口

在 Windows 7 环境下烧写 Superboot 到 SD 卡的步骤
如下。

　　Step1：通过管理员身份使用 SD-Flasher.exe 烧写软件。启动 SD-Flasher.exe 软件时，会弹出 Select your Machine 对话框，在其中选择 Mini210/Tiny210，如图 8-2所示。

　　单击 Next 按钮后将弹出 SD-Flasher 主界面，此时软件中的 ReLayout 按钮是有效的，将使用它来分割 SD 卡，以便以后可以安全地读/写，如图 8-3 所示。

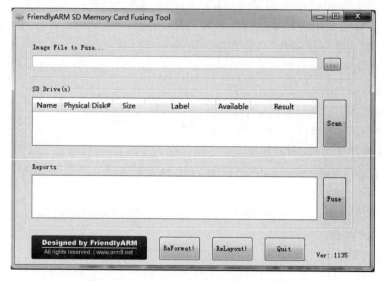

图 8-3　SD-Flasher.exe 烧写软件的主界面

Step2：单击"…"按钮找到所要烧写的 superboot(注意不要放在中文目录下)。
Step3：把 FAT32 格式的 SD 卡插入笔记本的卡座，也可以使用 USB 读卡器连接普通的 PC,请务必先备份卡中的数据,单击 Scan 按钮,找到的 SD 卡就会被列出,如图 8-4 所示,可以看到此时第一张 SD 卡是不能被烧写的。

图 8-4　SD-Flasher.exe 烧写软件的主界面

Step4:再单击 ReLayout 按钮,会跳出一个提示框,提示 SD 卡中的所有数据将会丢失,单击 Yes 按钮,开始自动分割,这需要稍等一会。

分割完毕,回到 SD-Flasher 主界面,此时再单击 Scan 按钮,就可以看到 SD 卡卷标已经变为 FRIENDLYARM,并且可以使用。

Step5:单击 Fuse 按钮,superboot 就会被安全地烧写到 SD 卡的无格式区中,如图 8-5 所示。

图 8-5　SD-Flasher.exe 烧写软件的主界面烧写结果

3. 建立 Linux 开发环境

Linux 下开发环境的建立主要就是建立交叉编译环境,在 Ubuntu 系统或者 Fedora 系统里面建立一个能编译 arm-linux 内核及驱动、应用程序等开发环境的步骤如下。

这里使用的是 arm-linux-gcc-4.5.1,它在编译内核时会自动采用 armv7 指令集,支持硬浮点运算,步骤如下。

Step1:将 arm-linux-gcc-4.5.1-v6-vfp-20101103.tgz 复制到 Fedora14 某个目录下如 tmp/,然后进入到该目录,执行解压命令:

```
#cd /tmp
#tar xvzf arm-linux-gcc-4.5.1-v6-vfp-20101103.tgz  -C /
```

执行该命令,将把 arm-linux-gcc 安装到/opt/A8/toolschain/4.5.1 目录。

Step2:把编译器路径加入系统环境变量,运行命令。

```
#gedit /root/.bashrc
```

编辑/root/.bashrc 文件,保存退出。

Step3:配置 PC Linux 的 FTP 服务,使用 redhat-config-services 命令,打开系统服务配置窗口,然后在左侧找到 vsftpd 选项,并选中它,然后保存设置。

Step4:配置 PC Linux 的 Telnet 服务,和配置 NFS 服务相同,使用 redhat-config-services 命令,打开系统服务配置窗口,然后在左侧找到 telnet 选项,并选中它,然后保存设置。

8.1.2 Web 服务器原理

从功能上来讲,Web 服务器监听用户端的服务请求,根据用户请求的类型提供相应的服务。用户端使用 Web 浏览器和 Web 服务器通信,Web 服务器在接收到用户端的请求后,处理用户请求并返回需要的数据,这些数据通常以格式固定、含有文本和图片的页面形式出现在用户端浏览器中,浏览器处理这些数据并提供给用户。

1. HTTP 协议

HTTP(超文本传输协议)协议是 Web 服务器与浏览器通信的协议,HTTP 协议规定了发送和处理请求的标准方式,规定了浏览器和服务器之间传输的消息格式及各种控制信息,从而定义了所有 Web 通信的基本框架。

一个完整的 HTTP 事务由以下 4 个阶段组成,如图 8-6 所示。

(1) 客户与服务器建立 TCP 连接。

(2) 客户向服务器发送请求。

(3) 如果请求被接收,则由服务器发送应答,在应答中包括状态码和所要的文件(一般是 HTML 文档)。

(4) 客户与服务器关闭连接。

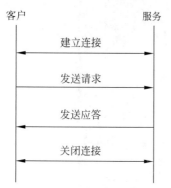

图 8-6 HTTP 事务流程

2. CGI 原理

CGI(通用网关接口)规定了 Web 服务器调用其他可执行程序(CGI 程序)的接口协议标准。Web 服务器通过调用 CGI 程序实现和 Web 浏览器的交互,也就是 CGI 程序接收 Web 浏览器发送给 Web 服务器的信息并进行处理,然后将响应结果再回送给 Web 服务器及 Web 浏览器。CGI 程序一般完成 Web 网页中表单(Form)数据的处理、数据库查询和实现与传统应用系统的集成等工作。

CGI 提供给 Web 服务器一个执行外部程序的通道,这种服务端技术使得浏览器和服务器之间具有交互性。CGI 原理图如图 8-7 所示。浏览器将用户输入的数据送到 Web 服务器,Web 服务器将数据使用 STDIN(标准输入)送给 CGI 程序,执行 CGI 程序后,可能会访问存储数据的一些文档,最后使用 STDOUT(标准输出)输出 HTML 形式的结果文件,经 Web 服务器送回浏览器显示给用户。

图 8-7　CGI 原理图

8.1.3　嵌入式 Web 服务器设计

1. 嵌入式 Web 服务器的工作流程

嵌入式 Web 服务器的工作流程如图 8-8 所示。一个经典的嵌入式 Web 服务器系统软件主要由 HTTP Web Server 守护任务模块、CGI 程序和外部通信模块 3 部分组成。

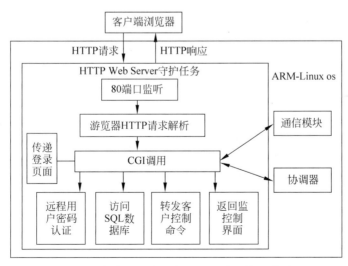

图 8-8　一个典型的嵌入式 Web 服务器的工作流程

下面简单介绍其工作过程。

服务器端软件的守护程序始终在 HTTP80 端口守候客户的连接请求,当客户端向服务器发起一个连接请求后,客户和服务器之间经过3步握手建立起连接。守护程序在接收到客户端 HTTP 请求消息后,对其进行解析,包括读取 URL、映射到对应的物理文件、区分客户端请求的资源是静态文本页面还是 CGI 应用程序等。如果客户请求的是静态文件,那么守护任务程序读取相应的文件作为 HTTP 响应消息中的实体返回给客户端,客户端浏览器通过解码读取相应的内容并显示出来。如果客户端的请求是 CGI 应用程序,那么服务器将创建响应的 CGI 应用程序进程,并将各种信息(如客户端请求信息和服务器的相关信息等)按 CGI 标准规范传递给 CGI 应用程序进程,接着由此 CGI 进程接管对服务器需完成的相关操作的控制。

CGI 应用程序读取从 HTTP Web Server 传递来的各种信息,并对客户端的请求进行解释和处理,如使用 SQL 语句来检索、更新数据库。此时的数据可以启动串口数据通信进程,将从客户端获得的数据按 RS232C 串口通信协议重新组帧,从 UART 口发送到通信模块,再由通信模块发送给终端。或者将嵌入式数据库更新的数据经过协议转换重新组帧,发送给协调器,再由协调器将数据发送给终端的设备,并对相应的终端设备实行控制。最后 CGI 应用程序会将处理结果按照 CGI 规范返回给 HTTP Web Server,HTTP Web Server 会对 CGI 应用程序的处理结果进行解析,并在此基础上生成 HTTP 响应信息返回给客户端。

2. 嵌入式 Web 服务器选择

典型的嵌入式系统 ARM+Linux 下主要有三个 Web 服务器:Httpd、Thttpd 和 Boa。Httpd 是最简单的一个 Web 服务器,它的功能最弱,不支持认证,不支持 CGI。Thttpd 和 Boa 都支持认证,都支持 CGI 等,但是 Boa 的功能更全,应用范围更广。因此这里通过移植 Boa Web 服务器来实现嵌入式 Web 服务器功能。

CGI 程序可用多种程序设计语言编写,如 Shell 脚本语言、Perl、FORTRAN、Pascal、C 语言等。由于 Boa Web 服务器目前还不支持 Shell、Perl 等编程语言,所以选择较多的是用 C 语言来编写 CGI 程序。CGI 程序通常分为以下两部分。

(1) 根据 POST 方法或 GET 方法从提交的表单中接收数据。

(2) 用 printf()函数来产生 HTML 源代码,并将经过解码后的数据正确地返回给浏览器。

3. CGI 程序设计

客户端与服务器通过 CGI 标准接口通信的流程如图 8-9 所示。CGI 程序由客户端软件发送的基于 HTTP 协议的请求和命令触发,将客户端的请求和命令传给服务器端相应的应用程序;在服务器端相关的程序完成相应操作后,CGI 程序通过标准的输出流以打印输出

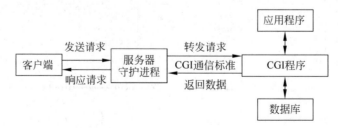

图 8-9 客户端与服务器通过 CGI 标准接口通信示意图

的形式将结果返回给客户端。当 HTTP Web Server 收到 CGI 程序字段"Con2tentOtype：text/html 加一空白行"或"ContentOtype：text/plain 加一空白行"时，分别表示 CGI 程序后面输出的是要传给客户端浏览器的 HTML 文档或纯文本文档。

基于这种交互模式，客户端可以查询和设置现场设备的一些参数；当出现故障时，可以根据设备的运行状态进行诊断，重新设置参数，便于远程的监控与维护。考虑到目前 ARM-Linux 对 C 语言的良好支持，以及 C 语言的平台无关性、C 代码的高效简洁性，及其在同等编程水平下安全性好等特点，选用 C 语言来编写 CGI 程序。对于应用端，CGI 程序主要分为以下几部分。

（1）接收客户端提交的数据。以 GET 方法提交数据，则客户端提交的数据被保存在 QUERY_STRING 环境变量中，通过调用函数 getenv("QUERY_STRING")来读取数据。

（2）URL 编码的解码。解码即编码的逆过程。在程序中，只要对于由（1）所述方法提取的数据进行 URL 编码逆操作，就可以得到客户端传过来的数据。最后将解析出来的 name/value 保存在一个自定义的结构体中。

（3）根据上一部分解析出来的变量/值对，判断客户端请求的含义，利用 Linux 下进程间通信机制传送消息给相应的应用程序主进程，以完成客户端请求要完成的任务（如系统某些参数设定、远端设备的运行状态量等）。应用程序将执行结果返回给 CGI 进程，由 CGI 进程先输出"ContentOtype：text/html 加空格行"到 HTTP Web Server，然后用 printf( )函数产生 HTML 源代码传给 HTTP Web Server，HTTP Web Server 再按各层协议将数据打包并把执行结果返回给客户端。

4. 嵌入式 Web 服务器中的 SQLite

在嵌入式 Web 服务器中使用嵌入式数据库可以通过以下 3 步来完成。

（1）建立一个后端嵌入式数据库。借用现成的浏览器软件，这里不需要开发数据库前端界面。来自网络的所有数据库操作请求都是以 HTML 数据流的形式存在的，开发者只需要解析数据流，将需要的数据存放到后端已经建好的数据库中，通过 Form 表单提交设置内容。该方法不仅界面友好、标准统一，而且开发过程简单、降低了成本，还能使广大用户更方便地访问数据库信息。

将嵌入式数据库移植到 Web 服务器的过程中，开发者在 SQLite 嵌入式数据系统中通过命令行的方式可以新建、查看、修改数据库。可以根据需要选择命令行命令来操作数据库文件，也可以通过程序来建立操作数据库。SQLite 兼容 SQL 的语法，用命令行方式可以方便快捷地创建一个数据库文件。例如，在 SQLite 下只要键入：

```
CREATE TABLE user(
id INTERGER PRIMARY,
name TEXT,
password TEXT)
```

就可以创建一个以 id 为主键的关于用户信息的简单数据库表。

（2）利用 HTML 制作 Web 页面及 Form 表单。表单是 Web 页面的一个组成部分，它包含一个可以由浏览者键入或者选择信息的区域，并能将信息返回给网页制作者，从而实现交互式的页面。客户可以通过填写表单控件的相关数据来对数据库进行操作。Web 服务器端的应用程序通过解码表单中提交的数据信息,得到表单中的详细设置内容,再根据要求实时地去操作数据库。表单为应用程序提供了一种通过 Web 文档与客户进行交互的机制。用户只需要通过浏览器就可以达到对数据库的访问目的,这就使得数据库可被不同的机型和操作系统所使用,从而达到了跨平台的目的。

(3)编写 CGI 程序。CGI 程序的服务器可以使用任何语言来编写、在任何平台上开发,只要它满足 CGI 规范就可以。这里的 CGI 程序的编写与对于应用端的 CGI 程序编写相同。

接下来对嵌入式数据库 SQLite 进行操作,读者可以参考本书 7.1 节中给出的应用场景代码,这里不再赘述。当有客户端通过浏览器对数据库进行操作时,例如远程查询数据库中用户信息时,客户通过浏览器输入自己所要查询的关键字,经过 CGI 解码将客户的请求转化为相应的数据库能识别的格式,然后发送给数据库引擎,请求完成后数据库返回结果。这时 CGI 将这些结果转变为 Web 服务器能接收的格式,最后通过浏览器显示给客户端,以此完成对 Web 服务器数据库的远程控制和维护。

5. Web 服务器的配置

Boa 的开发和测试目前主要是基于 GNU/Linux/1386。它的源代码跟其他的嵌入式 Web 服务器的代码相比更加简明,因此它很容易被移植到具有 UNIX 风格的平台上。Boa

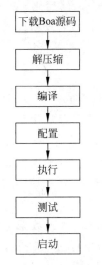

图 8-10 Boa Web 服务器的
移植流程

源代码开放、性能优秀,特别适合应用在嵌入式系统中。Boa 的源程序是从 boa.c 中的 main() 主函数开始执行。在该源程序中,先是对该 Web 服务器进行配置:为了在用户访问 Web 时服务器能确定根目录的位置,首先需要指定服务器的根目录路径服务器,fixup_server_root() 函数就是用来设置该服务器的根目录;接着 read_config_files() 函数对其他服务器所需的参数进行配置,如服务器端口 server_Port、服务器名 server_name、文件根目录 documentroot 等,其他大部分参数要专门从 boa.conf 文件中读取;接下来是为 CGI 脚本设置环境变量。移植流程如图 8-10 所示。

这些配置都完成并且正确后,就为 Boa 建立套接字(socket),使用 TCP/IP 创建一个特别适合嵌入式系统的 Web 服务器。图 8-10 是在 ARM 嵌入式系统上 Boa Web 服务器的移植流程。

移植 Boa Web 服务器包括如下步骤。

1) 下载 Boa 源代码

Boa Web 服务器的源代码可以从 http://www.boa.org 下载最新的版本。

2) 安装并编译 Boa 源代码

将源代码复制到根目录下,然后对源码进行解压安装。

```
cd/
Gunzip/boa.tar.gz
Mkdir examples
```

此时根目录下会生成 boa.tar,再将 boa.tar 文件 Mount 到新建目录 examples 中:

```
Mount - o loop boa.tar examples/
cd examples
cd boa/src
```

开始编译:

```
CC = /opt/host/armv41/bin/armv41 - unknown - linux - gcc make
```

在 boa/src 目录下将生成 Boa 文件,该文件即为 Boa Web 服务器执行文件。

3)配置 Boa Web 服务器

Boa 启动时将加载一个配置文件 boa.conf,在 Boa 程序运行前,必须首先编辑该文件,并将其放置于 src/defines.h 文件中 SERVER_ROOT 宏定义的默认目录,后者在启动 Boa 时使用参数"-c"制定 boa.conf 的加载目录。在 boa.conf 文件中需要进行一些配置,下面做简要介绍。

Port < integer >:该参数为 Boa 服务器运行端口,缺省的端口为 80。

Server Name < server_name >:服务器名字。

Document Root < directory >:HTML 文档根目录。使用绝对路径表示,如"/mnt/yaffs/web",如果使用相对路径,则它是相对于服务器根目录。

Script Alias:指定 CGI 程序所在目录 Script Alias/cgi/home/web/cgi-bin/。例如,一个典型的 boa.conf 文件格式如下:

```
Server Name Samsung - ARM
Document Root/home/httpd
Script Alias/cgi - bin/home/httpd/cgi - bin
Script Alias/index.html/home/httpd/index.html
```

4)测试

在目标板上运行 Boa 程序,将主机和目标机的 IP 设成同一网段,然后打开浏览器,输入目标板的 IP 地址即可打开/var/www/index.htm,通过对网页可以控制/var/www/cgi-bin 下的 * .cgi 程序的运行。配置完成后,重新编译内核。

例如,编写一个静态 index.html 文件,index.html 文件源码如下:

```
Index.html:
< html >
< head >
< meta http - equiv = "Content - Type" content = "text/html; charset = utf - 8" />
< title > Boa 静态网页测试</title>
</head>
< body >
    < h1 >  Welcome to Boa sever! </h1>
</body>
</html>
```

浏览器浏览效果如图 8-11 所示。

6. 基于 CGI 的数据动态交互设计

CGI 组件设计的目标,是在现场设备和 Web 服务器之间架起一座桥梁,为浏览器和 Web 服务器的数据更新提供一种动态交互手段。基于 CGI 实现动态数据交互需要解决好 3 个关键环节:获

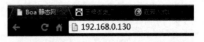

Welcome to Boa sever!

图 8-11　静态 index.html 文件测试效果

取客户端传输的数据;提取有效数据并加以处理;向客户端返回请求结果。对这些功能的完整实现就构成了 CGI 组件的程序框架。

1) 客户端传输数据的获取

CGI 程序可以通过环境变量、标准 I/O 或命令行参数获取客户端用户输入的数据。用户通过 CGI 请求数据一般有 3 种方式:HTMLFORM 表、ISINDEX 和 ISMAP。在使用环境变量时,需要注意以下问题:为了避免因环境变量不存在而引起 CGI 程序崩溃,在 CGI 程序中最好连续两次调用 getenv()数,其调用格式如下:

```
if(getenv("CONTENT_LENGTH"))
int_n = atoi(getenv("CONTENT_LENGTH"))
```

其中,第 1 次调用是检查该环境变量是否存在,第 2 次调用才是使用该环境变量。因为当给定的环境变量名不存在时,函数 getenv()会返回一个 NULL 指针,告诉 CGI 程序该环境变量不存在,这样可以避免因直接调用出错而陷入死循环。

2) 有效数据的提取和相应处理

当 Web 服务器采用 GET 方法传递数据给 CGI 程序时,CGI 程序从环境变量 QUERY_STRING 中直接读取数据:当 Web 服务器采用 POST 方法传递数据给 CGI 程序时,CGI 程序从 STDIN 中读取输入信息。对于 CGI 程序来说,从标准输入 STDIN 中获取所需的数据,需要先对输入信息的数据流进行分析,然后再对数据进行分离和解码处理。客户端传输数据的一般格式为:

```
name[1] = value[1]&name[2] = value[2]   &...name[i] = value[i]...name[n] = value[n]
```

其中,name[i]表示变量名,表示 FORM 表中某输入域的名字;value[i]表示变量值,表示用户在 FORM 表中某输入域的输入值。客户端传输数据流可以视为由一系列 name/value 对所组成。每一对"name＝value"字符串由"&"字符分隔,即"＝"标志着一个 Form 变量名的结束,"&"标志着一个 Form 变量值的结束,其数据编码类型则从环境变量 CONTENT_TYPE 中获取。CGI 的编码方式与 URL 的编码方式一致。

CGI 程序从获得客户端数据流中提取有效数据,需要对输入数据流进行分离和解码处理。对数据的分离可以利用 C 语言字符串函数来实现,而对数据的解码则需要对整个数据串进行扫描,并将数据串中的相关编码复原为对应字符的 ASCII 码。

3) 向客户端返回请求结果

CGI 程序处理后的结果数据,通过标准输出 STDOUT 传递给嵌入式 Web 服务器,Web 服务器对 CGI 发送来的结果数据进行必要的检查。如果 CGI 程序产生的结果格式有问题,Web 服务器就会给出一种错误信息;如果 CGI 程序产生的结果格式正确,Web 服务

器就会根据 MIME 头信息的内容,对 CGI 传送来的结果数据进行 HTTP 封装(其数据类型与 CONTENT_TYPE 值相一致),然后再发送到客户端浏览器。CGI 程序的输出可以用 printf()、puts()等标准 I/O 函数来实现。

例如,编写一个 CGI 程序 hello,下载到开发板上,用浏览器查看效果。

```
hello.c
# include < stdio. h >
int  main()
{
    printf("Content - type: text/html\n\n");
    printf("< html >\n");
    printf("< head >\n");
    printf("< title > CGI Output </title >\n");
    printf("</head >\n");
    printf("< body >");
    printf("< h1 > Hello, world. </h1 >< br />");
    printf("< h1 > BOA CGI test! </h1 >");
    printf("</body >");
    printf("</html >\n");
    return 0;
}
```

编译后,下载到开发板/usr/lib/cgi-bin 目录,此目录在 boa. conf 配置,可自行修改为其他目录,并给 CGI 程序加执行权限。浏览器浏览效果如图 8-12 所示。

嵌入式 Web 服务器的使用范围十分广泛,下面的两个例子都使用了嵌入式 Web 服务器和嵌入式数据库 SQLite。

Hello, world.

BOA CGI test!

图 8-12　CGI 程序浏览效果

8.2　嵌入式数据库在智能无人值守实验室监控系统中的实例

目前在我国几乎所有学校的实验室都是靠大量的人员来进行实验室的管理和教学,而在西方发达国家许多学校的实验室大多已经实现了实验室的无人监管系统。人员监管实验室既浪费大量人力,也不利于有效地利用实验室的各项资源。

随着计算机技术的迅猛发展,现代社会已经逐步迈向数字化、信息化和网络化。高校使用信息和监控系统进行实验室的管理工作,可以大大提高管理水平和工作效率,降低实验室管理费用。而从学校对实验室贵重设备的管理上来说,也仅能依靠各学院每年的报表来实现粗放型的监管,不能实现实验环境监测、实时设备监控、实验人员预约管理登记、报表精确统计等多项功能。有资料表明,美国一些高校的实验室采用了"无人值守实验室监控系统",实行 7×24 小时开放式管理,学生首先提出实验预约,然后在规定时间学生凭个人 IC 卡进实验室进行实验,完成后提交实验报告。

智能无人值守实验室监控系统的优势如下。

(1) 可以大大降低实验室管理所需要的人力、物力成本。

(2) 可以提高实验室设备的利用率,合理规划。

(3) 做到实验室设备的状态自动化状态监控、监管。

（4）无人监管实验室可以让学生自主化利用课余时间实验学习。

（5）成功的无人实验室系统对外推广可以产生可观的经济效益。

8.2.1　系统总体框架

视频讲解

系统总体框架图如图 8-13 所示。智能无人值守实验室监控系统（Smart Lab System）主要完成的功能模块有嵌入式硬件平台、选课预约子系统、门禁子系统、实验室监控子系统、

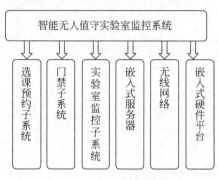

图 8-13　系统总体框架图

嵌入式服务器及无线网络等。其中选课预约子系统的工作主要是用户使用移动终端设备或者 PC进入架设于嵌入式硬件 ARM 平台上的服务器进行实验课程预约并得到管理人员响应。门禁子系统的功能是监控用户通过身份证刷卡进入实验室，对于符合条件的用户允许进入实验室。实验室监控子系统和门禁子系统都是建立在无线 ZigBee 网络基础上的，ZigBee 终端节点携带有门禁子系统处理单元或者传感器模块，可以实现对于"刷卡进门"的控制或者对实验室设备及环境的监控，并将信息传输给网关节点显示或者存储至数据库供管理人员使用。

无线网络选择了 ZigBee 网络。其中 ZigBee 协调器建立和维护 ZigBee 网络的运行，从监测终端节点接收实时监测数据，并发送到网关节点单元；网关节点通过串口与监控中心服务器实现信息交互，能够通过 ZigBee 协调器与众多终端节点构成网络开销小、结构动态可变化的无线自组网络。监控中心服务器对接收到的数据主要进行存储、处理和分析等工作，把接收的终端监测信息存储到数据库并可产生相应图表或者报表，另一方面也可侦听来自网络上客户端的连接，并与客户端建立套接关系；同时也可与移动终端设备通过 Wi-Fi、4G 网络完成监测数据实时通信。硬件总体原理图如图 8-14 所示。

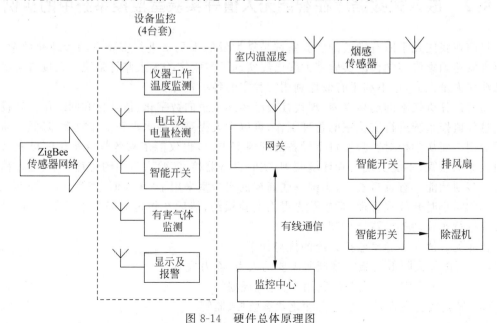

图 8-14　硬件总体原理图

8.2.2 实验室监控子系统

实验室监控子系统是实验室智能化管理系统的一个子系统,完成实验室环境及实验设备的监控工作。它包括实验室工作环境与设备运行状况等参数的检测、数据网关及异常情况的处理控制等几大功能模块。各模块采用无线通信方式,方便施工和维护。通过数据网关将采集数据上发服务器,并接收服务器下发的各种控制命令。

实验室环境监控主要分为三个部分,一是实验室温度、湿度、光强等这些环境的状况参数。二是实验设备的参数,如设备的通断状态、功率、用电量等。三是学生的信息。实验室监控子系统运行流程是:无线传感器检测实验室各相关参数,然后以无线通信的方式将监控数据发送无线网关,网关将数据打包后由基于 S5PV210 平台的包含 SQLite 数据库的 Web 服务器及相关程序处理。监控数据主要包括室内温湿度检测、烟雾检测、有害气体检测和智能开关等。分别如下:

(1)室内温湿度检测。实时检测室内温湿度变化,并上报服务器。实现火灾报警,及时为室内环境调节提供依据。

(2)烟雾检测。实时检测室内烟雾,实现火灾预警。及时上报烟雾报警信息,并与室内报警器联动,提示室内人员撤离。

(3)有害气体检测。部分专业实验室在实验准备及实验过程中会产生易燃、易爆、有毒气体,为保证实验人员及设备安全,可根据不同实验室需要安装不同类型的有害气体检测装置(如轻烃)。及时上报有害气体泄漏报警信息,并与室内报警器联动,提示室内人员撤离。

(4)智能开关。根据室内传感器上报的室内环境信息,服务器发出相关控制信息,控制室内相应的环境调节设备工作(如空调、除湿机、排风扇等)。由于这些环境调节设备大多数是成品设备,对其调节功能主要通过电源通断方式实现。

根据上文所述,实验室监控子系统中的 SQLite 数据库主要包含了三类信息:实验室环境参数(实时信息)、设备信息和学生信息。其中设备相关信息之间关系的设计主要包含的实体信息有设备基本信息、设备预设参数和监控信息等。设备基本信息是设备的基本物理信息,预设参数指的是设备的可修改参数,监控信息是设备当前的数据采集情况。三个实体的关系图如图 8-15 所示。

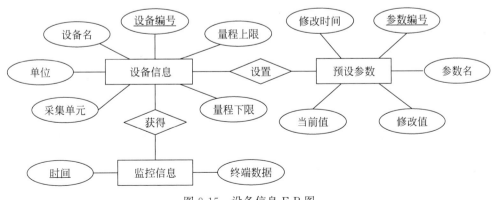

图 8-15 设备信息 E-R 图

根据设备信息 E-R 图,创建三个数据表。

设备信息表:设备编号(device_ID)、设备名(device_name)、单位(unit)、量程上限(range_max)、量程下限(range_min)、采集单元(location);设备编号为主键。

预设参数表:参数编号(parameter_ID)、参数名(parameter_name)、当前值(current_value)、修改值(modify)、修改时间(modify_time)、设备编号(device_ID)(外键);参数编号为主键,设备编号为外键。

监控信息表:记录号(ID)、终端数据(data)、时间(time)、设备编号(device_ID);记录号为主键。

采集程序把从底层接收到的数据加工处理后,存储到监控信息表内,由应用程序提取,然后发送到客户端。远程用户可以通过对实时数据的监测,及时地了解现场情况。为了提高从数据库中提取实时数据的速度,可基于设备信息表和监控信息表建立视图,从视图中查询最终需要显示的数据。

由于实时数据是动态的,每隔几秒就会有新的数据量产生,表内记录增加速度会很快,不便于查询操作,因此可建立历史数据表,定时转存实时数据表中的数据。另外,也可以创建用户数据表,当用户提出请求时,把当前观测的数据插入到用户数据表中,方便用户查看。历史数据表和用户数据表的表结构相同。

除此之外,还需建立用户信息表,用来存储用户的基本信息,主要字段有用户编号、用户名和密码,用户编号为关键字。图 8-16 显示了实验室监控子系统程序界面。图 8-17 显示了实验室监控子系统节点控制界面。

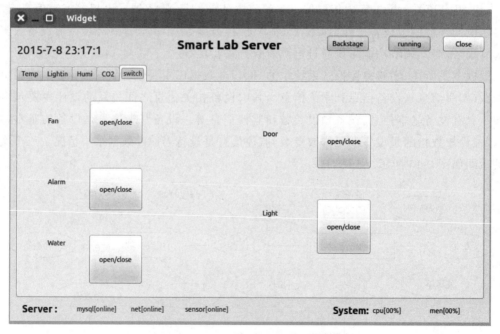

图 8-16　实验室监控子系统程序界面

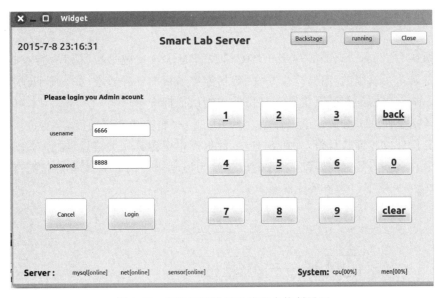

图 8-17 实验室监控子系统节点控制界面

8.2.3 学生选课预约

在服务器上搭建实验室预约网站系统,并使用了 SQLite 数据库,在数据库中设计了 3 个关于学生选课的数据表,分别是学生表、课程表和选课表。学生通过网站在 PC 或者移动终端就可以进行选课或查询操作。选课预约系统框图如图 8-18 所示。

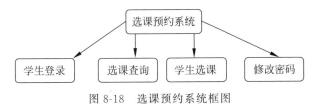

图 8-18 选课预约系统框图

使用手机或者计算机端浏览器登录选课网站 http://localhost:8080/StudentsMar/login.jsp,使用时将 localhost 修改为相应 IP 地址即可进入登录页面,如图 8-19 所示。

图 8-19 登录界面

8.2.4 门禁系统的设计

门禁系统(Access Control System,ACS)在智能建筑领域是指"门"的禁止权限,是对"门"的戒备防范。这里的"门",广义来说,包括能够通行的各种通道,如人通行的门、车辆通行的门等。本例中的门禁子系统采用身份证作为认证标准。

门禁子系统使用了身份证读卡器结合 S5PV210 平台完成系统功能,学生进入实验室前必须先刷身份证以验证其身份,并在 SQLite 数据库中保存其相关信息,同时 S5PV210 平台作为控制中心将进行数据的匹配,当匹配成功时为该学生开门并为该学生分配自己的实验仪器。图 8-20 显示了门禁子系统框图。

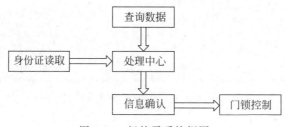

图 8-20　门禁子系统框图

从管理者的角度来说,门禁子系统主要是利用嵌入式 Web 服务器,完成嵌入式门禁子系统中控制器内数据库数据的远程查看和设置的工作。原则上要方便管理人员对控制器的管理和维护,并且满足对数据的高效管理,保证用户通过浏览器将设置的数据正确完整地插入到数据库中,并将需要查看的数据及时迅速地显示给用户。所有的数据结果存储在本地的 Flash 中,当客户端使用 Web 浏览器访问嵌入式 Web 服务器时,需要进行身份验证,以确保系统的安全性和防止非法用户的访问。

从上述介绍中不难发现,门禁子系统需要含有嵌入式数据库的 Web 服务器的相关技术,这就需要开发者熟悉数据库的设计方法。从数据库原理的角度来看,数据库的设计是指对于一个特定的环境,包括硬件环境和操作系统、数据库管理系统(DBMS)等软件环境,使用这个环境来表达用户的要求,构造最优的数据库模式,建立数据库及围绕数据库展开的应用系统,使之能够有效地收集、存储、操作和管理数据,满足企业组织中各类用户的应用需求。

数据库的设计包括结构特性的设计和行为特征的设计两个方面的内容。结构特性的设计是指确定数据库的数据模型。行为特性的设计是指确定数据库应用的行为和动作,应用的行为体现在应用程序中,所以行为特性的设计主要是应用程序的设计。数据库的设计过程一般分为 4 个阶段:需求分析、概念结构设计、逻辑结构设计和物理设计。需求分析的主要任务是对现实世界要处理的对象进行详细调查,收集支持系统目标的基础数据及其解决方法。概念结构设计的任务是产生反映企业组织信息需求的数据库概念结构,即概念模型。逻辑结构设计的目的是从概念模型导出特定的 DBMS 可以处理的数据库的逻辑结构(数据库的模式和外模式),这些模式在功能、性能、完整性和一致性约束及数据库可扩展性等方面均应满足用户提出的要求。物理设计是对已经确定的逻辑数据库结构,利用 DBMS 所提供的方法、技术,以较优的存储结构、数据存取路径、合理的数据存放位置以及存储分配,设计出一个高效的、可实现的物理数据库结构。

在本例中,由于在嵌入式中实现数据库操作,必须选择公开源码的、性能好、运行速度快、查询速度快、稳定可靠、规模小的数据库,因此,综合各种因素后,确定嵌入式数据库为SQLite。数据库按关键字进行索引,同时进行排序,使得数据的操作速度比较快。数据库设计合理,尽量避免数据冗余。部分数据库结构设计见表8-1和表8-2。

表 8-1 门用户数据

中 文 名 称	字 段 名 称	类型	长度	备 注
门号	No_door	int		
用户启用标志位	UserFlag	char	1	0:禁用;1:启动
用户类型	UserType	char	1	0:普通卡;1:保安卡
用户权限	UserPopedom	char	1	用户的门禁使用权限标识
用户编号	UserNum	int		
卡号	CardID	char	8	
卡挂失标志	CardUseFlag	char	1	0:正常;1:卡已挂失
密码	Password	char	6	
截止日期	EndDate	data	10	yyyy/mm/dd
有效时间段	AvailtimeInterval	char	24	有效日期内每天允许使用的时间段

表 8-2 节假日数据

中 文 名 称	字 段 名 称	类型	长度	备 注
节假日编号	HolidayNo	int		
节假日启用标志	UserFlag	char	1	1:启用;0:禁用
起始日下午放假标志	FirstPMFlag	char	1	1:放假;0:上班
起始日上午放假标志	FirstAMFlag	char	1	1:放假;0:上班
结束日下午放假标志	EndPMFlag	char	1	1:放假;0:上班
结束日上午放假标志	EndAMFlag	char	1	1:放假;0:上班
节假日起始日期	FirstHoliday	Data	12	yyyy/mm/dd
节假日结束日期	EndHoliday	data	12	yyyy/mm/dd

根据需求可知,系统主要是用 Web 对嵌入式门禁子系统中的数据进行远程的设置和查看,管理员通过浏览器选择要设置查看的参数,通过 HTML 表单将所选内容提交给 CGI 程序,CGI 脚本获取用户发的信息并解码,然后执行相应的数据库程序,通过约定的路径访问数据库,并将访问结果通过 HTML 送回给用户端浏览器。图 8-21 是一个具体的设置数据库中参数的程序流程图。

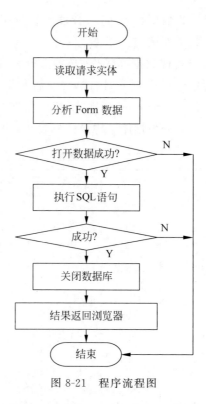

图 8-21 程序流程图

下面给出针对某个 Web 数据库的访问代码。

```
main()
{
  printf("Content - type: text/html\r\n\r\n");
//读取环境变量
  if(strcmp(getenv("REQUEST_METHOD"),"POST"))
  {
    printf("this script should be referenced with post METHOD. \n");
   exit(1);
  }
  if(strcmp(getenv("CONTENT_TYPE"),"application/x - www - form - urlencode
d"))
  {
    printf("this script can only be used to decode form result. \n");
   exit(1);
  }
  cl = atoi(getenv("CONTENT_LENGTH"));
    //读取表单传递过来的参数
  etnum = 0;
  for(x = 0;cl&&(!feof(stdin));x++)
  {
  entries[x]. val = fmakeword(stdin, '&', &cl);
  plustospace(entries[x]. val);
  unescape_url(entries[x]. val);
```

```
entries[x].name = makeword(entries[x].val,'=');
etnum++;
}
//解码
printf("<HTML>\n");
printf("<HEAD>\n");
printf("<TITLE>参数设置</TITLE>\n");
printf("</HEAD>\n");
printf("<BODY>\n");
printf("<H1>设置结果</H1>\n");
printf("here is a summary for you record of the information");
printf("as we received it.\n");
printf("<HR>\n");
printf("<PRE>\n");
printf("节 假 日 编 号:            %s\n",entries[0].val);
printf("节假日标志数据:            %s\n",entries[1].val);
printf("节假日起始日期:            %s\n",entries[2].val);
printf("节假日结束日期:            %s\n",entries[3].val);
printf("状        态:            %s\n",entries[4].val);
printf("\n");
printf("<INPUT TYPE = button name = return VALUE = 返回
onclick = history.go( - 1)>");
printf("<INPUT TYPE = button name = logout VALUE = 退出
onclick = window.close()>");
printf("</PRE>\n");
printf("</BODY>\n");
printf("</HTML>\n");
    //输出结果
rc = sqlite3_open("test.db", &db);
if(rc) {
fprintf(stderr, "Can't open database: %s\n", sqlite3_errmsg(db));
sqlite3_close(db);
exit(1);
    }
      //打开数据库
sprintf(sql,"create table holiday (holidaynum text, sign text,friday
text,endday text,state text);");
rc = sqlite3_exec(db, sql, NULL, NULL, &errmsg);
if(rc != SQLITE_OK) {
    if (rc != SQLITE_OK) main()
{
printf("Content - type: text/html\r\n\r\n");
//读取环境变量
if(strcmp(getenv("REQUEST_METHOD"),"POST"))
{
    printf("this script should be referenced with post METHOD.\n");
    exit(1);
}
if(strcmp(getenv("CONTENT_TYPE"),"application/x - www - form - urlencoded"))
```

```
{
 printf("this script can only be used to decode form result. \n");
 exit(1);
}
 cl = atoi(getenv("CONTENT_LENGTH"));
  //读取表单传递过来的参数
etnum = 0;
for(x = 0;cl&&(!feof(stdin));x++)
{
entries[x].val = fmakeword(stdin,'&',&cl);
plustospace(entries[x].val);
unescape_url(entries[x].val);
entries[x].name = makeword(entries[x].val,'=');
etnum++;
}
//解码
printf("<HTML>\n");
printf("<HEAD>\n");
printf("<TITLE>参数设置</TITLE>\n");
printf("</HEAD>\n");
printf("<BODY>\n");      {
     fprintf(stderr, "SQL error: %s\n", errmsg);
  }
}
 //建表
sprintf(sql, "insert into holiday values
('%s','%s','%s','%s','%s');",entries[0].val,entries[1].val,entries[2].val,entries[3].
val,entri
es[4].val);
rc = sqlite3_exec(db, sql, NULL, NULL, &errmsg);             //插入数据
if(rc != SQLITE_OK) {
  if (rc != SQLITE_OK)
 {
     fprintf(stderr, "SQL error: %s\n", errmsg);
  }
}
sqlite3_close(db);                                          //关闭数据库
}
```

8.2.5　界面开发：Qt 的应用

在网关上,除了上文中提到的 Web 服务器访问之外,也可以使用 Qt 开发相关图形界面实现对数据的访问。上位机上运行着由 Qt 开发的图形界面程序,该程序的主要功能是通过串口获取下位机网关的信息,将该信息保存在网关中的嵌入式数据库,如 SQLite 中,并对信息进行解析,最终以图形的方式显示出整个 ZigBee 网络节点的拓扑图。在这个拓扑图中每个节点所处的位置及节点传感器上的数据信息都可以实时显示出来。图 8-22 所示是一个上位机图形界面程序(仅做演示)。

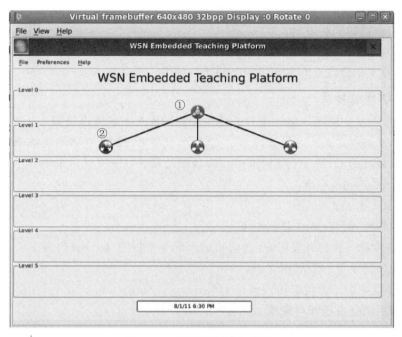

图 8-22 程序设计界面(演示)

图 8-22 中标号①处节点为下位机的网关,标号②处节点为 ZigBee 网络中的网络节点,其中每一个网络节点都包含一个传感器,通过单击节点图标就可以显示出对应的传感器信息,如图 8-23 所示。

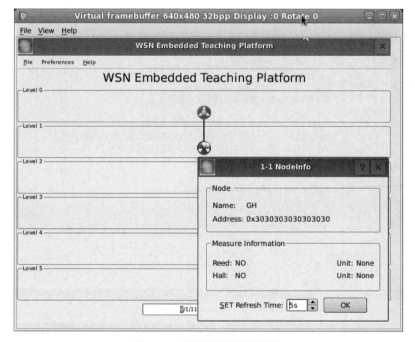

图 8-23 程序节点界面(演示)

网络节点信息包括：节点名称、节点地址以及传感器的数据。同时通过这个对话框还可以修订网络数据的刷新周期。

有关 Qt 对 SQLite 数据库的连接与访问，请读者参考本书 7.4 节，这里只给出 Qt 的开发环境搭建、交叉编译以及本案例中主要使用到的类。

1. 搭建 Qt 开发环境

前提：编译 Qt 库的编译链和文件系统中使用的库对应的编译链版本一致。

说明：本案例在完成的时候采用的是 Qt4.7，因而下列相关介绍均是基于 Qt4.7。

(1) 将编译好的 Qt 库中的 lib 和 plugin 目录复制到以下文件目录下。

cp~/lib~/plugin~/qt；

tar cjvf qt. tar. bz2 ~/qt。

(2) 将压缩包 qt. tar. bz2 复制至 U 盘中。

(3) 将 U 盘插入目标开发板，通过串口进入到开发板的/opt/qt 目录下。

(4) 删除该目录里的全部内容 rm-ar *。

(5) 将 U 盘中的压缩包解压到该目录下 tar xjvf /mnt/udisk/qt. tar. bz2-C。

(6) 重新启动开发板即可完成。

2. 利用 Qt Creator 交叉编译 Qt 工程

(1) 打开 Qt Creator，依次选择"文件"→"打开文件或工程"，选择要进行编译的 Qt 工程(工程文件的后缀是. pro)。

(2) 打开工程后，单击左侧快捷栏上的项目按钮，在编辑构建配置选项后，选择刚刚配置的 qmake 工具，随后在概要中 Qt 版本会变为对应的版本。取消选择 Shadow build，这样就无须重新选择构建目录，构建的结果直接放到工程目录下，如图 8-24 所示。

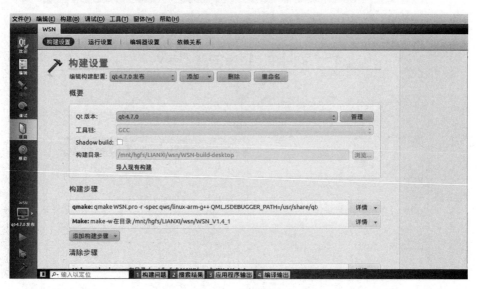

图 8-24　Qt 编译

(3) 完成工程配置后就可以开始编译，依次选择"构建"→"重新构建所有项目"，构建过程开始。如果源代码没有错误，构建通过后，在对应的工程目录下就会出现一个应用程序。

3. 程序中使用的类

本案例中涉及的类较多，这里只列举其中一个类 MainWindow，其类功能描述如下。

该类是整个程序的主体，主要负责建立和维护主窗口界面，接收串口解析类对象发来的信号，并根据信号更新网络拓扑结构图，更新传感器节点信息。同时该类为用户提供了改变网络节点更新周期的接口，该接口通过向串口解析类对象发送信号，控制串口发送 SET 命令改变节点更新周期。该类包含了两个定时器，一个是用来更新主窗口的时间，另一个是用来主动向网络节点发送 RND 命令从而更新节点信息。所有节点信息被保存在 itemArray 数组中，该数组中每一项都是一个 Item 描述类对象，用以表示一个存在的网络节点。该类中最重要的槽函数是 recreateInit() 和 recreate() 函数。当该类接收到串口解析类对象发来的 readRNDReady() 信号后，recreateInit() 槽会被触发，该槽函数主要是用来检查当前节点列表和前一刻节点列表是否一致，如果不一致则发出 recreateReady 信号。recreateReady 信号会导致 recreate 槽函数被触发，该函数会根据当前的节点列表重新绘制网络拓补图。类的声明代码解析如下：

```
//类 MainWindow 继承于 QMainWindow,并且以多重继承的方式获得其对应的 UI 界面的控制
class MainWindow : public QMainWindow, public Ui::MainWindow
{
    Q_OBJECT                                    //声明该类是一个 Qt 对象
public:
explicit MainWindow(QWidget * parent = 0);      //该类的构造函数
//节点显示位置的一些参数
    enum {
        //拓扑图包括 container 节点在内最多 6 层,每层最多 10 节点
        DIAG_HEIGHT_SIZE = 5,
        DIAG_WIDTH_SIZE = 10,
        MW_WIDTH_SIZE = 640,
        MW_HEIGHT_SIZE = 480,
        LEVEL_HEIGHT_SIZE = 60,
        OX = 0,
        OY = 53 + 30,
        ICON_SIZE = 24,
        DEFAULT_RND_UPDATE_TIME = 5,
        DEFAULT_SET_UPDATE_TIME = 3
    };

    void draw(QPainter * painter);              //绘制节点的函数
    int c_o_x;                                 //container 节点 x 坐标
    int c_o_y;                                 //container 节点 y 坐标
    Attr1Dialog * attr1Dialog;                 //传感器节点对话框类
    RNDSettingDialog * rndSettingDialog;       //刷新时间设置对话框类
    QMap < QString, QDialog * > addr_dialog;   //地址-窗口映射表,用于通过地址
                                               //查找到传感器的信息窗口
    SerialService sS;                          //串口解析类
    QString lossNodeAddr;                      //记录丢失节点地址
    unsigned int itemNum;                      //节点数目
signals:
```

```
        void recreateReady();                               //重建信号
        void nodeLoss();                                    //节点丢失信号
public slots:
        void recreateInit();                                //初始化重绘网络拓扑
        void createDialog();                                //建立传感器信息对话框
        void warnNodeLoss();                                //提示节点丢失
        void doSETSuccess();                                //成功设置刷新周期
private slots:
void about();                                               //action about 对应的处理函数
        void updateCurrentTime();                           //更新当前窗口时间
        void on_updateRNDButton_clicked();                  //action updateRND 对应的处理函数
        void requestRND();                                  //获取下位机的数据
void recreate();                                            //重绘网络拓扑
void doRNDSetting();
        void doSETSetting(int, QString);
private:
        //节点存储类数组
        Item itemArray[DIAG_HEIGHT_SIZE][DIAG_WIDTH_SIZE];
        QTimer clockTimer;                                  //更新窗口时间定时器
        QTimer updateTimer;                                 //更新网络拓扑图定时器
        void createActions();                               //链接窗口选项与动作
        bool eventFilter(QObject * target, QEvent * event);
        bool showDetailMsg(NodeLabel * nl);
        bool startPro;
protected:
        void paintEvent(QPaintEvent * event);
};
```

8.3　嵌入式数据库在物联网网关中的设计实例

物联网网关作为两个异构网之间的纽带,一方面它提供远程监控的服务,另一方面它是无线传感器网络的数据收发中心。同时将数据融合处理,实现数据库服务,以提供更为便捷的远程监控功能。本节介绍一个湿地环境监测系统的网关中 SQLite 数据库的相关设计实例。

8.3.1　背景介绍——湿地环境监测系统平台整体架构

视频讲解

视频讲解

某湿地环境监测系统总体设计框图如图 8-25 所示。系统总体方案主要采用分层设计方法,自下而上分为数据采集层、通信层、异构数据信息层、统一化应用接口层和多用户管理层。数据采集层主要由分布在被测湿地环境中的众多 ZigBee 终端点组成,测量终端携带有水温、浊度、pH、溶氧等多种传感器,能够实时不间断的监测湿地各种关键参数,它们和网关节点一起组成了具备高动态自组网络模式的监测体系。该检测体系具备较小的网络开销,可实现网络快速构建和数据端到端的实时传输。

整个系统采用的是查询和中断相结合的模式,大多数情况下,系统中的大部分硬件处于睡眠模式,当湿地环境发生异常时,ZigBee 终端节点会被唤醒,将检测到的环境数据和自己的节点信息如节点 ID、电池状况等经路由计算后发送到网关节点,网关节点进行数据存储、数据预处理工作,并将数据通过 GPRS 发送到用户终端或者监控中心数据库,由监控中心数据库产生数据分析图表和报表输出。用户可通过 Internet 访问监控中心数据库图表系统获取实时信息。管理者也可通过 GPRS 模块和网关主动查询节点测量数据和控制节点功用。

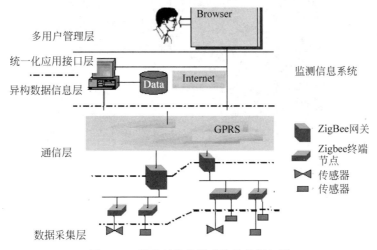

图 8-25　湿地环境监测系统总体框架图

8.3.2　网关节点硬件设计方案

由于监测系统内部网络采用的是轻量级网络协议,要实现它与外部网络之间的互联,必须有一个用来完成协议转换的设备或功能部件,作为这两种网络连接的桥梁,这个桥梁便是监测网关。监测网关是一种简单的、智能的、标准化的、灵活的数字网络接口单元,它可以从不同的外部网络接收通信信号,通过监测网络传递信号给某个终端设备。

工作于湿地环境中的网关节点应具有体积较小、便于安装、对环境影响小等特点。同时能够通过 GPRS 网络与监控中心信息交互,能够通过 ZigBee 协调器与众多终端节点构成网络开销小、结构动态可变化的无线自组网络。因此,该系统的网关节点设计如图 8-26 所示。

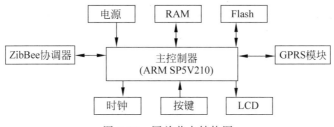

图 8-26　网关节点结构图

ZigBee 协调器与主控制器之间采用的是串口通信,当 ZigBee 模块收到 ZigBee 节点环境数据时,会通过中断触发主控制器模块完成接收数据、数据存储等任务,并触发 GPRS 发送数据;主控制器模块与 GPRS 模块之间采用的也是串口中断通信,当主控制器模块接收到监控中心通过 GPRS 模块发送来的查询任务时,便会通过中断触发 ZigBee 模块,令其使用无线通信查询相关节点数据。协调器(通用节点)和传感器节点实物如图 8-27 所示。

图 8-27　协调器(通用节点)和传感器节点实物图

8.3.3　系统软件设计

该网关系统的应用程序分为两大块:运行在 ARM-Linux 平台上的上的嵌入式 Web 服务器程序和运行在模块上的程序。软件框架结构如图 8-28 所示。

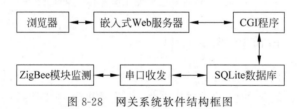

图 8-28　网关系统软件结构框图

嵌入式 Web 服务器上运行的程序主要来分析所提交的表单信息,然后由 SQLite 数据库进行处理,再反馈给服务器。

本网关使用的嵌入式 Web 服务器包括核心部分和可裁减部分,核心部分包括 HTTP 请求解析器和模块分析器。HTTP 请求解析器负责接收客户发送的 HTTP 请求报文,获得客户端信息,并把解析出来的结果保存到请求结构中;模块分析器根据配置信息调度其他模块。模块主要分为系统功能模块和用户功能模块两部分,一旦配置了系统功能模块,该模块就对服务器收到的请求进行处理。系统功能模块主要分为 3 个部分:文件系统访问模块(针对静态网页)、CGI 处理模块(针对动态网页)、赋值处理(针对用户控制作用)。

ZigBee 模块程序也分为两个部分:协调器程序部分和终端节点程序部分。这两部分也被定义为 ZigBee 网络的上位机程序部分和下位机程序部分。每个下位机都是一个 ZigBee 网络节点,并由一个下位机网关负责实时收集网络中的节点信息,形成拓扑图上传给上位机。上位机以 ARM Cortex-A8 为核心控制芯片,并且也包含一个 ZigBee 网关,ARM 嵌入式系统和 ZigBee 网关通过串口进行通信。上位机的网关实时接收下位机网关的拓扑信息,并且负责将上位机的指令下传到指定的下位机。

8.3.4　数据库建设

数据库设计是监测系统系统设计的关键,湿地环境监测数据的多维性和海量性使得数据库设计变得复杂,而且对于现有湿地监测中的业务数据关系也比较松散,需要对系统建设相关数据进行综合分析与使用。数据资源的有效管理首先必须确保异构数据信息在数据库中的唯一性和安全性,并具有良好的 API 应用接口供监测系统上层部分调用。系统数据库主要由实时监测数据库、设备信息数据库、基础信息数据库、监测相关数据库、Office 数据库和其他相关数据库等组成。

根据监测数据信息量的大小,冗余性和安全性的考虑,这里将数据库建设分为两个部分:一是监控中心数据库建设,要求服务器具有较大的信息处理能力和吞吐率。这里选择 SQL Server 数据库作为监控中心数据开发及管理工具;二是网关节点上的 SQLite 数据库,这种数据库所对应的环境是 ARM+Linux 平台,在 B/S 结构下访问数据。网关节点上的数据库主要对信息现场及时查询负责,因而数据库规模较小,相当于监控中心服务器上数据库的简化版本。

数据库实际隶属于监测系统中的信息系统 MIS,图 8-29 是监测信息系统(MIS)层次结构图。

1. 异构数据信息层

数据信息层主要完成数据库的建设工作,负责对通信层传输的异构监测数据进行安全、可靠和高效的存储和管理。根据监测数据信息量的大小、冗余性和安全性的考虑,选择 SQL Server 数据库作为数据开发及管理工具。数据资源层主要包括的数据库有实时监测数据库、设备信息数据库、基础信息数据库、监测相关数据库、Office 数据库和其他相关数据库等。

1) 实时监测数据库

实时监测数据库用于存储四湖流域监测区域的各种表征参数数据,主要包括温度、浊度、pH、溶氧、电导率等多项重要湿地指标参数信息,如温度、溶氧反映水文水质指标,pH 反映自然环境土壤指标,电导率表征水体离子属性和化学稳定性等。这些数据在保证唯一性、准确性、完备性等原则前提下存储到相应数据表中。主要监测参数对比测量方法见表 8-3,现场传感器采集数据对比现场实际采样范本检测数据,使用的传感器是美国 GLOBAL WATER 公司的 WQ 型传感器系列。该系列传感器测量精度高、可靠性好,主要参数测量误差均符合预期要求(测量绝对误差<1%)。

表 8-3 主要监测参数精度及对比测量方法说明

监测参数	传 感 器	生产公司	型号	测量范围	精度	对比测量方法
电导率	电导率传感器	GLOBAL WATEWR	WQ301	$0\sim500\mu F$	$\pm1\%$	电导率仪
溶氧	溶氧传感器	GLOBAL WATEWR	WQ401	$0\sim100\%$	$\pm0.5\%$	雷磁 JPB-607 便携式测量仪
pH	pH 传感器	GLOBAL WATEWR	WQ201	$0\sim14pH$	$\pm0.1pH$	电位法
浊度	浊度传感器	GLOBAL WATEWR	WQ700	$0\sim200NTU$	$\pm1\%$	透射散射光浊度仪
温度	温度传感器	GLOBAL WATEWR	WQ101	$-50\sim50℃$	$\pm0.1℃$	雷磁 JPB-607 便携式测量仪

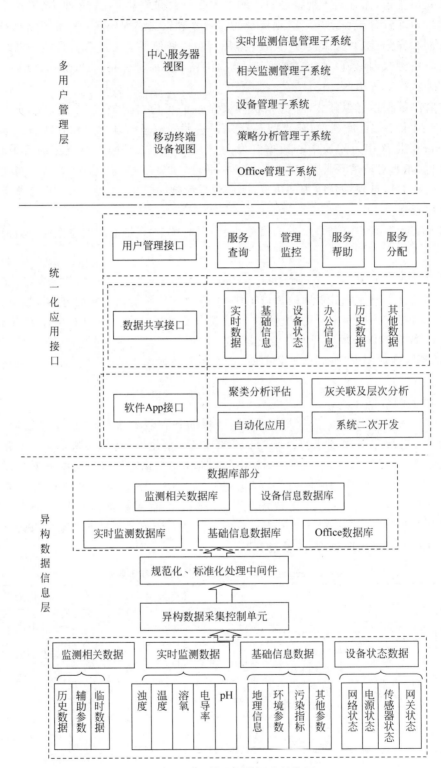

图 8-29　监测信息系统层次结构图

2）设备信息数据库

设备信息数据库主要存储监测设备的相关状态信息,涵盖了现场终端节点控制器状态、各传感器节点状态、网关设备状态、各级电源信息状态、服务器状态、网络通信质量、无线自组网延时信息、嵌入式移动终端状态等多种设备状态信息。由于设备经常处于无人值守状态,因此定期监测和更新监测设备状态对于确保监测系统的稳定性十分重要。

3）基础信息数据库

基础信息数据库主要包括监测区域基础地理信息、基本环境参数、主要污染指标数据、主要污染来源信息及其他相关数据。该数据库数据可由前期勘察、历史档案、观测站数据等多种方式获得。

4）监测相关数据库

监测相关数据库主要涉及历史监测数据和其他辅助数据的存储。历史监测数据由两部分组成,一是过往历史监测数据,可来自该区域其他监测方式获得数据并录入监测相关数据库获得;二是系统实时监测数据经过系统预设存储时段后可由实时数据库导入监测相关数据库获得。上述异构数据经过统一化数据处理后存储至监测相关数据库。

5）Office 数据库

Office 数据库主要存储管理者进行日常办公所需的业务数据,能有效提高管理部门自动化办公效率。

2. 统一化应用接口层

统一化应用接口层主要完成通过设计统一化相关数据应用接口,实现外部应用程序或者指令请求对监测数据信息的管理功能。应用接口层主要完成实时数据监测、设备状态信息监测管理、历史数据查询、聚类分析评估、环境信息查询和 Office 办公自动化应用等任务。

如图 8-29 所示,统一化应用接口层主要分为三个部分:用户管理接口、数据共享接口和软件 App 接口。

用户管理接口主要针对上层多用户管理层设计,提供不同视图、架构下的服务、管理等方面的功能。包括建立 C/S、B/S 架构下的数据管理标准,保证数据的通用性和安全性;保证服务的时效性和可靠性,提供在线管理功能;实现服务的认证和登录管理,保障整个监测系统的安全有效运行;提供数据共享接口和软件 App 接口的管理功能等。

数据共享接口的功能主要包括建立唯一性数据访问机制,确保数据操作的安全可靠;完成异构监测数据包括温度、浊度、pH、溶氧、电导率等的有效读写和确保实时性要求,提供基础信息、历史数据、设备状态、办公自动化数据等可适用于客户端及浏览器信息模式下的数据共享渠道。

软件 App 接口的功能主要针对深层次应用开发,包括实现采用灰关联分析、层次分析和聚类分析等方法进行监测数据结合环境参数的评估;监测数据预警机制的算法处理;二次开发的有效扩展 API 通用型接口设计等。

3. 多用户管理层

多用户管理层的对象是湿地环境信息的管理者或者决策部门。本层主要通过管理中心服务器端上位软件或者移动终端平台实现对监测信息的查询以及对监测网络的管理功能。

多用户管理层主要包括五个子系统：实时监测信息管理子系统、相关监测管理子系统、设备管理子系统、策略分析管理子系统和Office管理子系统。服务器端软件采用了C/S架构和B/S架构混合的设计模式，C/S架构主要针对控制中心服务器端内部工作人员使用，降低了系统网络不安全因素的干扰和未来嵌入式扩展需要。外部移动终端平台选择B/S架构实现其他管理人员系统登录、信息查询等功能，在服务移动智能终端使用者的前提下保证信息系统的安全及可靠性。

4. 监测信息系统的实现

作为四湖流域湿地环境监测系统的重要组成部分，监测信息系统的设计采用了C/S架构和B/S架构混合的设计模式，C/S架构下的监控中心服务器软件采用VC++结合SQL Server数据库实现设计目标；B/S架构下的移动智能端软件部分采用Java结合SQL Server数据库实现设计目标。图8-30所示是在某时间段1号监测点区域当前24小时内监测主要参数浊度数据分布折线图。图8-31给出了B/S架构上位机监测信息系统实时数据查询效果图。

实时数据监测
设备信息管理
相关历史信息
办公自动化
系统设置
帮助HELP
制作信息
区域
廖子河
节点
1号
日期
2013-6-1
时间
06-12时
参数
浊度
确定
退出
浊度监测
195
190
185
180
175
170
浊度/ntu
06:00
07:00
08:00
09:00
10:00
11:00
12:00
时间/当前8小时

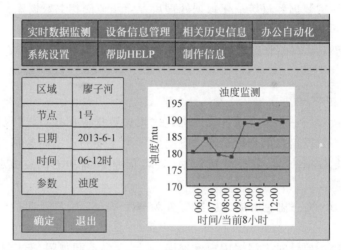

图8-30 C/S架构上位机监测信息系统参数曲线分析界面示意图

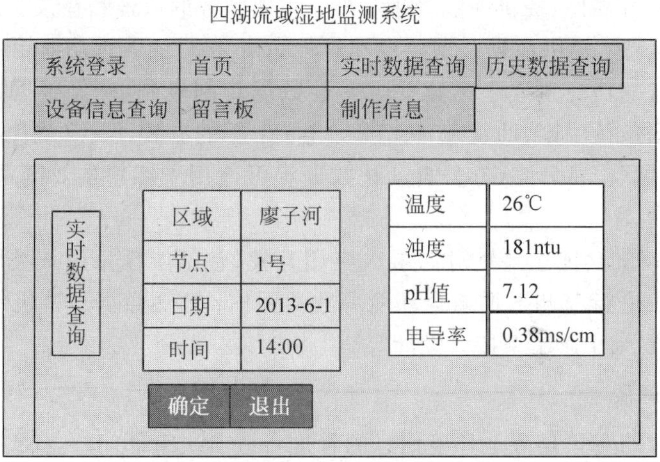

四湖流域湿地监测系统
系统登录
首页
实时数据查询
历史数据查询
设备信息查询
留言板
制作信息
实时数据查询
区域
廖子河
节点
1号
日期
2013-6-1
时间
14:00
温度
26℃
浊度
181ntu
pH值
7.12
电导率
0.38ms/cm
确定
退出

图8-31 B/S架构上位机监测信息系统实时数据查询界面

8.4　基于 SQLite 嵌入式数据库的智能电表抄表管理系统

传统的电力抄表作业系统主要由供电商提供,包括数据采集、传输装置、抄表办公业务等。数据采集是抄表作业的主要任务,依据它完成电费计量、电费账单生成等业务。随着智能终端的崛起,"边走边办公"的工作理念已在国家政府机关部门、银行、学校等相关企事业单位得到了普及,及时掌握第一手详细、准确的资料,而无须考虑时间和空间的限制对企业至关重要。移动化办公能够使企业内部更协调地整体运作、更高效地交流信息。移动化办公是在通信技术、软件技术、存储技术的基础上,将原先在内网运行的抄表功能移植到移动设备上,支持离线运行的嵌入式数据库发挥了重大作用。SQLite 是最流行的嵌入式数据库之一,是典型的轻量级数据库,无须配置和安装、支持完整的 SQL 语句、源代码完全开源等特点,使得它得到广泛应用。

基于 SQLite 嵌入式数据库的智能电表抄表管理系统采集的数据及时、整理的数据准确、完整,为供电企业提供了包括电费核算、电费回收、用电监测等实时数据监测方面的便利,并为有效的供电策略和措施方面提供了有力支持,从而提高了供电企业管理水平和经济效益,该系统实现了以下功能。

(1) 实现智能数据采集,彻底代替了传统的人工抄表模式,数据完整、准确、高效。

(2) 实现电量数据和内部系统的高效连接,使核收工作方便、快捷。

(3) 系统能够方便快捷地查询所有用户的历史用电数据,形成直观的用电趋势。

(4) 系统能够从时域、地区等方面进行查询、统计、分析等。

8.4.1　系统总体设计

基于 SQLite 嵌入式数据库的智能电表抄表管理系统(以下简称为系统)主要通过移动终端采集、处理数据、资料,在 Android 系统的嵌入式数据库中备份数据,并把它们经过加工后提交到数据库服务器平台,再由数据库服务器对这些数据进行管理、整合、计算及保存到数据中心、发布等。

系统框架主要分为三个层次:数据采集及数据展示层,数据处理层和数据案例层,如图 8-32 所示。其中数据采集及数据展示层属于系统的下位层和应用层,包含如下几个阶段。

(1) 根据已经制定的抄表计划,以走访方式收集电表示数。

(2) 通过系统的抄表数据准备环节等相关接口,将数据保存在本地数据库。

(3) 存在网络的情况下可通过数据处理层将本地数据上传至数据管理层,从而达到实时采集数据并实现数据备份的效果,降低了人工操作产生的误差。

数据处理层作为系统的核心部分,用来响应从应用层接收的"读""写"操作请求,为整个管理提供了资料管理操作、服务管理操作、用电量分析操作、用电量计算操作、用电量管理操作等的相关接口,以及移动数据库相关技术,用来管理和操作移动数据库。同时,数据处理层作为数据采集层和数据管理层之间的数据传递桥梁和传输介质,通常情况下,管理层需要的数据会定期从数据处理层调用。

系统在数据管理层的功能定位是抄表操作管理和抄表资料管理。抄表操作管理的主要工作是制定抄表段、调配抄表段等,这些是获取正确抄表示数的重要保障,也是进行用电量

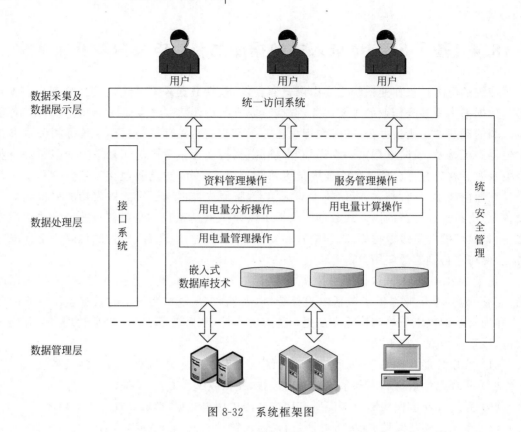

图 8-32　系统框架图

分析和统计的基础;抄表资料管理的主要工作是面向抄表资料本身的管理,包括资料管理操作、服务管理操作等。数据管理层的目的在于保证高质量的抄表结果,保障具有统一性、可共享的有效抄表数据。

图 8-33 系统层次结构图是对是对系统结构总体设计的细化表达。从图 8-33 可知,该系统主要分为数据采集、处理系统和数据中心两部分,其中数据采集、处理系统由操作系统和SQLite 嵌入式数据库组成。操作系统由用户交互界面和功能组件组成,包含的操作类型有抄表段维护、新户分配抄表段、调整客户抄表段申请、调整客户抄表段审批、抄表段顺序调整、制定抄表计划、抄表数据准备、手工抄表和抄表数据复核等。移动数据库从资料管理、服务管理、用电量管理、用电量计算和用电量分析五个方面对数据和记录进行本地存储、分析和统计。

数据中心为实现相关数据统一存储而建立,主要针对资料管理、服务管理、用电量管理、用电量计算和用电量分析,为供电服务企业和系统提供数据支持。数据中心作为统一数据资源平台,对供电公司各类共享数据提供统一的存储和管理,是各供电公司之间以及与其他政府机关之间进行数据交换和共享的基础平台,为各类业务的开展提供完整、统一和准确的数据支持。

8.4.2　抄表系统实现技术路线

从减少代码重复率和提高代码工作效率的角度,Android 操作系统为编程人员提供了一些基础 C/C++库。这些函数库被 Android 系统中的不同组件所使用,通过 Android 应用程序框架为开发者提供服务,系统主要用到了以下函数库:高层数据模型、SQLite 数据库、

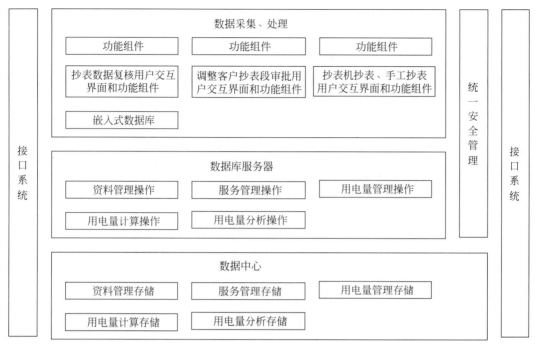

图 8-33　系统层次结构图

图形库、服务类、网络访问接口类、UI 元素类、拨号操作 API 等。使用 Java 语言开发的程序通过 Android 自带的运行环境来执行,其中包括核心库和虚拟机。

嵌入式数据库技术,作为计算机和移动终端技术发展至今的成果,对于数据的管理至关重要。嵌入式数据库技术具有移动性、与服务器的同步性和及时查询性等可见性优点,除此之外,嵌入式数据库还将传统数据库管理方式进行了模块化,具体数据管理功能模块如图 8-34 所示。

在设计过程中主要涉及查询处理、优化操作以及存储管理模块。查询处理模块的主要过程是将 SQL 命令流经编译后,再将查询请求递交本地,生成查询计划。存储管理模块包括文件管理、存储管理等。本系统的查询操作主要是本地查询,直接在本地获取数据,对于需要调用服务器数据的查询,由接收模块处理。对于需要恢复的数据则需借助存储管理从而备份数据、保证数据安全性。

8.4.3　数据模型设计

系统使用的数据模型取决于对供电企业内部抄表作业的工作需求和业务流程的详细分析,以及已经调研所收集的数据资料。在此前提下,定义了基于 SQLite 的移动抄表系统的实体关系图,如图 8-35 所示。

为实现数据模型的统一化、规则化,规定命名规则如下。

(1) 数据模型内表名为表名中文拼音首字母。

(2) 数据模型内字段名取元素中文拼音首字母。

(3) 数据模型内视图名称取视图中文拼音首字母。

(4) 数据模型内触发器名称取触发器中文拼音首字母。

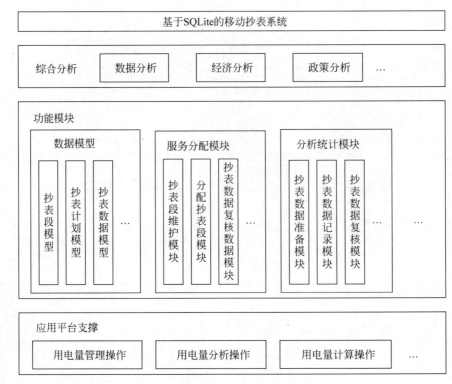

图 8-34　数据管理功能技术架构图

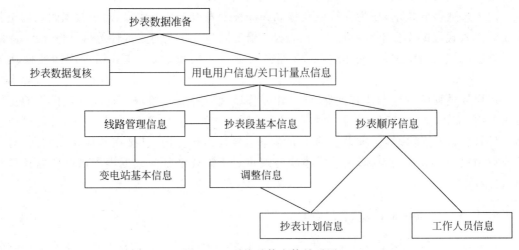

图 8-35　系统总体实体关系图

（5）数据模型内索引名称取索引中文拼音首字母。

对系统进行逻辑结构分析,关系到系统需求和实效性,是创建数据模型的重要环节。由于抄表业务工作流程中涉及较多联系紧密的相关联数据,为了构造最优数据模型,在需求分析的基础上,采用关系型数据库设计抄表系统的数据模型。设计一个以 SQLite 为基础的关系型数据库对抄表数据进行管理。

在设计过程中,主要遵循了数据库三范式规范要求。

　　第一范式(1NF)是设计关系型数据库的最低要求,适用于所有关系模型,要求数据库表的原子性和无重复性,因此本系统的数据模型中的所有元素被划分成不可再分割的几个表格,其中包括抄表段基本信息表、抄表计划信息表、抄表数据准备表、抄表顺序表、调整处理表、用电用户信息表、关口计量点信息表、线路管理信息表等。

　　第二范式(2NF)是在完成第一范式的前提下,要求数据记录能够唯一地区分,确定实体中的唯一标识,在进行如上 E-R 设计时从候选键中确定主键。通常可以选定一个或多个字段作为主键,从而使实体的属性能够完全依赖于主键。例如,抄表段基本信息表中以将表段编号作为主键,这是因为抄表段编号作为可由计算机生成的唯一标识,能够用来有效区分数据记录,并且抄表。同时编号作为用电用户和供电公司业务操作中没有实际意义的字段,无须进行修改,一旦生成,只表示表与表之间的联系,故选择抄表段编号作为抄表段基本信息表的主键。

　　第三范式(3NF)可以看作是第二范式的一个子集,要求一个实体中不包含已在其他实体中包含的非主关键字信息,以消除大量的数据冗余。

　　数据库模型详细设计(部分)如图 8-36 所示。

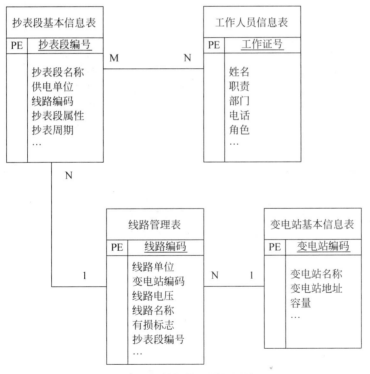

图 8-36　数据模型详细设计

　　如图 8-36 所示,抄表段维护数据模型主要由抄表段基本信息表、工作人员信息表和线路管理表构成。新户分配抄表段主要是由抄表段基本信息表、用电用户信息表/关口计量点信息表、线路管理信息表之间的一对多、多对一的关系组成;调整客户抄表段模型建立在抄表段基本信息表、抄表计划信息表和调整处理表的表间关系的基础上;抄表顺序数据模型是用来表示用电用户信息表/关口计量点信息表、抄表顺序表、调整处理表等之间关系的表间结构;制定抄表计划数据模型是用来表示用电用户信息表/关口计量点信息表、抄表段基本信息表、抄表计划信息表等之间关系的表间结构。

本系统的手工抄表功能是根据已经制定完成的抄表计划,加之实际抄表数值、抄表人员信息组成的数据模型。抄表数据复核是针对用电用户信息和抄表数据准备而提出的对电量等的统计分析、数据审核。

以抄表段维护数据模型为例,其中每个表结构见表 8-4～表 8-6。

表 8-4　抄表段基本信息表

字　段　名	字　段　类　型	能　否　为　空	中文字段名	备　　注
CBDNum	INT	否	抄表段编号	主键
CBDName	VARCHAR(50)	是	抄表段名称	
GDDW	VARCHAR(200)	否	供电单位	
XLBM	INT	否	线路编码	外键
CBDSX	VARCHAR(20)	是	抄表段属性	
CBSJ	INT	是	抄表事件	
CBZQ	INT	是	抄表周期	
CBLR	INT	是	抄表例日	
CBFS	VARCHAR(20)	是	抄表方式	
JGYF	INT	是	间隔月份	
ZHCBYF	INT	是	最后抄表月份	
CBQS	INT	是	抄表期数	
SJZB	INT	是	数据准备	外键
SJXZ	INT	是	数据下表	外键
CB	INT	是	抄表	外键
SZ	INT	是	上装	外键

表 8-5　线路管理表

字　段　名	字　段　类　型	能　否　为　空	中文字段名	备　　注
XLBM	INT	否	线路编码	主键
XLGLDW	VARCHAR(50)	是	线路管理单位	
BDZBM	VARCHAR(20)	是	变电站编码外键	
XLDY	INT	是	线路电压	
XLMC	VARCHAR(50)	是	线路名称	
YSBZ	VARCHAR(20)	是	有损标志	

表 8-6　工作人员信息表

字　段　名	字　段　类　型	能　否　为　空	中文字段名	备　　注
ID	INT	否	工作证号	主键
Name	VARCHAR(20)	是	姓名	
ZZ	VARCHAR(50)	是	职责	
BM	VARCHAR(50)	是	部门	
DH	INT	是	电话	
JS	VARCHAR(50)	是	角色	

8.4.4　数据模型物理部署

在设计、规范满足企业需求的基础上,对数据模型进行物理部署也是至关重要的一部分,因为它直接关系到系统的运行状态和系统对于移动设备的适用性。其主要工作就是选择合适的 DBMS(Database Management System,数据库管理系统)将数据模型的逻辑结构进行转化,本系统选择的方式是将数据库部署在 SQLite 数据库中,以创建抄表段基本信息表为例进行具体描述。

在集成开发软件 Eclipse 中创建类 dbhelper 继承类 SQLiteOpenHelper,作为维护和管理数据模型的基类,SQLiteOpenHelper 类是由 Android 平台提供的用来创建或打开数据库的辅助类,在该类的构造器中,调用 Context 中的方法可以创建并打开一个指定名称的数据库对象。继承和扩展 SQLiteOpenHelper 类,主要做的工作就是重写 onCreate(SQLiteDatabasedb)和 onUpgrade(SQLiteDatabse dv,int oldVersion,int new Version)两个方法。还可以选择性地调用 onOpen()方法,用来打开数据库。当需要创建或打开一个数据库并获得数据库对象时,需要根据指定的文件名创建一个辅助对象,然后调用该对象的getWritableDatabase()或 getReadableDatabase()方法获得 SQLiteDatabase 对象。

在此基础上创建表模型:抄表数据准备表(tbCBSJ)、抄表顺序表(tbCBSS)、调整处理表(tbTZCL)、用电用户信息表(tbYDYH)、关口计量点信息表(tbGKJL)、抄表段基本信息表(tbCBD)、抄表计划信息表(tbCBJH)、工作人员信息表(tbGZRY)、线路管理表(tbXL)、变电站基本信息表(tbBDZ),并以此为基础设计出它们的实体。在抄表段基本信息表中抄表段编号(CBDNum)为主键;字段线路编号(XLBH)作为抄表段基本信息表的外键,也是线路管理表的主键,表明了抄表段基本信息表和线路管理表之间的主从关系以及关联关系,同时,也设置了事件触发限制,在执行记录的删除和修改操作时,必须考虑抄表段基本信息表和线路管理表之间的级联关系,这样做的好处在于删除主表记录时同时删除从表记录,而删除从表记录时不会导致主表记录的丢失,在修改记录的过程中也遵循同样的原则。

8.4.5　查询显示类功能模块设计

查询显示功能,作为抄表系统中最基础的功能,主要是通过已知条件查询出符合条件的候选记录并显示在移动终端屏幕上,从而使用户能够方便直观地进行浏览或选择操作。在 Eclipse 平台实现查询显示功能的原理基本上是一致的:从 SQLite 数据库中,为查询的记录结果选择合适的适配器 adapter,再将适配器 adapter 与用于界面显示记录的控件 listView 进行数据绑定。查询接口实现代码如下:

```
SQLiteDatabase db = ......;
  Cursor cursor = db.rawQuery("查询语句", null);
  While (cursor.moveToNext())
  {
  ...
  }
  cursor.close();
  db.close();
```

同时,在此过程中,需要进行 listView 以及 listView 中的 item 两个控件的布局配置。listView 控件的配置,是针对所有待显示记录进行布局的,能够使整个布局更具层次感,具体配置过程代码如下所示:

```
protected void onCreate(Bundle savedInstanceState)
  {
  Super.onCreate(savedInstanceState);
  ListView lvwSimple = (ListView)findViewById(R.id. lvw_simple);
  String items[] = new String[]{"item1", "item2", "item3", "item4", "item5"…};
  ArrayAdapter < String >  adapter =  new
ArrayAdapter < String >(this, android.R.layout.simple_list_item_1, items);
  lvwSimple.setAdapter(adapter);
  }
```

item 控件的配置,是针对每一条记录的字段排序等进行布局的,具体配置过程代码如下所示:

```
<?xml version = "1.0" encoding = "utf - 8"?>
< RelativeLayout xmlns:android = "http://schemas.android.com/apk/res/android"
    android:layout_width = "fill_parent"
    android:layout_height = "wrap_content">
    < ImageView android:id = "@ + id/imageView"
    android:layout_width = "wrap_content"
    android:layout_height = "wrap_content"
    android:layout_centerVertical = "true"
    android:layout_marginLeft = "5px"
    android:layout_marginRight = "5px"
    android:src = "@drawable/tea_80x59"
  />
    < TextView android:id = "@ + id/titleTextView"
    android:layout_width = "fill_parent"
    android:layout_height = "wrap_content"
android:layout_toRightOf = "@id/imageView"
    android:textSize = "22px"
  />
    …
  < TextView android:id = "@ + id/descTextView"
    android:layout_width = "fill_parent"
    android:layout_height = "wrap_content"
    android:layout_toRightOf = "@id/imageView"
    android:layout_below = "@id/titleTextView"
    android:textSize = "12px"
  />
</RelativeLayout >
```

适配器 adapter 调用函数 LayoutInflate.from(context).inflate(R.layout. * , null)来获取 listView 控件的布局,从而进行数据的绑定。

对于统计分析功能的实现则需要依靠如下代码段。

计算统计量语法规则,以每户使用总电量并排序为例:

```
select list_DL_etc from tb_name group by ID order by DL desc
```

查询最高值语法规则,以每户单月用电量为例:

```
select list_DL_etc from tb_name t1,
(select max(DL) as maxDL from tb_name group by id) t2
where t1.id = t2.id and t1.DL = t2.maxDL
```

计算平均值语法规则,以每户的平均用电量为例:

```
select distinct t1.id, t1.name, t2.avgscore from tb_name t1,
(select id, avg(DL) as avgDL from tb_name group by id) t2
where id = t2.id
```

8.4.6 增加、更新修改、删除类功能模块设计

增加功能、更新修改功能及删除功能其本质都是执行对 SQLite 数据库的操作,对应的操作类型分别是:向 SQLite 数据库的表中插入记录、修改 SQLite 数据库表中记录指定字段的值、删除 SQLite 数据库表中无用的记录。这三种操作都可以调用 SQLiteDatabase 类中的 execSQL(String sql,Object[] bindArgs)方法进行功能的实现,其中,第一个参数为执行增、删、改的 SQL 语句,第二个参数为前一句 SQL 语句中占位符的参数值,语法规定参数值在数组中的顺序要和占位符的位置相一致。

8.4.7 查询优化环节

本系统主要使用索引和物理分页查询技术来实现查询的优化。

1. 索引的使用

受设备内存和显示的限制,解决用户的查询响应速度至关重要。合理使用索引是改善用户查询计划的重要解决方案之一。本系统涉及的索引使用原则主要如下。

(1) 在经常进行连接,但是没有指定为外键的列上建立索引,而不经常连接的字段则由优化器自动生成索引。

(2) 在频繁进行排序或分组(即进行 group by 或 order by 操作)的列上建立索引。

(3) 在条件表达式中经常用到的不同值较多的列上建立索引,在不同值少的列上不要建立索引。例如,在抄表段维护表的抄表方式列上只有自动抄表机抄表与手动抄表两个不同值,因此就没有必要建立索引;如果建立索引,不但不会提高查询效率,反而会严重降低更新速度。

(4) 如果待排序的列有多个,可以在这些列上建立复合索引(Compound Index),包含一个、两个或更多列的索引被称作复合索引。

例如,以下语句创建一个具有两列的复合索引:

```
CREATE INDEX name
ON tbCBD (province, city)
```

如果第一列不能单独提供较高的选择性,复合索引将会非常有用。例如,当许多抄表段

都属于同一个城市时,province和city上的复合索引非常有用。利用索引中的附加列,可以缩小搜索的范围,但使用一个具有两列的索引不同于使用两个单独的索引。

2. 物理分页查询

使用物理分页查询同样可提升效率,物理分页是使用数据库自身所带的分页机制,对数据库数据进行分页条件查询,每一次物理分页都会去连接数据库。数据能够保证最新,由于根据分页条件会查询出少量的数据,所以不会占用太多的内存。在列表查询时由于数据量非常多,一次性查出来会非常慢,即使一次查出来了,也无法一次性显示给客户端,所以要把数据分批查询出来,每页显示一定量的数据。

8.5　基于嵌入式移动数据库的物流管理系统

嵌入式移动数据库的研发受到学术界和工业界的日益重视,特别是嵌入式移动数据库在物流领域的运用,使物流行业得到了飞速发展,因为及时准确的信息有利于协调生产、销售、运输、存储等业务的展开,有利于降低库存,节约在途资金等。

本物流管理系统中,主要以三大模块的设计为主线,分别是嵌入式移动终端机软硬件的设计、数据传输与同步的设计、服务器数据库数据处理的设计。嵌入式移动终端机以Cortex-A8为核心处理器,辅以GPS、网卡以及按键与显示屏幕等外围设备,实现对物流行业的订单信息获取、在途监控等功能。数据传输与同步主要以4G技术作为前提,以互联网为载体,以缓存与FIFO算法为技术,将嵌入式移动终端获取的数据信息上传到前端服务器。服务器数据库则进行数据维护和数据处理,实现数据的实时性,并提供在线查询服务。三大核心部分相辅相成,共同完成了整个物流数据库数据同步技术的实现,从而满足物流行业业务管理实时化的需求,实现物流行业数据流和信息流一体的综合管理模式,为物流行业打造出分级管理的物流管理信息化平台,提升物流行业的整体管理水平。

如图8-37所示,基于嵌入式移动数据库的物流管理系统主要分为三个部分,分别是嵌入式移动终端设备、服务器数据库、同步传输部分。

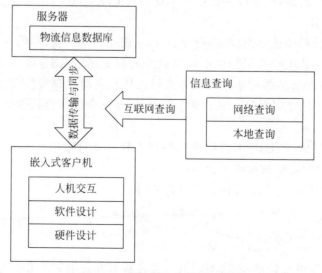

图 8-37　物流系统整体设计框图

8.5.1　嵌入式移动终端的硬件和数据库设计

1. 移动终端硬件设计

嵌入式系统装置一般都由嵌入式计算机系统和执行装置组成,嵌入式计算机系统是整个嵌入式系统的核心,由硬件层、中间层、系统软件层和应用软件层组成。执行装置也称为被控对象,它可以接收嵌入式计算机系统发出的控制指令,执行所有规定的操作或任务。

在本物流系统的嵌入式设计中,由主控器发出指令,控制传感器执行动作,如控制 GPS 模块定位自己当前位置、控制光学传感器扫描条码、控制 GPRS 模块连接物联网等。实现这些功能的前提是,必须设计好硬件电路,搭建软件运行环境。

物流系统的嵌入式硬件设计,主要分为电源、最小系统、信息获取模块、显示模块、按键、网络传输、定位模块,如图 8-38 所示。

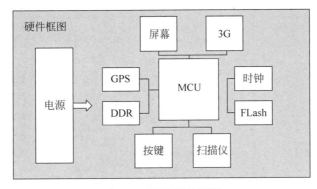

图 8-38　硬件设计框图

硬件最小系统是由 MCU、内存、复位电路等组成的,如图 8-39 所示。

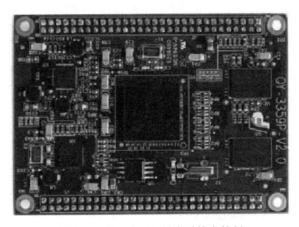

图 8-39　Cortex-A8 最小系统主控板

2. SQLite 数据库表设计

本系统使用 Android 系统及其嵌入式数据库 SQLite 进行移动终端的软件设计。这里只介绍 SQLite 数据库表的设计。表 8-7～表 8-9 分别显示了物流管理员、用户信息和物流信息的情况。

表 8-7 物流管理员表	
字 段 名	数 据 类 型
UserId	整型自增
UserName	Text 字符串
UserPWD	Text 字符串
UserLevel	Text 字符串

表 8-8 用户信息表	
字 段 名	数 据 类 型
ReceiverUser	Text 字符串
ReceiveAddress	Text 字符串
ReceiveUnit	Text 字符串
ReceiveTel	Text 字符串
ReceiveFK	Text 字符串

表 8-9 物流信息表

字 段 名	数 据 类 型	字 段 描 述
SendUser	Text 字符串	寄件人
SendAddress	Text 字符串	始发地
SendUnit	Text 字符串	单位名称
SendTel	Text 字符串	发货方联系电话
SendType	Text 字符串	内件品名
SendNum	Text 字符串	订单编号
SendDate	Time 时间	发货日期
SendLog	Text 字符串	订单跟踪
SendCount	Integer 整型	订单数量
ReceiveUser	Text 字符串	收件人
ReceiveAddress	Text 字符串	收件人地址
ReceiveUnit	Text 字符串	收件人单位
ReceiveTel	Text 字符串	收件人电话
ReceiveSign	Text 字符串	收件人签字
ReceiverSign	Text 字符串	代收人签字
ReceiveDate	Text 字符串	收件日期

图表代码实现如下:

```
public class MyDatabaseHelper extends SQLiteOpenHelper {
  /***
    *   创建物流管理员表
    * /final String createLoginsticsUserTable = "create table LogisticsUser" +
    " (UserId integer primary key autoincrement , UserName text ," +
    " text,UserLevel text)";
  /***
    *   创建用户信息表
    * /
    final String createReceiverUserTable = "create
table ReceiverUser(ReceiverUser text," +
      "ReceiveAddress text,ReceiveUnit text," +
      "ReceiveTel text,ReceiveFK text)";
  /***
    *   创建物流信息表
    * /
```

```
       final String createLoginsticsMessageTable = "create table LogisticsMessage(SendUserVarchar
text,SendAddress text,SendUnit text,SendType text,SendNum text," +
       "SendDateDate text,SendLog text," +
       "SendCount    text,ReceiveUser    text,ReceiveAddress    text,ReceiveUnit
text,ReceiveTel text,ReceiveSign text,ReceiverSign text,ReceiveDate time)";

   /**
    * @param context
    * @param name
    * @param version
    */
   public MyDatabaseHelper(Context context, String name, int version) {
     super(context, name, null, version);
   }
   @Override
   public void onCreate(SQLiteDatabase db) {
     //  使用数据库时自动建表
     db.execSQL(createLoginsticsUserTable);
     db.execSQL(createReceiverUserTable);
     db.execSQL(createLoginsticsMessageTable);   }
   @Override
   public void onUpgrade(SQLiteDatabase db, int oldVersion, int newVersion) {
     System.out.println(" -------- onUpdate Called--------- " + oldVersion
       + "--->" + newVersion);
   }
 }
```

8.5.2　服务器数据库设计

1. SQL Server 数据库介绍

现在主流的服务器端数据库有 Oracle、SQL Server、MySQL，本设计服务器端使用的数据库是 SQL Server。SQL Server 是一个关系数据库管理系统，也被认为是一种嵌入式移动终端设备/服务器系统。从传统上看，嵌入式移动终端设备/服务器管理系统的含义在于嵌入式移动终端设备上的应用程序向服务器端发送请求，嵌入式移动终端设备得到服务器响应的请求对应的数据。从结构上看，SQL Server 关系服务器组件本身并不真正关心嵌入式移动终端设备程序运行的位置。接口方面，SQL Server 提供了两个连接数据库的接口，OLE-DB 和 ODBC。SQL Server 数据库针对数据进行操作的时候提供了两种操作方式，一种是使用 SQL（结构化查询语言），对数据进行增删改查；另一种也是基于 SQL 的操作方式使用数据库包，将所有的数据处理逻辑，直接在数据库包里面实现，前端只需要调用相应的数据库包，传递相应的参数，就可以实现相应的数据库操作逻辑。

2. 数据库设计

设计原理：针对于物流管理项目，本次数据库需要涉及三个表之间的数据联系。首先物流管理员表是针对于服务器端的物流信息表数据与用户信息表数据进行相应的维护，不同权限的管理员管理不同的数据信息，并且管理员的信息可以同步到对应的嵌入式客户端数据库,方便移动数据端进行数据的维护管理。其次是物流信息表,该表的作用是记录对应物流的信息,用户和物流管理员可以通过移动终端实时获取对应的物流信息流向,并可以实时进行相应的调度安排。整个送货过程完成过后,用户可以通过对应的用户名查看对应的物流记录信息,方便后期的追溯。用户信息表,是用于服务器端的管理,并与物流信息表进行关联,通过对应的用户就可以获取对应物流的信息。根据本次项目的需求,服务器端通过使用 SQL Server 创建数据库 LogitiscDB——物流数据库,并在该数据库中设计了如表 8-10 所示的数据库表。

表 8-10　LogisticsUser 表

字 段 名	数据类型	数据长度	能否为空	字段描述	备　注
UserId	Int		否	管理员 id	主键,自动生成序列号
UserName	Varchar	50	否	管理员名称	不能为空
UserPWD	Varchar	50	否	管理员密码	不能为空
UserLevel	Varchar	50	否	管理员级别	不能为空

该数据库表是针对物流管理系统的管理员用户表。该数据库表是针对物流公司的管理员维护物流信息的一个数据表,后台操作人员根据不同的权限级别实现不同的数据维护。用户使用权限,是为了数据的安全性,针对于不用的管理员,设定不同的数据可读权限,起到一个关键数据保护的作用。表 8-11 是 LogisticsCar 表。

表 8-11　LogisticsCar 表

字 段 名	数据类型	数据长度	能否为空	字段描述	备　注
CarId	Int		否	车辆 id	主键,自动生成序列号
CarDriver	Varchar	50	否	司机	不能为空
CarCount	Int		否	车辆数量	不能为空
CarRoute	Varchar	200	否	车辆首选路线	可以为空
CarRemark	Varchar	50	否	车辆备注	不能为空

LogisticsCar 物流车辆信息表,该数据库表是针对物流系统中对车辆信息进行管理的数据库表,服务器可以根据数据库中的车辆信息,进行相应的安排,避免出现车辆重复调用,以至于造成送货延迟等安排不当的情况发生。管理员通过结合物流车辆信息表与物流信息表,制定相应的配送路线。表 8-12 是 ReceiveUser 表。

表 8-12　ReceiveUser 表

字 段 名	数据类型	数 据 长 度	字 段 描 述	备　注
ReceiveId	Int		收件人 Id	主键
ReceiveUser	Varchar	50	收件人	不能为空
ReceiveAddress	Varchar	200	收件人地址	不能为空
ReceiveUnit	Varchar	200	收件人单位	不能为空
ReceiveTel	Varchar	50	收件人电话	不能为空
ReceiveFK	Varchar	50	关联物流信息表	外键

ReceiveUser 表是用于物流公司管理收件人的信息的表,通过这些信息,物流公司可以联系收件人,同时物流公司可以通过 ReceiveFK 外键,关联到物流信息表,可以根据相应用户的主要信息,查询对应物流信息表中对应的数据。与此同时,在派送员外出送货的过程中,可以实时查看还没有送货的用户信息以及位置信息,这样就可方便快速地规划好对应的便捷的送货路线,提高送货的效率。表 8-13 是 LogisticsMessage 表。

表 8-13 LogisticsMessage 表

字 段 名	数据类型	字 段 长 度	字 段 描 述	备 注
SendUser	Varchar	50	寄件人	不能为空
SendAddress	Varchar	200	始发地	不能为空
SendUnit	Varchar	200	单位名称	不能为空
SendTel	Varchar	50	发货方联系电话	不能为空
SendType	Varchar	50	内件品名	不能为空
SendNum	Varchar	50	订单编号	不能为空
SendDate	DateTime	50	发货日期	不能为空
SendLog	Varchar	200	订单跟踪	不能为空
SendCount	Int		订单数量	不能为空
ReceiveUser	Varchar	50	收件人	不能为空
ReceiveAddress	Varchar	200	收件人地址	不能为空
ReceiveUnit	Varchar	200	收件人单位	不能为空
ReceiveTel	Varchar	50	收件人电话	不能为空
ReceiveSign	Varchar	50	收件人签字	不能为空
Receiversign	Varchar	50	代收人签字	不能为空
ReceiveDate	DatatTime	100	收件日期	不能为空

物流信息表是针对物品从发货到收货过程中涉及的发货人、地址信息与物流信息,收件人、收件地址等信息的记录,方便后期追溯、管理,也方便数据同步,方便用户通过移动端查询对应的物流、物品信息,动态了解物流过程中的信息。例如,寄件人发货之后,将数据同步到服务器的数据库中,当用户通过客户端软件登录时,自动将对应用户的信息同步到客户端,客户端就可以查看对应订单的信息,这样用户就能很好地掌握物流的信息,并做好相应的计划安排。同时当用户签收后,快递员能够很快地将用户签收信息同步到服务器上,触发相应的定时付款事件,同时卖家也可以查询到对应的信息。这样就能实现数据同步,保证了信息的及时性。

3. SQL 脚本创建数据库

脚本代码如下:

```
use master
go
if exists(select 1 from sys.databases where [name] = 'LogisticsDB')    --检查库是否存在
drop database LogisticsDB
go
create database LogisticsDB                                             --创建数据库
on
```

```
(
    filename = 'E:\LogisticsDB_date.mdf',
    name = 'LogisticsDB',
    size = 3mb,
    filegrowth = 10 %
)
log on
(
    filename = 'E:\LogisticsDB_log.ldf',
    name = 'LogisticsDBlog',
    size = 1mb,
filegrowth = 10 %
)
go
use LogisticsDB                                -- 使用物流数据库
go
create table LogisticsUser                     -- 创建物流管理员表
(
    UserIdint identity(1,1) primary key,       -- Id, 主键
    UserNameVarchar(50) not null,              -- 管理员用户名
    UserPWDvarchar(50) not null,               -- 管理员用户密码
    UserLevelVarchar(50) not null              -- 管理员用户权限
)
Create table LogisticsCar                      -- 创建物流车辆信息表
(
    CarId int identity(1,1) primary key,       -- id, 主键
    Car Driver Varchar(50) not null,           -- 司机
    Car Count int not null,                    -- 车辆数量
    Car Route Varchar(200),                    -- 车辆路线
    CarRemark Varchar(50) not null,            -- 车辆备注
)

Create table ReceiveUser                       -- 创建用户信息表
(
    ReceiveUserVarchar(200) not null,          -- 收件人
    ReceiveAddressVarchar(200) not null,       -- 收件人地址
    ReceiveUnitVarchar(200) not null,          -- 收件人单位
    ReceiveTelVarchar(50) not null,            -- 收件人电话
    ReceiveFKVarchar(50) not null              -- 关联物流信息表
)
create table LogisticsMessage                  -- 创建物流信息表
(
    SendUserVarchar(50) not null,              -- 寄件人
    SendAddressVarcahrVarchar(200) not null,   -- 发货地址
    SendUnitVarchar(200) not null,             -- 发货单位
    SendTelVarchar(200) not null,              -- 商家电话号码
    SendTypeVarchar(200) not null,             -- 物品类型
    SendNumVarchar(200) not null,              -- 运单号
    SendDateDateTime not null,                 -- 发货日期
```

```
SendLog   Varchar(200) not null,                          -- 发货日志
SendCountint not null,                                     -- 订单数量
ReceiveUserVarchar(200) not null,                         -- 收件人
ReceiveAddressVarchar(200) not null,                      -- 收件人地址
ReceiveUnitVarchar(200) not null,                         -- 收件人单位
ReceiveTelVarchar(50) not null,                           -- 收件人电话
ReceiveSignVarchar(50) not null,                          -- 收件人签名
ReceiverSignVarchar(50) not null,                         -- 代收人签名
ReceiveDateDateTime not null                              -- 收货日期
)
```

以上是通过 SQL 语言创建数据库,这样可以很好地维护数据库,也能很清楚地了解数据库表的结构以及参数类型,可减小设计表出错的概率,因为 SQL Server 对 SQL 脚本有很强的约束性,在别的服务器上创建相应的数据库时,只需要将脚本执行一次就可以实现数据库以及表的创建。

8.5.3 嵌入式数据库数据传输与同步设计

Web Service 技术,能使得运行在不同机器上的不同应用无须借助附加的、专门的第三方软件或硬件,就可相互交换数据或集成。Web Service 基于一些常规的产业标准以及已有的一些技术,诸如标准通用标记语言下的子集 XML、HTTP。Web Service 减少了应用接口的花费,实现了跨平台的接口调用,方便了跨平台及嵌入式数据库的数据同步。同时,Web Service 是一个平台独立的、耦合的、自包含的、基于可编程的 Web 的应用程序,可使用开放的 XML 标准来描述、发布、协调和配置这些应用程序,用于开发分布式的、互操作的应用程序。Web Service 的两个重要技术 XML、SOAP 实现了服务器端与客户端数据的同步,即数据从服务器端同步到客户端的嵌入式数据中,同时客户端将嵌入式数据库中的数据通过 Web Service 这个接口,将数据同步到服务器的数据库中。同时 Web Service 的 UDDI 和 WSDL 两项技术与 XML 和 SOAP 技术结合作用于服务接口的描述与发现,方便客户端进行接口的调用。

Web Service 方法实现:客户端通过调用 Web Service 接口的方法,实现将服务器数据库中的数据同步到移动端数据库中,通过将服务器中对应的数据转化为 XML 进行相应的同步传输。

```
StringConnectString = "server = .;database = LogiticsDB;uid = sa;pwd = 123";
[WebMethod(Description = "根据用户的信息查询对应的物流信息")]
publicXmlDocumentLogisticsinformation(string username)
{
BLL.LogiticsMessagebll = newBLL.LogiticsMessage();
stringqx = "";
qx = bll.SelectGroid(username);
SqlConnection conn = newSqlConnection(ConnectString);
SqlCommandcmd = conn.CreateCommand();
//把列的内容作为属性,根元素名字为< root >
cmd.CommandText = string.Format("select * from LogiticsMessage where
ReceiveUser = '{0}'for xml auto,root('root'),elements", username);
```

```
    conn.Open();
    XmlReaderxr = cmd.ExecuteXmlReader();
    XmlDocumentdd = newXmlDocument();
    dd.Load(xr);
    XmlNode xx = dd.FirstChild;
    //取得根元素
    XmlDeclarationxd = dd.CreateXmlDeclaration("1.0", "utf-8", "yes");
    //创建 XML 声明
    dd.Insert Before(xd, xx);
    //在根元素前加入 XML 声明
    dd.Save(Server.MapPath("XMLMessage.xml"));
    conn.Close();
    BLL.LogiticsSavaLog.SaveIoLog(username);
    returndd;
        }
```

客户端数据同步到服务器端的方法：客户端通过将需要上传的数据转换为 XML,并调用 Web Service 接口的方法,将 XML 文件同步到服务器上面。相应代码如下：

```
    XmlDocument xml = new XmlDocument();
    xml.Load("XMLMessage.xml");
    XmlNodeReader read = new XmlNodeReader(xml.SelectSingleNode("LogisticsMessage"));
    while (read.Read())
        {
            if (read.NodeType == System.Xml.XmlNodeType.Element)
            {
                read.Read();
                if (read.NodeType == System.Xml.XmlNodeType.Text)
                {
                    read.Value;
                }
            }
        }
```

在该传输过程中汇总设计了 Web SerVice 优化,主要如下。

1. 在客户端才用异步调用方式

在调用 Web Service 的过程中,由于服务器传输或网络传输等问题,响应时间可能会相应增加,这时线程会受到影响,甚至阻塞,程序会导致客户端等待或崩溃,这时就需要异步调用 Web Service 方法。

2. 服务器异步通信模式

常规的 Web 方法,在返回值的时候,需要很长的时间来完成相应请求,这时线程就会被一直占用,并使线程处于长等待的状态,这会大量消耗服务器资源,所以异步方法调用由系统将 Web Service 方法提交给线程池,由线程池中的线程执行。

8.6　小结

嵌入式系统已经广泛应用于各行各业中,嵌入式数据库也在各个领域中广泛应用。由于嵌入式系统(也包括嵌入式数据库))很多时候是以"嵌入"的方式在系统中存在并工作,这就要求开发者不仅对于嵌入式系统(数据库)本身要有较好的了解和掌握,也应理解和掌握其他的有关联的知识,嵌入式系统设计人员只有在不断学习和实践中才能获得更多开发经验和技巧。

从本章给出的几个例子可以看出,嵌入式数据库的发展已经表现出和当前计算机前沿技术发展的趋势紧密结合的特征,如与智能化硬件的结合、与物联网技术的结合、与边缘计算的结合、与复杂 UI 设计的结合等。嵌入式数据库的学习也应该保持足够的技术敏感度,针对不同层次的需要展开进一步的探究。

参 考 文 献

[1] 陆慧娟,徐展翼,高志刚,等.嵌入式数据库原理与应用[M].北京：清华大学出版社,2013.

[2] 向海华.数据库技术发展综述[J].现代情报,2003,12：31-33.

[3] Jajodia S. Database Security and Privacy[M]. New York：ACM Computing Surveys,1996.

[4] 向阳,魏玉鹏,王改梅.数据库访问控制技术研究[J].西安通信学院学报,2006,34(2)：101-104.

[5] 朱伟玲.安全嵌入式数据库管理系统的分析与设计[D].镇江：江苏大学,2008.

[6] Liu P,Jajodia S. Muliti-phase damage connement in database systems for intrusion tolerance [C]. Proc 14th IEEE computer security foundations workshop,New York：IEEE,2001：150-158.

[7] 王维涛.嵌入式实时数据库关键性技术研究与实现[D].西安：西安电子科技大学,2011.

[8] 王晓峰,王尚平.数据库加密方法研究[J].西安理工大学学报,2002,18(3)：263-266.

[9] 王剑,刘鹏.嵌入式系统设计与应用[M].北京：清华大学出版社,2017.